Leitfäden der Informatik

Richter / Sander / Stucky
Problem – Algorithmus – Programm

Leitfäden der Informatik

Herausgegeben von

Prof. Dr. Hans-Jürgen Appelrath, Oldenburg
Prof. Dr. Volker Claus, Stuttgart
Prof. Dr. Dr. h.c. mult. Günter Hotz, Saarbrücken
Prof. Dr. Lutz Richter, Zürich
Prof. Dr. Wolffried Stucky, Karlsruhe
Prof. Dr. Klaus Waldschmidt, Frankfurt

Die Leitfäden der Informatik behandeln
- Themen aus der Theoretischen, Praktischen und Technischen Informatik entsprechend dem aktuellen Stand der Wissenschaft in einer systematischen und fundierten Darstellung des jeweiligen Gebietes.
- Methoden und Ergebnisse der Informatik, aufgearbeitet und dargestellt aus Sicht der Anwendungen in einer für Anwender verständlichen, exakten und präzisen Form.

Die Bände der Reihe wenden sich zum einen als Grundlage und Ergänzung zu Vorlesungen der Informatik an Studierende und Lehrende in Informatik-Studiengängen an Hochschulen, zum anderen an „Praktiker", die sich einen Überblick über die Anwendungen der Informatik(-Methoden) verschaffen wollen; sie dienen aber auch in Wirtschaft, Industrie und Verwaltung tätigen Informatikern und Informatikerinnen zur Fortbildung in praxisrelevanten Fragestellungen ihres Faches.

W. Stucky (Hrsg.)

Grundkurs Angewandte Informatik II

Problem
Algorithmus
Programm

Von Dr. rer. pol. Reinhard Richter
Universität Karlsruhe
Dr. rer. pol. Peter Sander, Frankfurt/Main
Prof. Dr. rer. nat. Wolffried Stucky
Universität Karlsruhe

2., durchgesehene Auflage

 Springer Fachmedien Wiesbaden GmbH 1999

Dr. rer. pol. Reinhard Richter

1957 geboren in Offenburg. 1979 bis 1987 Studium des Wirtschaftsingenieurwesens an der Universität Fridericiana Karlsruhe (TH). 1987 Diplom-Wirtschaftsingenieur. 1987 Nachwuchswissenschaftler bei der Gesellschaft für Mathematik und Datenverarbeitung. Von 1988 bis 1993 wissenschaftlicher Mitarbeiter am Institut für Angewandte Informatik und Formale Beschreibungsverfahren der Universität Karlsruhe. 1993 Promotion bei W. Stucky mit einer Arbeit über „Parallele Datenbanksysteme". Seit 1993 Leiter eines Referats für DV-Entwicklung und DV-Projekte.

Dr. rer. pol. Peter Sander

1962 geboren in Uelzen. 1982 bis 1988 Studium der Mathematik (Nebenfach Informatik) an der Technischen Universität Clausthal. 1988 Diplom in Mathematik. Von 1988 bis 1993 wissenschaftlicher Mitarbeiter am Institut für Angewandte Informatik und Formale Beschreibungsverfahren der Universität Fridericiana Karlsruhe (TH). 1992 Promotion bei W. Stucky mit einer Arbeit im Gebiet „Deduktive Datenbanken". Seit 1993 als Unternehmensberater tätig.

Prof. Dr. rer. nat. Wolffried Stucky

1939 geboren in Bad Kreuznach. 1959 bis 1965 Studium der Mathematik an der Universität des Saarlandes. 1965 Diplom in Mathematik. 1965 bis 1970 wissenschaftlicher Mitarbeiter und Assistent am Institut für Angewandte Mathematik der Universität des Saarlandes. 1970 Promotion bei G. Hotz. 1970 bis 1975 wissenschaftlicher Mitarbeiter in der pharmazeutischen Industrie. 1971 bis 1975 Inhaber des Stiftungslehrstuhles für Organisationslehre und Datenverarbeiter (Mittlere Datentechnik) der Universität Karlsruhe. Seit 1976 ordentlicher Professor für Angewandte Informatik an der Fakultät für Wirtschaftswissenschaften der Universität Fridericiana Karlsruhe (TH).

Die Deutsche Bibliothek – CIP-Einheitsaufnahme

Grundkurs angewandte Informatik / W. Stucky (Hrsg.)
Stuttgart : Teubner
  (Leitfäden der angewandten Informatik)
NE: Stucky, Wolffried [Hrsg.]
2. Richter, Reinhard: Problem – Algorithmus – Programm – 1999
Richter, Reinhard:
Programm – Algorithmus – Programm von Reinhard Richter;
Peter Sander ; Wolffried Stucky. – 2., durchges. Aufl.

  (Grundkurs angewandte Informatik ; 2) (Leitfäden der angewandten Informatik)
ISBN 978-3-519-12935-6   ISBN 978-3-663-11150-4 (eBook)
DOI 10.1007/978-3-663-11150-4

Umschlag: Peter Pfitz, Stuttgart

Vorwort zum gesamten Werk

Ziel dieses vierbändigen *Grundkurses Angewandte Informatik* ist die Vermittlung eines umfassenden und fundierten Grundwissens der Informatik. Bei der Abfassung der Bände wurde besonderer Wert auf eine verständliche und anwendungsorientierte, aber dennoch präzise Darstellung gelegt; die präsentierten Methoden und Verfahren werden durch konkrete Problemstellungen motiviert und anhand zahlreicher Beispiele veranschaulicht. Das Werk richtet sich somit sowohl an Studierende aller Fachrichtungen als auch an Praktiker, die an den methodischen Grundlagen der Informatik interessiert sind. Nach dem Durcharbeiten der vier Bände soll der Leser in der Lage sein, auch weiterführende Bücher über spezielle Teilgebiete der Informatik und ihrer Anwendungen ohne Schwierigkeiten lesen zu können und insbesondere Hintergründe besser zu verstehen.

Zum Inhalt des *Grundkurses Angewandte Informatik*: Im ersten Band *Programmieren mit Modula-2* wird der Leser gezielt an die Entwicklung von Programmen mit der Programmiersprache Modula-2 herangeführt; neben dem „Wirthschen" Standard wird dabei auch der zur Normung vorliegende neue Standard von Modula-2 (gemäß dem ISO-Working-Draft von 1990) behandelt. Im zweiten Band *Problem – Algorithmus – Programm* werden – ausgehend von konkreten Problemstellungen – die allgemeinen Konzepte und Prinzipien zur Entwicklung von Algorithmen vorgestellt; neben der Spezifikation von Problemen wird dabei insbesondere auf Eigenschaften und auf die Darstellung von Algorithmen eingegangen. Der dritte Band *Der Rechner als System – Organisation, Daten, Programme* beschreibt den Aufbau von Rechnern, die systemnahe Programmierung und die Verarbeitung von Programmen auf den verschiedenen Sprachebenen; ferner wird die Verwaltung und Darstellung von Daten im Rechner behandelt. Der vierte Band *Automaten, Sprachen, Berechenbarkeit* schließlich beinhaltet die grundlegenden Konzepte der Automaten und formalen Sprachen; daneben werden innerhalb der Berechenbarkeitstheorie die prinzipiellen Möglichkeiten und Grenzen der Informationsverarbeitung aufgezeigt.

Der *Grundkurs Angewandte Informatik* basiert auf einem viersemestrigen Vorlesungszyklus, der seit vielen Jahren – unter ständiger Anpassung an neue

Entwicklungen und Konzepte – an der Universität Karlsruhe als Informatik-Grundausbildung für Wirtschaftsingenieure und Wirtschaftsmathematiker gehalten wird. Insoweit haben auch ehemalige Kollegen in Karlsruhe, die an der Durchführung dieser Lehrveranstaltungen ebenfalls beteiligt waren, zu der inhaltlichen Ausgestaltung dieses Werkes beigetragen, auch wenn sie jetzt nicht als Koautoren erscheinen. Insbesondere möchte ich hier Hans Kleine Büning (jetzt Universität Duisburg), Thomas Ottmann und Peter Widmayer (beide jetzt Universität Freiburg) erwähnen. Für positive Anregungen sei allen dreien an dieser Stelle herzlich gedankt. Kritik an dem Werk sollte sich aber lediglich an die jeweiligen Autoren alleine richten.

In der Grundausbildung Informatik verfolgen wir zuallererst das Ziel, die Studenten mit einem Rechner vertraut zu machen. Dies soll so geschehen, daß die Studenten – etwa unter Anleitung durch Band I dieses Grundkurses – mit einer höheren Programmiersprache an den Rechner herangeführt werden, in der die wesentlichen Konzepte der modernen Informatik realisiert sind. Diese Konzepte sowie die allgemeine Vorgehensweise zur Erstellung von Programmen sollen dabei exemplarisch durch „gutes Vorbild" geübt werden; die Konzepte selbst werden dann in den nachfolgenden Bänden jeweils ausführlich erläutert.

Karlsruhe, im September 1991

Wolffried Stucky (für die Autoren des Gesamtwerkes)

Vorwort zum Band II

Dieser zweite Band des *Grundkurses Angewandte Informatik* baut auf der einführenden Darstellung der Programmiersprache MODULA-2 (im ersten Band dieser Reihe) auf. Die im ersten Band eher intuitiv verwendeten Konzepte werden im vorliegenden Band vertieft und systematisch dargestellt.

Nach einem kurzen Abriß über die Begriffe und Inhalte sowie die geschichtliche Entwicklung der Informatik wird mit konkreten Beispielen und Problemstellungen auf die Spezifikation von Problemen eingegangen. Anschließend wird der Begriff des Algorithmus eingeführt. Es folgen Darstellungsformen für Algorithmen sowie eine ausführliche Diskussion wichtiger Eigenschaften von Algorithmen: Endlichkeit, Korrektheit und Komplexität und andere mehr. Die einzelnen Eigenschaften werden anhand durchgängiger Beispiele (Such- und Sortierproblem) ausführlich erörtert. Des weiteren werden Entwurfsmethoden für Algorithmen vorgestellt und an Beispielen demonstriert.

Der zweite Schwerpunkt behandelt die Realisierung von Algorithmen mit höheren Programmiersprachen. Zu diesem Zweck werden die wichtigsten Sprachkonstrukte imperativer Programmiersprachen, vor allem Datentypen (vordefinierte, benutzerdefinierte sowie abstrakte) und Programmbausteine, untersucht. Darüber hinaus wird auf die Definition der formalen Syntax und Semantik von Programmiersprachen eingegangen. Eine Übersicht über verschiedene Sprachparadigmen (imperative, funktionale, logische und objektorientierte Sprachen) mit jeweils einer typischen Sprache rundet den Inhalt ab.

Das vorliegende Buch ist so angelegt, daß der Studierende einen breiten Überblick über die genannten Gebiete erhält. Es wurde auf eine anschauliche und dennoch präzise Darstellung Wert gelegt. Zahlreiche Beispiele und Aufgaben am Schluß der Kapitel sollen die Inhalte veranschaulichen und festigen. Bei der vorliegenden zweiten Auflage wurden bekanntgewordene Druckfehler beseitigt. Den Lesern, die uns auf diese Fehler hingewiesen haben, sei an dieser Stelle herzlich gedankt.

Karlsruhe, im April 1999

Reinhard Richter   Peter Sander   Wolffried Stucky

Inhaltsverzeichnis

1 Informatik: Eine Übersicht

In diesem einführenden Kapitel soll ganz grob und überblickend die Frage

Was ist "Informatik" ?

diskutiert werden. Zu diesem Zweck werden wir zunächst grundlegende Begriffe wie Informationsverarbeitung, Information, Informatik, etc., von denen wohl fast jeder eine intuitive Vorstellung hat, erklären und gegenüber stellen. Wir wollen ferner die Inhalte, Teilgebiete und Methoden der wissenschaftlichen Disziplin "Informatik" beschreiben und die Stellung der Informatik im bestehenden Wissenschaftsgefüge beleuchten. Ferner werden wir die wichtigsten Wirkungslinien und Fakten der Informatik-Geschichte skizzieren.

1.1 Informationen und ihre Verarbeitung

Die Ansammlung, Weitergabe und Verarbeitung von Informationen spielt in unserer Gesellschaft und Kultur eine zentrale Rolle. Waren die Menschen vor einigen zigtausend Jahren lediglich in der Lage, Informationen in Form von Gesten und gesprochener Sprache weiterzugeben, so entwickelten sie im Laufe der Zeit Techniken, Informationen festzuhalten und zu speichern. Dies geschah zunächst in der Form von Zeichnungen und Bildern, später nach dem Erfinden der Schrift in Form von Dokumenten und Büchern. Es wurden Bibliotheken gegründet, die diese Informationen – zumindest für gewisse Bevölkerungsschichten – verfügbar machten. Mit dem wirtschaftlichen Fortschritt und der Entwicklung neuer (elektronischer) Medien und Technologien zur Informationsspeicherung und -weitergabe sieht man sich heutzutage förmlich einer "Informationsflut" gegenübergestellt: Es erscheinen täglich hunderte neuer Zeitschriften und Buchtitel, der Briefverkehr und die Telekommunikation ermöglichen millionenfach den Transport von Informationen von einem Absender zu einem Empfänger, und in den Betrieben, Banken, Versicherungen sowie den öffentlichen Verwaltungs- und Ausbildungseinrichtungen werden ständig Informationen (re-)produziert, weitergegeben, gespeichert und konsumiert.

Die Gesamtheit dieser Tätigkeiten kann im weiteren Sinne als *Informations-verarbeitung* (IV) angesehen werden. Dieser Begriff umfaßt jeden Vorgang, der sich auf die Erfassung, Speicherung, Übertragung oder Transformation von Informationen bezieht [Sch86]. Im allgemeinen Sprachgebrauch sehr weit verbreitet ist auch *Datenverarbeitung* (DV) anstelle von Informationsver-arbeitung (wir fassen beide Begriffe als Synonyme auf), und man spricht von *elektronischer Datenverarbeitung* (EDV), wenn man die genannten Tätigkeiten mit Hilfe eines Computers verrichtet. Es stellt sich die Frage:

Was sind "Informationen" bzw. "Daten" ?

Diese Frage ist von philosophischer Natur, und es gibt unterschiedliche Auffassungen über mögliche Präzisierungen dieser Begriffe. Wir wollen die Frage nicht beantworten und stellen lediglich mögliche Standpunkte dar. Im Lexikon der Informatik und Datenverarbeitung [Sch86] wird *Information* eher im Sinne von Bildung oder Wissen verstanden als:

Kenntnis über bestimmte Sachverhalte und Vorgänge in einem Teil der wahrgenommenen Realität.

Bei der Definition von *Daten* orientiert sich die gleiche Quelle [Sch86] an der DIN 44300:

Zeichen oder kontinuierliche Funktionen, die zum Zweck der Verarbeitung Information auf Grund bekannter oder unterstellter Abmachungen darstellen.

Viele Autoren nehmen eine Dreiteilung vor und unterscheiden die Begriffe *Information, Nachricht* und *Daten* (vgl. [Dud88]). Ihren Standpunkt kann man sich anhand des folgenden Beispiels vergegenwärtigen.

(1.1) Beispiel: Herr Schmidt erhält ein Telegramm mit dem Text

"Ankomme morgen, 17.00, Gruß Erika".

Der Telegrammtext ist eine *Nachricht*, die in Form einer Zeichenfolge vor-liegt. Für Herrn Schmidt stellt diese Nachricht eine *Information* dar, da er sie *versteht*, d.h. er kann ihr eine Bedeutung zuordnen:

Seine Frau Erika kehrt morgen um 17.00 Uhr von einem Kurzurlaub aus der Lüneburger Heide zurück.

In diesem Sinne kann man eine Information als eine *Nachricht mit einer Bedeutung* auffassen. *Daten* sind dagegen die einzelnen Wörter, Zeichen und Zahlen, aus denen sich die Nachricht zusammensetzt und die maschinell übermittelt und verarbeitet werden können. ∎

Letztendlich gibt es keine einheitlichen Definitionen für diese Begriffe, und für den Informationsbegriff bleibt vielleicht der Ausweg, ihn überhaupt nicht zu definieren und ihn gleichberechtigt neben den physikalischen Grundbegriffen Materie und Energie einzuordnen.

Zur Verwaltung und Verarbeitung der großen Menge ständig anfallender Informationen benötigt man sogenannte *informationsverarbeitende Systeme* (IVS). Darunter wollen wir ganz allgemein organisatorische Einheiten verstehen, die – in irgendeiner Form als Daten vorliegende – Informationen verarbeiten können. Als Beispiel können wir etwa ein Finanzamt betrachten, das aufgrund vorliegender Lohn- und Einkommensteuerunterlagen eine Steuerberechnung vornimmt, die anfallenden Daten verwaltet, Steuerbescheide verschickt, etc. Ein anderes Beispiel sind etwa die Nachrichtenagenturen, die aktuelle Informationen sammeln, aufbereiten und an Medien wie die Presse und das Fernsehen weitergeben.

Eine zentrale Rolle bei diesen Aktivitäten nimmt heutzutage der *Computer* ein. Er entlastet den Menschen bei eintönigen und zeitraubenden Tätigkeiten und schafft damit Zeit und Energie für anspruchsvollere Aufgaben. Man spricht dann auch von *computergestützten informationsverarbeitenden Systemen.*

Das Einsatzspektrum für Computer ist sehr vielfältig, es umfaßt unter anderem:

- die Weitergabe, Verarbeitung, Speicherung und Wiederauffindung von Informationen beispielsweise in Unternehmen und in der öffentlichen Verwaltung. Beispiele dafür sind die Lohn- und Gehaltsabrechnung sowie die Finanzbuchhaltung in Unternehmen, die Kontenverwaltung bei Banken und Sparkassen, die Datenverwaltung in Einwohnermeldeämtern, das zentrale Verkehrsinformationssystem in Flensburg, etc.

- die technische Automatisierung bei der Kontrolle und Steuerung von Abläufen, zum Beispiel die Steuerung von Fertigungsstraßen und Industrierobotern in der Automobilindustrie oder die Verkehrsüberwachung und -steuerung durch Verkehrsleitsysteme.

- das Problemlösen im weitesten Sinne, zum Beispiel numerische Berechnungen aller Art (von einfachen kaufmännischen Berechnungen bis hin zur Navigation und zur Berechnung von Flugbahnen), Automatisierung der Sprachübersetzung oder das Lösen von Schachproblemen.

Die Liste dieser Einsatzgebiete ließe sich fast beliebig weit fortsetzen, da der Computer – mit unterschiedlich starker Ausprägung und Offensichtlichkeit – in fast allen Bereichen der Wirtschaft und der Gesellschaft eine Rolle spielt.

1.2 Informatik: Inhalt, Teilgebiete, Anwendungen

Das Wort Informatik ist in Deutschland erst seit den sechziger Jahren in Gebrauch. Es entstand durch Anhängen der Endung "-ik" an den Stamm des Wortes "Information". Im englischsprachigen Raum hat sich dieses Wort nicht durchsetzen können. Dort verwendet man den Begriff *Computer Science*. Mit Informatik wird im wesentlichen die *Wissenschaft der Informationsverarbeitung und der informationsverarbeitenden Systeme* bezeichnet, der Begriff schließt darüber hinaus aber auch technische und anwendungsorientierte Aspekte ein ([FEI91], vgl. auch [BHM89]):

Informatik ist die Wissenschaft, Technik und Anwendung der Informationsverarbeitung und der Systeme zur Verarbeitung, Speicherung und Übertragung von Informationen.

Die Informatik erforscht die grundsätzlichen Verfahrensweisen und Methoden der Informationsverarbeitung sowie ihre Anwendung in den verschiedensten Bereichen. Die Aufgaben der Informatik sind vielfältig, sie befaßt sich unter anderem mit

- der Struktur, der Wirkungsweise, den Fähigkeiten und den Konstruktionsprinzipien von informationsverarbeitenden Systemen,

- den Strukturen, Eigenschaften und Beschreibungsmöglichkeiten von Informationen und von Informationsverarbeitungsprozessen,

- den Möglichkeiten der Strukturierung, Formalisierung und Mathematisierung von Anwendungsgebieten sowie der Modellbildung und Simulation.

Dabei entwickelt sie sich zu einem zunehmend interdisziplinären Gebiet, das viele Berührungspunkte mit anderen Gebieten hat – zum Beispiel zur Elektrotechnik, Mathematik, Logik, Linguistik und zu den Sozialwissenschaften. Die Fragestellungen sind dabei sehr vielfältig. Sie reichen von den methodischen und begrifflichen Grundlagen über technische Fragestellungen bis hin zu gesellschaftlichen und politischen Fragen und Problemen.

Der Einsatz des Computers bei der Informationsverarbeitung setzt voraus, daß man die unterschiedlichen Tätigkeiten genau formalisiert. Daraus ergibt sich, daß die Methoden der Informatik hauptsächlich von formaler Natur sein müssen. So beschäftigt man sich mit abstrakten Zeichen, Objekten und Begriffen und untersucht formale Strukturen (z.B. Daten-, Sprach- und Systemstrukturen) und deren Transformation.

Die Informatik stellt heute ein sehr großes Wissensgebiet dar, woraus die

Notwendigkeit einer Strukturierung und Aufteilung folgt. Man unterscheidet die drei Kerngebiete *Theoretische Informatik*, *Praktische Informatik* und *Technische Informatik*. Hinzu kommen das Gebiet *Informatik und Gesellschaft*, das sich mit den sozialen, kulturellen, politischen und rechtlichen Auswirkungen der Informatik befaßt, die *Didaktik der Informatik* sowie ein breites Spektrum *anwendungsorientierter Teildisziplinen*, z.B. Wirtschaftsinformatik, Medizininformatik, Rechtsinformatik [FEI91]. Die Kerngebiete können folgendermaßen charakterisiert werden:

- In der *theoretischen Informatik* werden die grundlegenden Eigenschaften von informationsverarbeitenden Systemen erforscht. Wichtige Teilgebiete sind beispielsweise die Theorie der Algorithmen oder die Theorie der Programmierung. Zur Beschreibung und Untersuchung dieser Sachverhalte werden im allgemeinen formale Methoden der Mathematik benutzt. [1]

- Die *praktische Informatik* beinhaltet den Entwurf und die Analyse von Programmen und Datenstrukturen zur Realisierung von informationsverarbeitenden Systemen. Ferner umfaßt sie die Methoden, Techniken und Konzepte der Programmierung, des Rechenbetriebs und der Datenverwaltung.

- In der *technischen Informatik* beschäftigt man sich mit der Organisation, dem Entwurf, dem technischen Aufbau und der technischen Anwendung von Rechnern und Rechensystemen. Das Spektrum reicht dabei von elektrotechnischen Fragestellungen – z.B. dem Entwurf von Mikroprozessoren – bis hin zu der Architektur von Computern und auch der Vernetzung und Kooperation von Computern.

Bild 1.1 veranschaulicht die einzelnen Teildisziplinen der Informatik-Kerngebiete. Über diese Einteilung der Informatik herrscht kein allgemeiner Konsens, was bei einer so jungen Wissenschaft auch nicht verwundert, und wir haben uns in Bild 1.1 lediglich an einer Quelle orientiert.

Oft wird zu dieser Dreiteilung der Informatik noch das Gebiet *Angewandte Informatik* hinzugezählt [Dud88, Rec91], aber es herrscht keine exakte Übereinstimmung darüber, was unter diesem Begriff genau zu verstehen ist. Wir wollen kurz erklären, was dieser Begriff für uns bedeutet. Unserer Meinung nach ist "Angewandte Informatik" nicht nur ein Sammelbegriff für die oben genannten anwendungsorientierten Teildisziplinen Wirtschaftinformatik, Medizininformatik, etc. Vielmehr verbinden wir mit dem Begriff *eine anwendungs-*

---

[1] Umgekehrt hat auch die theoretische Informatik eine befruchtende Wirkung auf Bereiche der Mathematik gehabt, was in einigen Teildisziplinen (zum Beispiel der Logik) zu einer Überlappung von Mathematik und Informatik geführt hat.

bezogene Ausprägung der Informatik. Die Angewandte Informatik enthält Aspekte aller drei Kerninformatikbereiche unter besonderer Berücksichtigung der Anwendungsmöglichkeiten. Dazu sind sowohl fundierte Kenntnisse in den Grundlagen der Informatik als auch im betrachteten Anwendungsgebiet notwendig. Das Ziel der Angewandten Informatik ist die Lösung von Problemen

Theoretische Informatik	*Praktische Informatik*	*Technische Informatik*
Algorithmen: Komplexitätstheorie, Berechenbarkeitstheorie, Automatentheorie, Theorie des Logikentwurfs, Theorie der Datenstrukturen, Algorithmische Geometrie	**Programmiersprachen und Programmiertechnik:** Programmiersprachen und Übersetzer, Software Engineering, Programmierumgebungen, Programmierwerkzeuge	**Rechnerorganisation:** Funktionsprinzipien und Bewertung von Rechensystemen, Funktionaler Rechnerentwurf, Entwurf von Hardwarekomponenten, Modellierung und Simulation digitaler Systeme
Ersetzungssysteme und Kalküle: Formale Sprachen, Deduktions- und Transitionssysteme, Informatische Logik, Computer-Algebra	**Informationssysteme:** Datenbanksysteme, Datensicherheit, Dokumentationssysteme, Informationssysteme, Wissensbasierte Systeme	**Grundlagen und Schaltungstechnik:** Entwurf und Realisierung von Schaltnetzen und Schaltwerken, Entwurfsmethodik und Entwurfswerkzeuge für VLSI, Digitale Fehlerdiagnose, Simulation und Verifikation digitaler Systeme
Theorie der Programmierung: Programmiermethodik, Spezifikation, Verifikation, Semantik	**Künstliche Intelligenz:** Wissensverarbeitende Systeme, Lehr- und Lernsysteme, Computerlinguistik, Bildverstehen, Robotik	**Architekturkonzepte:** Multiprozessor- und Multirechnersysteme, Prozeßrechner, Innovative Rechnerarchitekturen, Anwendungsorientierte Architekturen
Kommunikationstheorie: Informationstheorie, Codierungstheorie, Kryptographie	**Architektur von Rechensystemen:** Betriebssysteme, Vernetzte Systeme, Verteilte Systeme, Verläßliche Systeme, Echtzeitsysteme	**Vernetzung von Rechensystemen:** Rechnernetze, Verteilte Systeme, Telematik, Lokale Netze, Kommunikation in Netzen
Theorie verteilter Systeme: Netztheorie, Parallele Prozesse	**Dialogsysteme und Computergraphik:** Kommunikationssysteme, Bürosysteme, Graphische Systeme, Benutzerschnittstellen, CAD/CAM/CIM-Systeme	

Bild 1.1: Die Kerngebiete der Informatik (nach [FEI91])

des Anwendungsbereiches. Dies erfordert zum einen die Untersuchung und Entwicklung (anwendungs-)spezifischer Methoden, zum anderen aber auch die Entwicklung und Verwendung notwendiger theoretischer Grundlagen der Informatik. In diesem Sinne ist die Angewandte Informatik kein viertes Kerngebiet, sondern eher ein horizontaler Ausschnitt aus den Gebieten der Informatik. So ist auch der Titel dieser Buchreihe *Grundkurs Angewandte Informatik* zu verstehen.

Es besteht auch kein allgemeiner Konsens darüber, wie sich die Informatik in das bestehende Wissenschaftsgefüge einordnen läßt. Der klassischen Einteilung der Wissenschaften in Natur-, Ingenieur- und Geisteswissenschaften läßt sich die Informatik genauso wenig unterordnen wie die Mathematik:

Die Informatik ist keine *Naturwissenschaft*, da sie nicht Phänomene der Natur, sondern vom Menschen geschaffene Systeme und Strukturen behandelt und untersucht. Dennoch nutzt sie naturwissenschaftliche Erkenntnisse, und umgekehrt finden ihre Ergebnisse und Systeme in den Naturwissenschaften Anwendung.

Sie ist keine klassische *Ingenieurwissenschaft* wie etwa Nachrichtentechnik oder Maschinenbau, aber dennoch wird in manchen Gebieten der Informatik nach ingenieurwissenschaftlichen Methoden und Prinzipien vorgegangen – zum Beispiel bei dem Entwurf und der Erstellung von Anwendungssoftware.

Da sich die Informatik nicht auf den reinen Erkenntnisgewinn und auf die Beschreibung von Sachverhalten beschränkt, ist sie auch keine *Geisteswissenschaft*. Sie hat allerdings eine erhebliche geisteswissenschaftliche Komponente.

Als möglicher Ausweg ergibt sich, die Informatik – ebenso wie die Mathematik – als *Strukturwissenschaft* einzuordnen, wobei sie auch Aspekte der übrigen genannten Wissenschaftsbereiche in sich vereinigt.

1.3 Zur Entwicklung der Informatik

Die Anfänge und Wurzeln der Informatik sind vielfältig und reichen weit in die Geistesgeschichte zurück. Deshalb ist es nicht möglich, von der *Geschichte der Informatik* in dem Sinne zu sprechen, daß es eine lineare, sich logisch fortsetzende Entwicklung gab, die in den heutigen Stand der Technik und des Wissens mündete. Wir wollen an dieser Stelle auch nur einige wichtige Wirkungslinien und Meilensteine darstellen, die die Informatik geprägt haben.

Bis ins griechische Altertum kann man das Bestreben der Menschen zurückverfolgen, Sachverhalte formal zu beschreiben und (geistige) Tätigkeiten zu automatisieren bzw. zu mechanisieren. Ein Beispiel dafür ist das aus der Schulmathematik bekannte Verfahren zur Berechnung des größten gemeinsamen Teilers zweier natürlicher Zahlen, das bereits von dem griechischen Mathematiker Euklid um 300 v. Chr. verwendet wurde. Dieses Verfahren liefert zu zwei natürlichen Zahlen die größte Zahl, die beide Zahlen ohne Rest teilt.

Ein solches exaktes Verfahren zur Lösung eines Problems wird heute allgemein als *Algorithmus*[1] bezeichnet, man spricht deshalb auch vom Euklidischen Algorithmus. Allerdings gab es dieses Wort zu Euklids Zeiten noch nicht, es wurde erst sehr viel später im 9. Jahrhundert n. Chr. nach dem persischen Mathematiker und Astronom Muhammed Ibu Musa Al-Chwarismi (780 - 846) benannt, der ein einflußreiches Buch über Algebra schrieb. Die Entwicklung und Untersuchung von Algorithmen spielt heutzutage in der Informatik eine zentrale Rolle.

1.3.1 Mechanisierung des Rechnens

Als eine wichtige Wurzel der Informatik kann die Einführung von Zahlsystemen und das Streben nach der Mechanisierung der arithmetischen Grundrechenarten angesehen werden. Heutzutage ist jedermann mit Zahlen und den arithmetischen Operationen vertraut. In der Grundschule lernen wir bereits elementare Verfahren ("Algorithmen") zum Addieren, Subtrahieren, Multiplizieren und Dividieren von ganzen Zahlen. Mit Zahlen zählen, vergleichen und rechnen wir in fast allen Bereichen des täglichen Lebens, und es ist das Resultat einer langen und interessanten Entwicklung, daß der Umgang mit Zahlen zu einer Selbstverständlichkeit geworden ist.

Als einschneidender Entwicklungsschritt ist dabei die Einführung der arabischen Ziffern mit dezimalem Stellenwert – des sogenannten Dezimalsystems – zu sehen. Dieses Zahlsystem ist ca. 500 n. Chr. entstanden und in Europa nach der Rückeroberung Spaniens von den Arabern um 1150 bekannt geworden. Bis dahin bediente man sich der römischen Zahlzeichen, die sich aber für das häufige und schnelle Rechnen wenig eigneten. Die Verbreitung der arabischen Ziffern einschließlich des Rechnens mit ihnen ist nicht zuletzt auch ein Verdienst von Männern wie Adam Riese. Dieser förderte um 1518 durch die Veröffentlichung von Rechenbüchern und von allgemeinverständlichen Rechenanleitungen die breite Anwendung der arabischen Ziffern für das Rechnen.

---

[1]   Dieser Begriff wird in den folgenden Kapiteln eingehend untersucht.

Mit der Einführung des Dezimalsystems war der Weg frei für die Entwicklung mechanischer "Rechenmaschinen". Bis dahin war der Abakus das bekannteste Rechengerät, das sich in der Antike durchgesetzt hatte und das bis zur heutigen Zeit in Rußland und in weiten Teilen Asiens verwendet wird. Beim russischen Abakus werden Zahlen durch auf Stäben verschiebbare Kugeln dargestellt. Das Rechnen geschieht durch Verschieben dieser Kugeln.

Das erste wirklich mechanische Rechenwerk geht auf den Schwaben Wilhelm Schickard zurück, der 1623 eine mechanische Rechenuhr konstruierte, welche – wie er seinem Freund Johannes Kepler schrieb – "gegebene Zahlen augenblicklich automatisch zusammenrechnet: addiert, subtrahiert, multipliziert und dividiert. Du würdest hell auflachen, wenn Du zuschauen könntest, wie sie die Stellen links wenn es über einen Zehner oder Hunderter weggeht, ganz von selbst erhöht bzw. beim Subtrahieren ihnen etwas wegnimmt." [Bea74].

Im Jahre 1641 baute Blaise Pascal eine Addiermaschine mit 6 Rechenstellen. Diese inspirierte den Philosophen und Mathematiker Gottfried Wilhelm Leibniz 1671, eine verbesserte Rechenmaschine zu bauen, die alle vier Grundrechenarten ausführen konnte. Er erfand dafür eine Staffelwalze als Triebwerk und benutzte ein Zählrad für jede Dezimalstelle. Er war es auch, der sich in diesem Zusammenhang erstmalig mit der binären Darstellung von Zahlen befaßte.

In der damaligen Zeit war die Technik noch nicht in der Lage, so präzise und mit so kleinen Toleranzen zu arbeiten, wie es für die einwandfreie Funktionsfähigkeit einer Rechenmaschine notwendig ist. Aus diesem Grunde arbeiteten die Maschinen von Schickard, Leibniz und Pascal noch fehlerhaft. Doch sie stellten die Grundlage dar für die erste einwandfrei funktionierende Maschine, die der Pfarrer Philipp Matthäus Hahn im Jahre 1774 fertigstellte. Daraufhin begann in der ersten Hälfte des 19. Jahrhunderts (ab 1818) die fabrikmäßige Serienproduktion von Rechenmaschinen.

Eine neue Ära brach an, als Charles Babbage, ein Mathematik-Professor der Universität Cambridge, im Jahre 1833 einen Rechenautomat – die *analytical engine* – plante. Eine grundlegende Neuerung war, daß diese Maschine von außen durch eine Art Lochkarte steuerbar, d.h. *programmierbar*, sein sollte. Wie weit Babbage seiner Zeit voraus war, zeigt die Tatsache, daß die *analytical engine* bereits die wichtigsten Baugruppen heutiger Rechner enthielt: einen mechanischen Zahlenspeicher (geplant für 1000 fünfzigstellige Worte), ein Rechenwerk und eine Steuerung. Scheinbar steckte Babbage seine Ziele für die damalige Zeit zu hoch, denn er scheiterte mit seinen Bemühungen, mit denen er zudem bei seinen Zeitgenossen keine Anerkennung fand. Dennoch ist die Idee,

Programmsteuerung und Datenspeicherung in einer Maschine zu kombinieren, auf ihn zurückzuführen.

1.3.2 Die Entwicklung im 19. und 20. Jahrhundert

Zu Ende des 19. und zu Beginn des 20. Jahrhunderts prägten große Fortschritte auf verschiedenen Gebieten die Entstehungsgeschichte der Informatik.

Bei den theoretischen Arbeiten, deren erster Höhepunkt auf Leibniz zu Beginn des 18. Jahrhunderts zurückzudatieren ist, stellten die Untersuchungen zu den Grundlagen der Mathematik und Logik einen Meilenstein der Geschichte dar. Aus ihnen resultierten Einsichten, die für die moderne Informatik von grundlegender Bedeutung sind. Erwähnt seien ferner als Beispiele für die Entwicklung in der ersten Hälfte dieses Jahrhunderts die Diskussion um den Algorithmus- und den Berechenbarkeitsbegriff (u.a. durch Turing und Church), die Arbeiten von Shannon in der Informationstheorie oder die Formalisierung des grundlegenden Prinzips moderner Digitalrechner durch John von Neumann.

Ein anderer Impuls kam von der Nachrichtenübertragungstechnik und -theorie. Zu Ende des 19. Jahrhunderts entstanden das Fernsprech-, Telegraphie- und Fernschreibwesen. Die hierfür entwickelten Hilfsgeräte, die Relais, magnetgetriebenen Schrittschaltwerke und Zähler sowie Lochstreifen ließen sich auch für den Bau von Rechenautomaten nutzen.

Ein weiterer, technischer Entwicklungsschub setzte durch die Lochkartenverarbeitung ein, die im Jahre 1886 durch Herrmann Hollerith zum Durchbruch kam. Er erfand eine Maschine zur Auswertung und zum Sortieren von Lochkarten, die 1890 bei der 11. amerikanischen Volkszählung erfolgreich eingesetzt werden konnte. Er bediente sich der Möglichkeit, binär durch "Loch oder kein Loch" zu kodieren, ob beispielsweise jemand in der Stadt oder auf dem Land wohnte. An den gelochten Stellen entstand durch Abtastung ein Kontakt, woraufhin elektromagnetische Zähler aktiviert wurden. Durch den Erfolg bei der Volkszählung wurde die Lochkartentechnologie ausgebaut und weit verbreitet.

Der Bau der ersten "wirklichen" Rechenanlagen wurde durch die Pionierarbeit des Berliner Bauingenieurs Konrad Zuse initiiert. Er begann im Jahre 1934 – noch während seiner Studienzeit – mit der Planung für eine programmgesteuerte Rechenmaschine, die gleichförmige, sich ständig wiederholende statische Berechnungen durchführen sollte. Zuse beabsichtigte auch, als erster das duale Zahlensystem und die Gleitpunktdarstellung für Zahlen zu benutzen.

Im Jahr 1937 war die Versuchsanlage Z1 fertiggestellt. Sie ähnelte im Konzept der Maschine von Charles Babbage und besaß noch ein rein mechanisches Rechen- und Speicherwerk.

Zuses "Nachfolgemodell" der Z1, die Z3, entstand im Jahr 1941. Dieses Gerät ist als der erste programmgesteuerte Relaisrechner anzusehen. Es hatte 64 Zahlenspeicher, 2600 eingebaute Relais, einen Lochkartenleser, ein Tastenfeld zur Eingabe von Zahlen sowie ein Lampenfeld zur Ausgabe der Ergebnisse. Für eine Multiplikation brauchte der Rechner noch 4 Sekunden. Zu dieser Zeit forcierte der zweite Weltkrieg die Entwicklung von immer leistungsfähigeren Rechenanlagen, die u.a. für ballistische Berechnungen benötigt wurden.

Fast zeitgleich baute Howard H. Aiken in den USA – an der Harvard University, in Zusammenarbeit mit der Firma IBM – den Großrechner *Automatic Sequence Controlled Calculator*, auch ASCC oder Mark I genannt. Die Anlage wurde in den Jahren 1939 bis 1944 in Betrieb genommen. Im Gegensatz zur Z3 von Zuse besaß sie allerdings keine richtige Programmsteuerung und keinen zentralen Speicher. Die Rechenzeiten beliefen sich für eine Addition auf 1/3 Sekunde und für eine Multiplikation auf 6 Sekunden.

Einen weiteren Meilenstein in der Rechnertechnologie stellt der erste voll elektronische Großrechner ENIAC (Electronic Numerical Integrator and Computer) dar, der im Jahre 1946 an der University of Pennsylvania von J. P. Eckert und J. W. Mauchly entwickelt wurde. Er basierte auf der Röhrentechnologie und enthielt ca. 17468 elektronische Röhren sowie 1500 Relais. Der Nachteil dieser Technik bestand in ihrem hohen Energieverbrauch (die ENIAC benötigte 174 kW) und der notwendigen Kühlung. Ferner war der Rechner aufgrund der hohen Ausfallwahrscheinlichkeit der Röhren nur zu weniger als 50 % voll einsatzfähig.

Ein wesentliches Charakteristikum eines modernen Computers ist die *Programmierbarkeit,* d.h. die Möglichkeit, durch ein *Programm* die Art und Reihenfolge von Operationen zu bestimmen. Es ist interessant zu sehen, wie diese Idee im Laufe der Zeit gereift ist. Wie bereits geschildert, gab es die Möglichkeit der Steuerung bei den ersten Rechenmaschinen noch nicht, und es war Babbage zu Anfang des 19. Jahrhunderts, der als erster die Steuerung durch eine Art Lochkarte vorschlug. Diese Idee wurde auch in den ersten Rechenanlagen, etwa der Z3 von Zuse oder der ENIAC von Eckert und Mauchly benutzt. Eine andere Qualität bekam die Programmsteuerung, als John von Neumann im Jahre 1946 die Idee hatte, die Operationen nicht Schritt für Schritt von einer Lochkarte oder einem Lochstreifen einzulesen, sondern das Programm – d.h. sämtliche Operationen – *im Speicher des Computers* abzulegen. Mit diesem Konzept des sogenannten *von-Neumann-Rechners* wurden Programme einheitlich verwaltet und wie Daten behandelt, und der Zugriff auf einzelne Operationen konnte wesentlich schneller und flexibler erfolgen. Auch moderne Rechner arbeiten heutzutage noch auf diese Weise.

1.3.3 Rechnergenerationen

Nach der Fertigstellung der ersten, eher noch experimentellen Rechenanlagen zur Zeit des zweiten Weltkriegs folgte eine rapide Entwicklung, die in immer kürzer werdenden Zeitabständen neue Rechnertechnologien hervorbrachte. Aus den ersten Firmengründungen entstand im Laufe der Zeit ein Markt mit gewaltigen Zuwachsraten. Heute unterscheidet man verschiedene Rechnergenerationen, bei denen Rechenanlagen im wesentlichen nach der verwendeten Schaltkreistechnologie, zum anderen aber auch nach den damit verbundenen Programmsystemen klassifiziert werden.

1. Generation (ab ca. 1946):

Die erste Rechnergeneration begann mit dem Bau des o.g. ENIAC-Rechners und umfaßte die erste Hälfte der fünfziger Jahre. Die Röhrentechnik, d.h. der Schaltungsaufbau mit Hilfe von Elekronenröhren, war die charakteristische Technologie dieser Generation. Die Ausführungszeiten für elementare Operationen (Addition) lagen im Bereich von Millisekunden (ms). Bekannte Rechner dieser Generation waren neben der ENIAC die UNIVAC I (Universal Automatic Computer), die erste serienmäßig hergestellte Großrechenanlage, die IBM 650 und die Zuse Z22. Es gab zu dieser Zeit noch keine Betriebssysteme und Programmiersprachen. Die Bedienung dieser Rechner geschah auf sehr mühsame Weise und konnte nur von wenigen Spezialisten ausgeführt werden.

2. Generation (ab ca. 1957/58):

In der zweiten Rechnergeneration wurden die Elektronenröhren durch Transistoren ersetzt. Zudem kamen die ersten Ferritkernspeicher und auch Sekundärspeicher wie Magnettrommeln und Magnetbänder auf. Die Schalt- und Operationszeiten wurden erheblich kürzer. Sie lagen im Bereich mehrerer Mikrosekunden (µs), und es waren rund 10000 Additionen/s durchführbar. Typische Rechner dieser Generation waren die Z22 und die 2002 von Siemens. Gleichzeitig entstanden die ersten Betriebssysteme und auch höhere Programmiersprachen (z.B. Cobol, Fortran), die eine weitgehend rechnerunabhängige Programmierung erlaubten.

3. Generation (ab ca. 1964):

Diese Rechnergeneration war von einer Vielzahl von Entwicklungen gekennzeichnet. Ein Hauptmerkmal war der Einsatz integrierter Schaltkreise (*inte-
grated circuit, IC*), d.h. die Ablösung der herkömmlichen Verdrahtung von
Schaltelementen durch die Integration aller Teile einer Schaltung auf einem
sogenannten *Chip* innerhalb eines einzigen (meist sehr komplizierten) Herstel-
lungsprozesses. Dadurch wurden Schaltungen kompakter, kleiner, sicherer und
vor allem wesentlich schneller. Additionen waren nun mit einer Geschwindigkeit in der Größenordnung 500000 Additionen/s möglich. Zudem entstanden
die ersten Rechnerfamilien, d.h. Rechner ähnlicher Bauart, die sich im Hinblick
auf ihre Leistungsfähigkeit und ihren Preis unterscheiden, die aber "von außen"
– aus der Sicht des Anwendungsprogrammierers – als gleichartig anzusehen
sind (Aufwärtskompatibilität). Rechner dieser Generation waren IBM 360, Siemens 4004 und UNIVAC 9000. Auf der Seite der Programmierung entstanden
die ersten *time-sharing-Betriebssysteme*, die das "gleichzeitige" Arbeiten mehrerer Benutzer ermöglichten, sowie Datenbanksysteme und modernere Programmiersprachen wie Algol 68, Pascal und Prolog.

4./5. Generation (ab ca. 1975):

Dies ist die Generation der immer kleiner werdenden Schaltkreise mit bis zu
einigen 100000 Transistoren pro Chip. Schlagworte sind LSI und VLSI (Large
Scale Integration / Very Large Scale Integration). Sie erlauben größenord-
nungsmäßig 10 Millionen Additionen/s. Ferner hat sich die Architektur von
Rechenanlagen und -systemen verändert. Neben den herkömmlichen zentralen
Rechenanlagen in Firmen und Rechenzentren haben sich die individuell nutz-
baren Personal Computer durchgesetzt, die sich jeder Einzelne auf den
Schreibtisch stellen kann. Die Vernetzung von Computern erlaubt zudem den
(lokalen, aber auch weltweiten) Austausch von Daten und Programmen und die
Kommunikation über den Computer. Die Benutzeroberflächen sind so
komfortabel geworden, daß selbst Informatik-Laien nach kurzer Einarbeitung
mit ihnen umgehen können. Ein weiterer bedeutender Aspekt der jüngeren
Entwicklung ist die Parallelisierung, d.h. das arbeitsteilige Ausführen von
Programmen auf einer Vielzahl gleichartiger Funktionseinheiten (Prozessoren).

Der letzte Abschnitt spiegelt nur einen sehr kleinen Ausschnitt der aktuellen
Situation wider. Der skizzierte *technische* Fortgang der vergangenen Jahre ist
nur ein Teil von dem, was die *Wissenschaft Informatik* als Ganzes ausmacht.
Da der Computer aber das grundlegende Werkzeug des Informatikers ist, ist
die rapide technische Entwicklung sicherlich eine Voraussetzung für den
Fortschritt im Ganzen.

Als abschließende Frage dieses Abschnitts ergibt sich:

Wie geht die Entwicklung weiter, was bringt die Zukunft ?

Es zeichnet sich eine Entwicklung in vielen Bereichen ab. Eine langfristige Prognose ist jedoch aus vielerlei Gründen nur sehr eingeschränkt möglich. Als Beispiele für zukünftige technische Entwicklungslinien kann man nennen:

- Neue Materialien bei der Herstellung von Chips (z.B. Galliumarsenid) erlauben – aufgrund einer höheren Elektronenbeweglichkeit – wesentlich höhere Schaltgeschwindigkeiten als das herkömmliche Silizium.

- Hochparallele Rechnerarchitekturen mit einigen hundert (tausend) Prozessoren und die Entwicklung geeigneter, parallel ausführbarer Rechenverfahren (Algorithmen) ermöglichen gegenüber der sequentiellen Verarbeitung solcher Verfahren eine weitere Erhöhung der Verarbeitungsgeschwindigkeit.

- Mit der Entwicklung sogenannter "neuronaler Computer", die im Aufbau der neuro-physiologischen Struktur des menschlichen Gehirn nachempfunden sind, hofft man, die Funktionsweise des Gehirns simulieren und damit "intelligentes Verhalten" modellieren zu können.

2 Vom Problem zum Algorithmus

2.1 Einführung

Ein zentraler Begriff der Informatik ist der Begriff des *Algorithmus*. Wir haben bereits in Band I dieses Grundkurses die Programmiersprache Modula-2 kennengelernt, die wir zum Schreiben von Programmen und damit – mehr oder weniger intuitiv – zur formalen Beschreibung von Algorithmen benutzt haben. In diesem Kapitel soll der Begriff des Algorithmus näher beleuchtet werden. Wir werden ihn hier nicht präzise definieren, denn es gibt eine Vielzahl gleichberechtigter, formaler Möglichkeiten, dies zu tun (s. Band IV dieses Grundkurses), aber wir werden uns mit dem Entwurf, den Darstellungsmöglichkeiten und wichtigen Eigenschaften von Algorithmen beschäftigen.

Ganz allgemein dienen Algorithmen dazu, durch zielgerichtetes Handeln Probleme zu lösen. Ein Algorithmus legt in exakter, unmißverständlicher Weise fest, wie man für ein vorgelegtes Problem zu einer Lösung des Problems kommt, und wir beschreiben dies durch die folgende, vage Charakterisierung (eine genauere Beschreibung der Eigenschaften von Algorithmen folgt später):

Ein Algorithmus ist ein exaktes Verfahren zur Lösung eines Problems.

2.1.1 Beobachtungen zu Algorithmen

Mit einer Vielzahl von Algorithmen wird jeder bereits frühzeitig in seinem Leben – unabhängig von der Informatik – konfrontiert. Als Beispiele für Probleme, die algorithmisch lösbar sind, kann man nennen:

Binden eines Schnürsenkels oder einer Krawatte, Multiplikation zweier natürlicher Zahlen, Bedienung eines Fahrkartenautomaten, Auswechseln von Zündkerzen, etc.

All dies sind Probleme, deren Lösung nicht besonders viel Geschick und Intelligenz erfordert, sondern die – wenn man die Lösungsmethodik einmal erlernt hat – mit einigen wenigen elementaren Operationen fast mechanisch ausgeführt werden können. Dies geschieht i. a. durch Anwendung einer Lösungsvorschrift, die in irgendeiner Form gegeben ist (Anweisung eines Lehrers, Mathematiklehrbuch, Bedienungsanleitung, ...).

Ein Algorithmus beinhaltet im wesentlichen die folgenden beiden Bestandteile:

- *Objekte*, auf die eine Wirkung ausgeübt werden soll. Diese können sowohl von abstrakter als auch von konkreter Natur sein.

- *Handlungen*, die – in einer bestimmten Reihenfolge ausgeführt – auf gewünschte Weise auf die Objekte einwirken. Durch Handlungen wird im allgemeinen eine *Zustandsänderung* an den betrachteten Objekten bewirkt.

(2.1) Beispiel: Das Auswechseln eines Reifens am Auto kann man folgendermaßen beschreiben:

   (1) Löse die Radmuttern.

   (2) Hebe den Wagen an.

   (3) Schraube die Radmuttern ab.

   (4) Tausche das Rad gegen ein anderes Rad aus.

   (5) Schraube die Radmuttern an.

   (6) Setze den Wagen ab.

   (7) Ziehe die Radmuttern fest.   ∎

Man kann an diesem Beispiel aus dem Alltag folgendes beobachten:

(a) Es wird verlangt, daß derjenige, der diesen Algorithmus anwenden will, jeden einzelnen Schritt versteht und auch ausführen kann. In diesem Fall ist das Ergebnis eindeutig bestimmt. Andernfalls muß man eine detailliertere Beschreibung des Vorgehens angeben, zum Beispiel für Schritt (4):

   (4.1) Nimm das Rad von der Radnabe ab.

   (4.2) Hole das Reserverad aus dem Kofferaum.

   (4.3) Setze das Reserverad auf die Radnabe.

Die Anwendbarkeit eines vorgegebenen Algorithmus hängt also von den Fähigkeiten des Ausführenden ab. Im obigen Beispiel: Muttern lösen/festziehen, Wagen anheben/absetzen, etc. Andererseits sind die Fähigkeiten nicht nur für die Lösung dieses Problems verwendbar, sondern auch für andere Probleme (z.B. Reparatur eines Fahrrads). Insofern sind die Fähigkeiten in gewissem Maße universell.

(b) Das angegebene Verfahren enthält eine *Folge* von Handlungen, die in ihrer gegebenen Reihenfolge ausgeführt werden. Es ist auch möglich, daß über die Reihenfolge von Handlungen erst während der Ausführung des Algorithmus entschieden wird. Dies ist zum Beispiel dadurch möglich, daß er Sprachkonstrukte beinhaltet, die die Reihenfolge der Ausführung steuern.

(c) Es gibt Einzelschritte in Algorithmen, deren Abarbeitungsreihenfolge nicht von Bedeutung ist. Im obigen Beispiel würde es zum Beispiel keine Rolle spielen, in welcher Reihenfolge die einzelnenen Radmuttern gelöst werden.

(d) Es ist nicht genau spezifiziert, *wer* den Algorithmus ausführen soll, sondern es ist nur verlangt, daß derjenige über bestimmte elementare Fähigkeiten verfügen muß. Wir können deshalb von einer konkreten ausführenden Person oder Maschine abstrahieren und allgemein von einem *Ausführungsorgan* oder auch *Prozessor* sprechen. Die einzelnen Fähigkeiten, über die ein Prozessor verfügt und die ein Algorithmus als elementare Handlungen enthalten darf, nennen wir *Elementaroperationen.*

In der Informatik befaßt man sich mit einem etwas enger gefaßten Algorithmusbegriff. Man verlangt, daß die einzelnen Handlungen "rechnerisch" durch eine Maschine – einen Computer – ausführbar sind. Dies erfordert verschiedene Modifikationen der oben beschriebenen "Alltagsalgorithmen":

- Die einzelnen Handlungen müssen in "computerverständlicher" Form formuliert werden. Für den Entwurf und das Studium von Algorithmen soll das nicht heißen, daß man Programme in einer konkreten Programmiersprache angeben muß, sondern wir beschränken uns auf eine (halb-)formale Darstellung, die leicht in ein Programm übersetzt werden kann (vgl. Abschnitt 2.3).

- Die beteiligten Objekte müssen ebenfalls in einer computerverständlichen Form dargestellt werden. Dies geschieht mit Hilfe sogenannter Datentypen und -strukturen. Man stellt Objekte i.a. dadurch dar, daß man ihre *Eigenschaften* durch Daten beschreibt. Beispielsweise kann man eine Person durch Größen wie Name, Alter, Wohnort, Personalausweisnummer, etc. beschreiben. Man verarbeitet also keine konkreten Objekte, sondern man betrachtet Algorithmen, die auf Daten operieren, wie etwa auf Symbolen, Zeichenketten oder auf natürlichen, ganzen oder reellen Zahlen.

Es ist natürlich auch hier von Bedeutung, welche Elementaroperationen zur Verfügung stehen. Diese können sich bei unterschiedlichen Ausführungsorganen (Prozessoren) stark unterscheiden. Beispielsweise bietet der Befehlssatz eines programmierbaren Taschenrechners i.a. andere Möglichkeiten als Programmiersprachen wie beispielsweise Pascal oder Modula-2. Dieser Unterschied zwischen verschiedenen Sätzen von Elementaroperationen muß jedoch nicht automatisch eine unterschiedliche Leistungsfähigkeit bedeuten, denn oft können Operationen durch andere Operationen ausgedrückt werden, bzw. Operationen können sich gegenseitig simulieren.

2.1.2 Vom Problem zum Algorithmus und zum Programm

Eine generelle Aufgabenstellung der Informatik besteht darin, ausgehend von einem Problem zu einer Lösung des Problems zu gelangen, oder allgemeiner, für eine ganze Problemklasse einen Lösungsweg zu finden. Das typische Vorgehen erfolgt dabei in mehreren Schritten, die wir im folgenden beschreiben.

Ausgangspunkt ist das gegebene Problem (bzw. die Problemklasse).

> *Schritt 1:* Analyse des Problems, ggf. genauere Darstellung
> ("Spezifikation")

Das Ergebnis dieses Schritts ist eine (exakte) Problemspezifikation, die u.a. die Eingabe, die gewünschte Ausgabe, den Zusammenhang zwischen Eingabe und Ausgabe, etc. festlegt (vgl. Abschnitt 2.2). Bei der "ingenieurmäßigen" Erstellung von Software entspricht die Problemspezifikation dem Pflichtenheft.

> *Schritt 2:* Herausfinden eines Lösungsweges,
> Entwicklung eines Algorithmus

Dies ist i.a. ein kreativer Prozeß, der ein genaues Verständnis der Problemstellung erfordert. Für den Entwurf von Algorithmen gibt es verschiedene, teils allgemeingültige Prinzipien und Techniken, die diesen Prozeß erleichtern (s. Abschnitt 2.5). Das Ergebnis ist ein Algorithmus in einer (halb-)formalen Darstellung (s. Abschnitt 2.3).

> *Schritt 3:* Übersetzung des Algorithmus in ein Programm einer
> Programmiersprache

Dies ist im Vergleich zu Schritt 2 meistens eine verhältnismäßig einfache Aufgabe, die auch oft als "Codierung" bezeichnet wird. Es ist darauf zu achten, daß der syntaktische Aufbau und die Konventionen der Sprache genau eingehalten werden. Als Resultat liegt schließlich ein Programm in der betrachteten Sprache vor.

Schritt 4: Einsatz des Computers zur Erstellung der Lösung

Dies ist ein "Makroschritt", der sich aus verschiedenen Einzelschritten zusammensetzt. Er umfaßt u.a. das Erstellen (Editieren) des Programms, das Prüfen auf syntaktische Korrektheit und Übersetzen in eine maschinennahe Sprache (Compilieren) sowie das Testen des Programms und schließlich die eigentliche Berechnung der Lösung für gegebene Eingabedaten.

In der Regel ist die Programmerstellung nicht durch einen einmaligen Durchlauf durch dieses einfache Schema beendet. Meist stellt man beim Testen des Programms fest, daß bei einem der vorhergehenden Schritte Fehler gemacht wurden. Der entsprechende Schritt und dessen Folgeschritte sind dann zu wiederholen. Es handelt sich also bei der Programmerstellung um einen iterativen Prozeß.

Generell kann man sagen, daß Fehler bei der Programmierung umso schlimmer sind, je früher sie gemacht werden. Ein Fehler bei der Spezifikation wird i.a. einen größeren Korrekturaufwand erfordern (und bei der professionellen Programmerstellung höhere Kosten verursachen) als ein Fehler bei der Codierung.

2.2 Spezifikation von Problemen

2.2.1 Anforderungen an die Problemspezifikation

Bevor man für ein gegebenes Problem einen Algorithmus formulieren kann, ist es notwendig, das Problem exakt zu spezifizieren. Dies mag das folgende Beispiel verdeutlichen:

(2.2) Beispiel: Das Problem lautet:

"Eine Menge von personenbezogenen Datensätzen ist nach den Namen der Personen zu sortieren." (Die Datensätze kann man sich als Karteikarten vorstellen, wobei jede Karteikarte Informationen über eine Person enthält.)

Diese Problemstellung ist viel zu vage und läßt viel Platz für Fehlinterpretationen. Es ergeben sich bei näherem Hinsehen eine Reihe von Fragen, die zunächst beantwortet werden müssen:

- Welche Informationen enthalten die Datensätze? (z.B.: Name, Vorname,

Alter, Wohnort, Beruf, Anzahl der Kinder, Familienstand, etc.)

- In welcher Form liegen die Datensätze vor? Durch welche Datenstrukturen werden sie repäsentiert ? (z.B. als Listen oder Records)

- Welche Werte sind zugelassen? (z.B.: Namen müssen mit einem Großbuchstaben beginnen, gefolgt von endlich vielen Kleinbuchstaben.)

- Wie sind Namen zu vergleichen? (z.B. durch die sogenannte lexikographische Ordnung)

- Ist in aufsteigender oder absteigender Reihenfolge zu sortieren?

- Was geschieht bei Namensgleichheit? (z.B.: Es ist der Vorname und ggf. das Alter als weiteres Sortierkriterium hinzuzunehmen.)

- In welcher Form und Reihenfolge ist das Ergebnis auszugeben?

- Welche Elementaroperationen (Kontrollstrukturen, Funktionen, Prädikate) dürfen im Algorithmus verwendet werden? ∎

Man sieht leicht ein, daß die Beantwortung dieser Fragen für den Entwurf eines entsprechenden Algorithmus notwendig ist. Wir wollen ferner davon ausgehen, daß die Problemspezifikation von funktionaler Natur sein soll, d.h. sie soll in eindeutiger Weise beschreiben, wie die Ausgabedaten von den Eingabedaten abhängen. Man spricht dann auch von einer *funktionalen Spezifikation*.

Wir können damit charakterisieren, was bei einer Spezifikation beschrieben werden sollte:

- *genaue Festlegung der Eingabedaten:*

  Dies umfaßt die Art der Daten, die Wertebereiche, die Form der Daten und evtl. das "datentragende Medium" sowie einschränkende Beziehungen zwischen Daten (Beispielsweise: jeder Name darf nur einmal auftreten; oder: ein Kleinkind darf nicht verheiratet sein).

- *genaue Festlegung der Ausgabedaten:*

  Neben den einzelnen Sachverhalten, wie sie auch für Eingabedaten anzugeben sind, kommt hier noch der funktionale Zusammenhang hinzu, durch den sich die Ausgabedaten aus den Eingabedaten ergeben.

- *Festlegung der Rahmenbedingungen:*

  Hier wird festgelegt, welche Elementaroperationen (Funktionen, Prädikate) und Ablaufstrukturen bei der Formulierung des Algorithmus benutzt werden dürfen.

Eine Spezifikation bedeutet nicht nur eine eindeutige Formulierung der Problemstellung, mit der bereits frühzeitig Fehlerquellen ausgeschlossen werden können. Vielmehr hilft die Spezifikationsphase auch bei der gedanklichen Durchdringung des Problems. Oft ist der Entwurf eines Algorithmus nur noch ein sehr kleiner Schritt, wenn die funktionale Spezifikation erst einmal abgeschlossen ist.

(2.3) Beispiel: Das Problem lautet:

Zwei Personen sind eine gewisse Strecke voneinander entfernt und bewegen sich geradlinig aufeinander zu (das Fortbewegungsmittel ist jeweils beliebig). Ihre Geschwindigkeiten sind jeweils konstant, sie müssen aber nicht übereinstimmen. Ein Hund, der schneller läuft als jede der Personen, startet bei der ersten Person zeitgleich mit den beiden und läuft direkt zur zweiten Person (ebenfalls mit konstanter Geschwindigkeit). Dort angekommen, kehrt er unmittelbar um und läuft zur ersten Person zurück, von dort wieder zur zweiten Person, etc. Der Hund stoppt, wenn die beiden Personen sich treffen.

Es ist ein Algorithmus zu spezifizieren und zu entwerfen, der die Strecke berechnet, die der Hund dabei zurücklegt.

Bei der Spezifikation ergibt sich als erste Frage, welche Größen zu Anfang vorgegeben sein sollen. Wir gehen davon aus, daß die Entfernung der Personen, ihre Geschwindigkeit sowie die Geschwindigkeit des Hundes vorgegeben sind[1]. Wir legen also fest:

Eingabe: Die folgenden 4 reellen Zahlen:

Entfernung d in km, mit d > 0,
Geschwindigkeiten v_1 und v_2 (der Personen) in km/h,
mit $v_1 > 0$ und $v_2 > 0$
Geschwindigkeit v_H (des Hundes) in km/h, mit $v_H > v_1$ und $v_H > v_2$.

Die Art der Ausgabedaten geht unmittelbar aus der Aufgabenstellung hervor. Es ist lediglich eine positive reelle Zahl – die vom Hund zurückgelegte Strecke – auszugeben. Etwas schwieriger ist es dagegen, den funktionalen Zusammenhang zwischen der Eingabe und der Ausgabe anzugeben.

Man könnte auf die Idee kommen, zunächst in Abhängigkeit von v_1, v_2 und v_H eine Distanz d1 zu berechnen, die der Hund nach dem Start bei der ersten Person bis zum Zusammentreffen mit der zweiten Person zurücklegt.

---

[1] Für ein komplizierteres Beispiel hätte man anstelle der Entfernung auch die geographischen Koordinaten der beiden Startpunkte (in Längen- und Breitengraden) sowie ihrer Höhe über dem Meeresspiegel angeben können.

Entsprechend ist anschließend eine Distanz d2 für den Rückweg, danach eine Distanz d3, etc. auszurechnen. Schließlich sind alle Distanzen zu addieren. Da die Entfernungen zwischen den Personen immer kleiner werden, konvergieren die Distanzen d1, d2, etc. gegen 0, und man hat letztendlich den Wert einer unendlichen Reihe auszurechnen.

Viel einfacher ist der folgende Gedankengang: Zunächst berechnet man die Zeit, die nach dem Start vergeht, bis beide Personen sich treffen. Diese beträgt $d / (v_1 + v_2)$. Anschließend berechnet man ganz einfach die Strecke, die der Hund in dieser Zeit – bei konstanter Fortbewegungsgeschwindigkeit v_H – zurücklegen kann. Diese beträgt $v_H * d / (v_1 + v_2)$. Wir können somit festlegen:

Ausgabe: Vom Hund zurückgelegte Strecke d_H, mit $d_H = v_H * d / (v_1 + v_2)$.

Als Rahmenbedingungen wollen wir in diesem Fall die Sprachkonstrukte einer höheren Programmiersprache zulassen, etwa die der Sprache Modula-2.   ■

Bei der Implementierung dieser kleinen "Denksportaufgabe" ist tatsächlich die Spezifikation der entscheidende Schritt. Ausgehend von dieser Spezifikation einen Algorithmus und anschließend ein lauffähiges Programm zu entwerfen, ist dagegen eine sehr leichte Aufgabe.

Wir betrachten ein weiteres Beispiel, bei dem ebenfalls die Spezifikation den größten Teil der Arbeit ausmacht.

(2.4) Beispiel: Das zu lösende Problem soll jetzt darin bestehen, für einen bestimmten Zeitpunkt, der in Form eines Datums und einer exakten Uhrzeit gegeben ist, den Folgezeitpunkt – nach dem Verstreichen einer Sekunde – zu bestimmen.

Eingabe: Ein Tupel $t = (h, min, sec, T, M, J)$, mit $h, min, sec, T, M, J \in \mathbb{N}_0$ und $h < 24,\ min < 60,\ sec < 60,\ 1 \leq M \leq 12,\ J \geq 1900$ sowie

$$1 \leq T \leq \begin{cases} 31, \text{ falls } M = 1, 3, 5, 7, 8, 10, 12 \\ 30, \text{ falls } M = 4, 6, 9, 11 \\ 29, \text{ falls } M = 2 \text{ und } J \text{ ist durch 4 ohne Rest teilbar} \\ 28, \text{ falls } M = 2 \text{ und } J \text{ ist durch 4 nur mit Rest teilbar} \end{cases}$$

Ausgabe: Ein Tupel t´ mit

$$t´ = \begin{cases} (h,\ min,\ sec + 1,\ T,\ M,\ J)\ ,\ \text{falls } sec < 59 \\ (h,\ min + 1,\ 0,\ T,\ M,\ J),\ \text{falls } sec = 59 \text{ und } min < 59 \\ (h + 1,\ 0,\ 0,\ T,\ M,\ J),\ \text{falls } sec = 59,\ min = 59 \text{ und } h < 23 \\ \text{etc.} \end{cases}$$

Als Rahmenbedingungen legen wir wieder den Sprachumfang einer höheren Programmiersprache zugrunde.   ∎

Eine "gute" Spezifikation sollte die folgenden Forderungen erfüllen:

- *Konsistenz*: Die Spezifikation ist widerspruchsfrei und verlangt nichts "Unmögliches" (z.B. die Quadratwurzel einer negativen Zahl zu bilden). Die Bedingungen an die Eingabegrößen sind prinzipiell erfüllbar.

- *Vollständigkeit*: Es müssen alle Größen und Bedingungen, die für die Lösung des Problems relevant sind, spezifiziert werden. Ferner sollte die Spezifikation so exakt sein, daß Mehrdeutigkeiten ausgeschlossen sind.

Diese Bedingungen auf Anhieb zu erfüllen, ist bei schwierigen Aufgabenstellen meist nicht möglich. Oft stellt man später beim Algorithmenentwurf oder gar erst beim Testen des Programms fest, daß die Spezifikation widersprüchlich oder unvollständig ist.

Bei größeren Aufgabenstellungen, deren Lösungen vielleicht umfangreiche Dialoge mit dem Benutzer (zur Laufzeit des Programms) erfordern, ist es häufig nicht möglich, eine funktionale Spezifikation anzugeben. In einem solchen Fall ist es oft möglich, die Aufgabenstellung zu zerlegen (vgl. Abschnitt 2.5.2: Modularisierung) und für kleinere Teilaufgaben eine Spezifikation durchzuführen.

2.2.2 Spezielle Probleme: Suchen und Sortieren

Das Suchen und Sortieren von Informationen sind sehr häufige und aufwendige Operationen, die mit dem Computer wesentlich schneller durchgeführt werden können als "von Hand". Beispielsweise kennt jeder die Suche nach bestimmten Einträgen in einem Lexikon oder Telefonbuch. Oder man stelle sich vor, man sollte in den Millionen Datensätzen der letzten Volkszählung nach dem Alter einer bestimmten Person suchen.

Für die Spezifikation des Such- und des Sortierproblems nehmen wir realistischerweise an, daß die zu suchenden und sortierenden Informationen über ein identifizierendes Merkmal – einen sogenannten Schlüssel – referenziert werden können. Dies kann beispielsweise eine Nummer (z.B. Konto-, Personal-, Liefernummer) oder ein Name (z.B. eindeutige Bezeichnung eines Produkts) sein. Jede konkrete Ausprägung eines Schlüssels, z.B. eine konkrete Nummer oder ein konkreter Name, nennen wir einen *Schlüsselwert*. Die den Schlüsselwerten zugeordneten Datensätze sind im folgenden unwichtig und werden vernachlässigt. Wichtig ist dagegen, daß auf den betrachteten Schlüsselwerten eine *totale Ordnung* erklärt ist, denn nur in diesem Fall ist es sinnvoll, von sortierten oder nicht sortierten Schlüsseln zu sprechen. Wir legen daher zunächst den Begriff der Ordnung fest:

(2.5) Definition: (binäre Relation, partielle und totale Ordnung)

Es sei M eine nichtleere Menge, und M x M bezeichne das kartesische Produkt über M, d.h. die Menge aller Paare über M:

$$M \times M ::= \{(x, y) \mid x \in M \text{ und } y \in M\}.$$

(a) Eine *binäre Relation über M* ist eine Teilmenge $R \subseteq M \times M$. Oft benutzen wir anstelle der Schreibweise $(x, y) \in R$ auch die sogenannte *Infixnotation* xRy und sagen: "x steht in Relation R zu y".

(b) Eine binäre Relation R über M heißt

antisymmetrisch	$::\Leftrightarrow$	$\forall \, x, y \in M:$	$(xRy \wedge yRx) \Rightarrow (x = y),$
reflexiv	$::\Leftrightarrow$	$\forall \, x \in M:$	$xRx,$
transitiv	$::\Leftrightarrow$	$\forall \, x, y, z \in M:$	$(xRy \wedge yRz) \Rightarrow (xRz).$

Eine Relation R, die diese 3 Eigenschaften besitzt, wird eine *Ordnungsrelation* oder auch *partielle Ordnung* über M genannt.

(c) Gilt für eine partielle Ordnung R über einer Menge M zusätzlich zu (b)

$\forall \, x, y \in M: xRy$ oder $yRx,$

so nennt man R eine *totale Ordnungsrelation* oder auch *totale Ordnung*.   ■

(2.6) Beispiel:

(a) Ein Beispiel für eine totale Ordnung ist die ≤-Relation über der Menge der ganzen oder der reellen Zahlen. Ein anderes Beispiel ist die lexikographische Ordnung über der Menge aller Wörter der deutschen Sprache.

(b) Ein Beispiel für eine partielle Ordnung, die nicht total ist, ist die Teilbarkeitsrelation für ganze Zahlen:

$$\forall\, m, n \in \mathbb{Z}: \; m \mid n ::\Leftrightarrow \exists\, k \in \mathbb{Z}: n = k * m. \qquad \blacksquare$$

Wir werden im folgenden Schlüssel betrachten, auf denen eine totale Ordnung erklärt ist. Diese Ordnung bezeichnen wir mit dem Symbol $\prec$. Das Problem des Sortierens einer Menge von Schlüsselwerten besteht dann darin, die Schlüsselwerte in eine Reihenfolge zu bringen, die der Ordnung $\prec$ "entspricht". Schlüsselwerte bezeichnen wir mit $k_1, k_2, \ldots$. Ferner sei M die Menge aller möglichen Schlüsselwerte.

(2.7) Beispiel: Suchen in einer unsortierten Folge

Das Suchen in einer nicht sortierten Folge soll bedeuten, daß eine endliche, nichtleere Folge $k_1, k_2, \ldots, k_n$ von Schlüsselwerten und ein "Vergleichsschlüsselwert" $k \in M$ gegeben sind. Die Folgenglieder stehen in beliebiger Reihenfolge, und ein Schlüsselwert kann mehrfach in der Folge auftreten. Gesucht ist dann die Position des am weitesten links stehenden Folgenglieds, das mit k übereinstimmt. Falls k nicht in der Folge auftritt, so ist die Zahl $n + 1$ auszugeben.

Die formale Spezifikation kann beispielsweise folgendermaßen aussehen:

Es bezeichne M^+ die Menge aller Folgen über M, d.h.:

$$M^+ ::= \{k_1, k_2, \ldots, k_n \mid n \in \mathrm{IN}, k_i \in M \text{ für alle } i \in \{1,\ldots,n\}\}.$$

Eingabe: Folge $k_1, k_2, \ldots, k_n \in M^+$, mit $n \in \mathrm{IN}$, Vergleichsschlüsselwert $k \in M$.

Ausgabe: Es sei $K := \{i \in \{1,\ldots,n\} \mid k_i = k\}$ die "Treffermenge", d.h. die Menge aller Positionen, auf denen k mit dem entsprechenden Folgenglied übereinstimmt.

Dann ist auszugeben:

$$p(k, k_1, k_2, \ldots, k_n) ::= \begin{cases} \min(K), \text{ falls } K \neq \varnothing \\ n + 1, \text{ sonst.} \end{cases}$$

Als Rahmenbedingungen lassen wir wiederum die Sprachkonstrukte einer höheren Programmiersprache zu. $\qquad \blacksquare$

Die Problemstellung in Beispiel 2.7 ist recht speziell. Denkbar ist auch, daß man nicht das Minimum der Treffermenge sucht, sondern zum Beispiel das Maximum oder die gesamte Menge.

(2.8) Beispiel: Suchen in einer sortierten Folge

Im Gegensatz zu Beispiel 2.7 wird beim Suchen in einer sortierten Folge vorausgesetzt, daß die gegebene Folge der Ordnung $\prec$ entsprechend sortiert ist. Für die Folge $k_1, k_2, ..., k_n$ gilt also $k_1 \prec k_2 \prec ... \prec k_n$. Wir legen fest:

Eingabe: Folge $k_1, k_2, ..., k_n \in M^+$, mit $n \in \mathbb{N}$ und $k_1 \prec k_2 \prec ... \prec k_n$, Vergleichsschlüssel $k \in M$.

Ausgabe: Es sei jetzt $K := \{i \in \{1,...,n\} \mid k \prec k_i\}$ die Menge der Positionen, auf denen die Folgenglieder größer (oder gleich) dem Vergleichsschlüssel k sind. Dann ist auszugeben:

$$p(k, k_1, k_2, ..., k_n) ::= \begin{cases} \min(K), \text{ falls } K \neq \varnothing \\ n + 1, \text{ sonst} \end{cases}$$

Rahmenbedingungen: Konstrukte einer höheren Programmiersprache sowie die Relation $\prec$.   ∎

In Beispiel 2.8 wird entweder die Position gesucht, an der der Schlüsselwert k erstmalig – von links nach rechts gelesen – in der sortierten Folge auftritt oder aber, an der k einzufügen wäre, falls k nicht in der Folge vorkommt. Auch hier ist eine andere Problemstellung denkbar, zum Beispiel, daß nur die kleinste Position zu suchen ist, an der k wirklich vorkommt, ansonsten aber die Zahl 0 ausgegeben werden soll.

Wir wenden uns jetzt dem Sortierproblem zu. Das Sortieren von Schlüsselwerten bzw. Datensätzen ist eine sehr häufig vorkommende Operation, die im kommerziellen Rechenbetrieb oft 25% und mehr der gesamten Rechenzeit einer Rechenanlage beansprucht. Man ist bestrebt, Datenbestände sortiert zu verwalten, da dies den Suchaufwand drastisch reduziert[1].

(2.9) Beispiel: Sortieren einer Folge

Das Problem besteht also darin, eine vorgegebene Folge $k_1, k_2, ..., k_n$ von Schlüsselwerten entsprechend einer Ordnung $\prec$ anzuordnen.

---

[1]   Der Leser möge sich überlegen, was es für einen Aufwand bedeuten würde, einen Namen in einem Telefonbuch zu suchen, in dem die Einträge nicht lexikographisch sortiert sind.

Eingabe: Folge $k_1, k_2, ..., k_n \in M^+$, mit $n \in$ IN,
Ordnung $\prec$.

Ausgabe: Folge $k_{\pi(1)}, k_{\pi(2)}, ..., k_{\pi(n)} \in M^+$, mit einer Permutation
$\pi : \{1,...,n\} \rightarrow \{1,...,n\}$, so daß $k_{\pi(1)} \prec k_{\pi(2)} \prec ... \prec k_{\pi(n)}$ gilt.

Die Rahmenbedingungen seien wie in Beispiel 2.8.   ∎

2.3 Algorithmen und ihre Darstellung

Um Algorithmen darzustellen und mitzuteilen, benötigt man eine geeignete Sprache. Es ist leicht einzusehen, daß sich die natürliche Sprache dazu nur in sehr beschränktem Maße eignet. Die verbale Formulierung eines Algorithmus läßt viel Raum für Mehrdeutigkeiten und Mißverständnisse.

Aus diesem Grunde wurden verschiedene graphische und textuelle Darstellungsmöglichkeiten für Algorithmen vorgeschlagen, die es erlauben, Algorithmen in einer "halb-formalen" Weise aufzuschreiben. Die einzelnen Formalismen zur Darstellung enthalten graphische und/oder sprachliche Konstrukte und Symbole mit einer festgelegten Bedeutung. Der "Genauigkeitsgrad" bei der Darstellung ist dabei i.a. nicht vorgeschrieben. Es bleibt auch hierbei Raum, von Details zu abstrahieren und gewisse Sachverhalte nur sehr grob – etwa natürlichsprachlich – anzugeben. Dies unterscheidet Algorithmen von Programmen: bei einem Programm ist die Darstellung genau bis ins kleinste Detail, so daß es unmittelbar mit einen Rechner ausgeführt oder durch einen Compiler übersetzt werden kann. Somit ist die Darstellung eines Algorithmus i.a. unabhängig, die Formulierung eines Programms dagegen abhängig von einem zugrunde liegenden Rechner bzw. einer bestimmten Programmiersprache.

Bei der Darstellung von Algorithmen sind verschiedene Dinge anzugeben:

- Größen, die einen gegebenen Zustand (der betrachteten Objekte) beschreiben. Dies geschieht mit Variablen (Bezeichnern), wobei jede Variable i.a. einem bestimmten Typ genügen muß.

- Elementaroperationen, die auf die betrachteten Größen angewendet werden dürfen. Die Beschreibung dieser Operationen ist auf unterschiedlichen Abstraktionsebenen denkbar. Sie kann zum einen sehr benutzernah und daher für einen menschlichen Leser leicht verständlich sein, sie kann andererseits aber auch maschinennah sein.

- Ablaufstrukturen und Ablaufbedingungen, die beschreiben, in welcher Reihenfolge und unter welchen Bedingungen Elementaroperationen anzuwenden sind.

Wir werden im folgenden verschiedene Arten der Beschreibung von Ablaufstrukturen angeben und unterscheiden damit unterschiedliche Darstellungsformen für Algorithmen.

2.3.1 Programmablaufpläne

Ein Programmablaufplan (auch: Flußdiagramm) ist eine normierte, graphische Methode (festgelegt in DIN 66001) zur genauen Beschreibung des Ablaufs von Algorithmen. Dabei können durch unterschiedliche Symbole bestimmte Arten von Aktionen (Elementare Operationen, Anfang/Ende, Verzweigungen, etc.) spezifiziert werden.

Die wichtigsten Symbole in einem Programmablaufplan sind:

- *Aktionen (Operationen, Anweisungen, einschließlich Ein-/Ausgabe):*

- *Ablauf / Zusammenführung:*

- *Verzweigung:*

- *Anfang / Ende:*

- *Übergangsstellen von einem zu einem anderen Diagramm:*

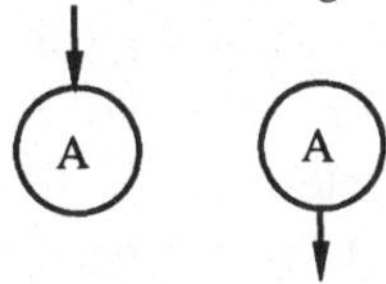

Zur Veranschaulichung des Zusammenwirkens der einzelnen Bausteine betrachten wir das folgende Beispiel:

(2.10) Beispiel: Sequentielles Suchen

Der Algorithmus in Bild 2.1 beschreibt das Suchen in einer (unsortierten) Folge von Schlüsselwerten. Man durchläuft sequentiell – nach der Eingabe einer Folge k_1, k_2, ..., k_n und eines Vergleichselements k – die einzelnen Folgenglieder. Entsprechend der Spezifikation in Beispiel 2.7 wird die Position des ersten Folgenglieds ausgegeben, das mit k übereinstimmt. Falls kein solches Folgenglied vorkommt, wird die Zahl n + 1 ausgegeben.

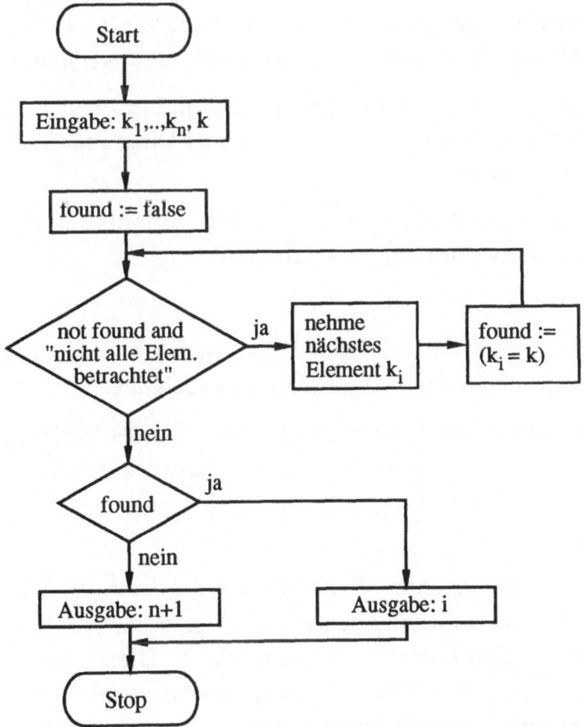

Bild 2.1: Programmablaufplan zu Beispiel 2.10

Ein solches Diagramm wird in Pfeilrichtung durchlaufen. Trifft man dabei auf eine Aktion, so wird diese Aktion ausgeführt. Aktionen können von sehr unterschiedlicher Natur sein. So ist die Aktion "found := false" eine sehr präzise formulierte, elementare Aktion (es wird die Boole´sche Variable "found" mit dem Wert "false" belegt). Demgegenüber ist die Aktion "nehme nächstes Element k_i" eine eher unpräzise, umgangssprachlich formulierte Aktion, die einer gewissen Interpretation bedarf. Neben Aktionen treten Verzweigungen auf. Jede Verzweigung enthält eine Bedingung, d.h. einen logischen Ausdruck, der entweder den Wert "wahr" oder "falsch" liefert. Dieser Wert legt fest, welche der beiden Alternativen zum weiteren Durchlaufen des Diagramms gewählt wird. Zudem stellen die Eingabe- und Ausgabeanweisungen die Schnittstelle "nach außen" dar. Sie entsprechen der Lese- bzw. Schreibanweisung bei höheren Programmiersprachen.   ∎

An diesem Beispiel werden bereits einige Vor- und Nachteile von Programmablaufplänen deutlich. Man kann sie folgendermaßen zusammenfassen.

Vorteile:

- Abläufe werden mit graphischen Mitteln beschrieben. Dies bedeutet eine Visualisierung, die insbesondere für Anfänger leicht verständlich ist.

- Die Darstellung ist auf verschiedenen Abstraktionsebenen möglich. Eine sehr komplexe Aktion kann durch ein weiteres Diagramm (oder auch mehrere) verfeinert werden.

- Alle für die Programmierung wesentlichen Ablaufstrukturen (Sequenz, Verzweigung, Wiederholung) sind darstellbar.

Nachteile:

- Die Darstellung wird bei größeren Diagrammen schnell unübersichtlich. Damit ist sie für die meisten Algorithmen ungeeignet.

- Die Verzweigungen und Zusammenführungen können beliebig miteinander kombiniert werden. Dies führt i.a. zu sehr unstrukturierten Diagrammen und entspricht der "Goto-Programmierung" bei maschinennahen Programmiersprachen.

Um die beiden zuletzt genannten Nachteile zu eliminieren, bietet es sich an, gewisse Kombinationen von Symbolen eines Programmablaufplans (sozusagen "Makros") zu neuen Symbolen zu verschmelzen. Diese stellen dann neue Grundstrukturen – wie etwa Wiederholungsanweisungen – dar. Diese Idee führt auf *Struktogramme*, die wir im nächsten Abschnitt betrachten.

2.3.2 Struktogramme

Ein Struktogramm, auch *Nassi-Shneidermann-Diagramm* genannt, ist ebenfalls ein graphisches Darstellungsmittel für Algorithmen. Struktogramme wurden 1973 von I. Nassi und B. Shneidermann vorgeschlagen. Das Grundelement ist der *Strukturblock*, der durch ein Rechteck dargestellt wird.

Strukturblöcke können elementare Anweisungen enthalten, in dem Fall entsprechen sie den Aktionen bei Programmablaufplänen, sie können aber auch sehr komplex aufgebaut sein und zum Beispiel Sequenzen anderer Strukturblöcke enthalten. Sie sind also rekursiv definiert, und ein Algorithmus kann im allgemeinen durch einen einzigen Strukturblock beschrieben werden, der andere Strukturblöcke beinhalten kann.

Die wichtigsten Arten von Strukturblöcken sind:

- *Elementarer Strukturblock:*

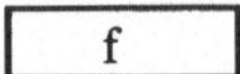

  Ein Block dieser Art dient zur Beschreibung einzelner Anweisungen f, die nicht weiter zerlegt und als elementar angesehen werden. Dies können elementare Aktionen, Ein-/Ausgabeanweisungen oder auch Kommentare sein.

- *Sequenz:*

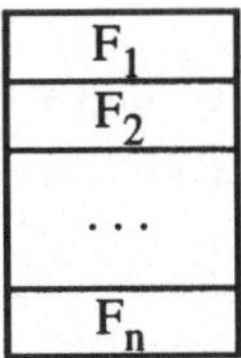

Ein Sequenzblock besteht aus einer endlichen Folge F_1, F_2, ...,F_n anderer Strukturblöcke, die nicht notwendig elementar sein müssen. Die einzelnen Blöcke werden von oben nach unten durchlaufen und nacheinander "ausgeführt". Dies entspricht der Verbundanweisung bei höheren Programmiersprachen.

- *Schleife (Wiederholungsanweisung):*

Man unterscheidet zwei Arten von Schleifen:

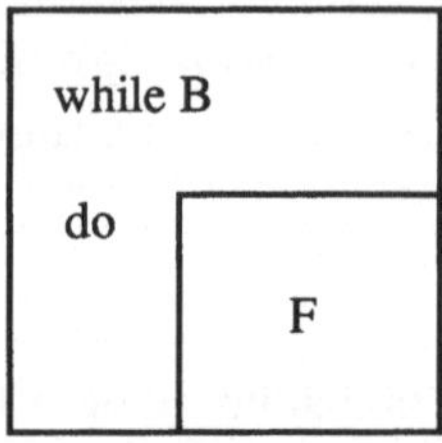

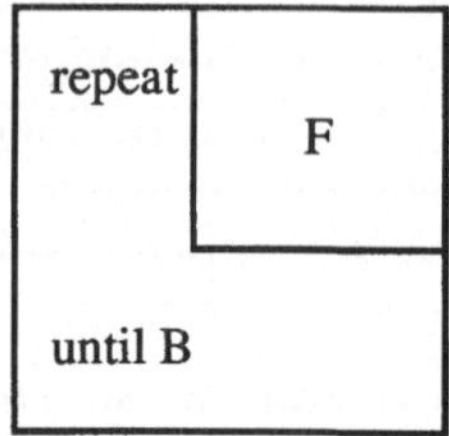

abweisende Schleife   *nicht-abweisende Schleife*

Dabei ist B ein logischer Ausdruck, d.h. ein Ausdruck der den Wert "wahr" oder "falsch" liefert, und F ist ebenfalls ein Strukturblock. Die Bedeutung entspricht jeweils der Bedeutung der while-Anweisung (abweisende Schleife) bzw. der repeat-Anweisung (nicht-abweisende Schleife) bei höheren Programmiersprachen.

- *Verzweigung (bedingte Anweisung):*

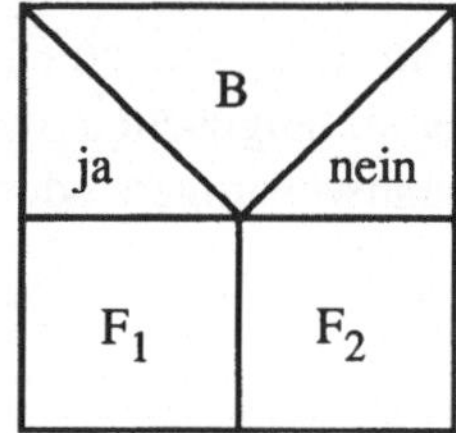

Auch hier ist B ein logischer Ausdruck, und F_1 und F_2 sind Strukturblöcke. Ein Strukturblock dieser Art entspricht der IF-THEN-ELSE-Anweisung bei höheren Programmiersprachen.

(2.11) Beispiel: Sequentielles Suchen

Analog zu Beispiel 2.10 wird hier ebenfalls das Suchen in einer (unsortierten) Folge dargestellt. Das entsprechende Struktogramm in Bild 2.2 ist ein einziger Strukturblock, der aus einer Sequenz von vier Strukturblöcken besteht. Im Gegensatz zu Bild 2.1 sieht man, daß Struktogramme keine "unkontrollierten" Sprünge enthalten und zumindest bei umfangreicheren Algorithmen übersichtlicher sind als Programmablaufpläne.   ■

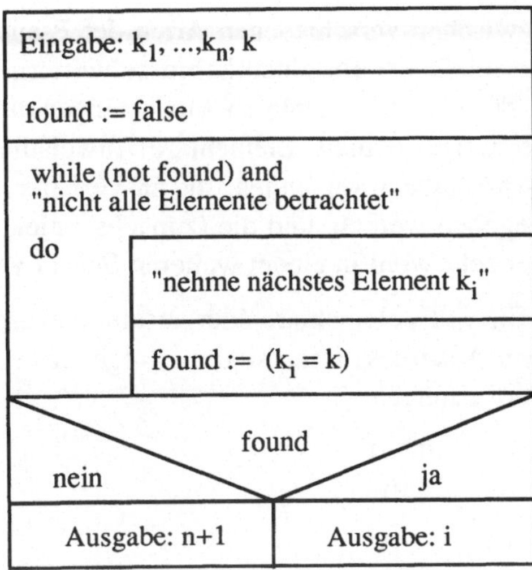

Bild 2.2: Struktogramm zu Beispiel 2.11

Die **Vorteile** von Struktogrammen gegenüber Programmablaufplänen sind:

- Struktogramme beinhalten Symbole für alle wichtigen Ablaufstrukturen moderner, höherer Programmiersprachen (Verbundanweisung, while-/repeat-Anweisung, Verzweigung).

- Durch die rekursive Definition von Strukturblöcken wird ein Top-Down-Entwurf und die schrittweise Verfeinerung von Algorithmen ermöglicht (vgl. Abschnitt 2.5). Damit werden die Prinzipien der strukturierten Programmierung unterstützt.

- Es können keine beliebigen Sprünge ausgedrückt werden, d.h. die oft schwer nachvollziehbare "Goto-Programmierung" wird verhindert.

2.3.3 Pseudocode

Unter Pseudocode versteht man die verbale Beschreibung von Algorithmen unter Benutzung von Ablaufstrukturen der strukturierten Programmierung (z.B. mit Sprachkonstrukten von Modula-2 oder Pascal). Es handelt sich also um keine graphische Beschreibung wie bei Struktogrammen, trotzdem bestehen große Ähnlichkeiten zwischen diesen beiden Beschreibungsmitteln, und man kann eine Pseudocode-Darstellung als 1-1-Übersetzung eines Struktogramms auffassen und umgekehrt. Eine genaue Festlegung der Sprachkonstrukte gibt es nicht, und es kann zwischen verschiedenen Arten der Pseudocode-Darstellung beispielsweise Unterschiede bei einzelnen Schlüsselwörtern geben. Wir benutzen einen "Dialekt", der neben elementaren Anweisungen die folgenden zusammengesetzten Anweisungen enthält. Elementare Anweisungen sind auch hier Aktionen oder Ein-/Ausgabeanweisungen, die in verbaler, halbformaler oder formaler Weise angegeben werden, und die (zunächst) nicht weiter strukturiert sind. Sie können aber sehr wohl in einem weiteren Schritt verfeinert werden.

Es bezeichne F, F_1, F_2, ..., F_n elementare oder zusammengesetzte Anweisungen und B einen logischen Ausdruck. Dann sind die folgenden Ausdrücke ebenfalls zusammengesetzte Anweisungen:

- *Sequenz:*

```
BEGIN
  F1;
  F2;
  ...
  Fn
END
```

- *Schleife:*

```
WHILE B                oder:    REPEAT
DO F                              F
END (* WHILE *)                 UNTIL B
```

- *Verzweigung:*

```
IF B
THEN F1
ELSE F2
END (* IF *)
```

Diese Anweisungen sind dem Leser von höheren Programmiersprachen her bekannt. Trotzdem werden sie hier eher intuitiv verwendet, und es steht nicht die Implementierung, sondern die Beschreibung eines Algorithmus im Vordergrund.

(2.12) Beispiel: Sequentielles Suchen

Der Suchalgorithmus aus den Beispielen 2.10 und 2.11 kann mit der Pseudocode-Darstellung folgendermaßen beschrieben werden:

```
BEGIN
   Eingabe: k₁, ..., kₙ, k;
   found := FALSE;
   WHILE NOT found AND "nicht alle Elemente
   betrachtet" DO
      "nehme nächstes Element kᵢ";
       found := (kᵢ = k)
   END (* WHILE *);
   IF found
   THEN Ausgabe: i
   ELSE Ausgabe: n + 1
   END (* IF *)
END;
```

Bild 2.3: Pseudocode-Darstellung zu Beispiel 2.12   ■

Die Pseudocode-Darstellung kann ähnlich bewertet werden wie die Darstellung mit Struktogrammen. Wie bei Struktogrammen wird auch hier eine unübersichtliche Verschachtelung von Sprungbefehlen verhindert, und es wird ebenfalls ein Top-Down-Vorgehen mit schrittweiser Verfeinerung ermöglicht. Als Nachteil gegenüber Struktogrammen könnte man ansehen, daß Pseudocode keine graphische Darstellungsform ist und daher weniger anschaulich als Struktogramme.

Auch sollte die Pseudocode-Darstellung nicht mit der Programmierung in einer konkreten Programmiersprache verwechselt werden, denn es gibt einige Unterschiede (diese sind ebenso für Struktogramme gültig):

- Es werden nur die für den Algorithmus wesentlichen Abläufe angegeben, d.h. von bestimmten Implementierungsdetails wird abstrahiert, und der Algorithmus selbst steht im Vordergrund.

- Auf Typ- und Variablenvereinbarungen wird (meistens) verzichtet. Datentypen und Operationen auf ihnen können in recht "intuitiver" Weise verwendet werden.

- Die Darstellung ist unabhängig von einer konkreten Programmierumgebung und -sprache.

Dennoch wird die Pseudocode-Darstellung auch zur Dokumentation von Implementierungen benutzt.

2.3.4 Gegenüberstellung der einzelnen Ablaufstrukturen

In diesem Abschnitt soll noch einmal gegenübergestellt werden, wie sich die einzelnen Ablaufstrukturen höherer Programmiersprachen mit den Konstrukten der letzten 3 Abschnitte ausdrücken lassen. Neben den bisher besprochenen Konstrukten betrachten wir jetzt zusätzlich noch case-Anweisungen und for-Schleifen. Im folgenden erhalten die Darstellungen mit Programmablaufplänen, Struktogrammen und Pseudocode die Nummern (1) bzw. (2) bzw. (3).

(A) Elementare Anweisungen

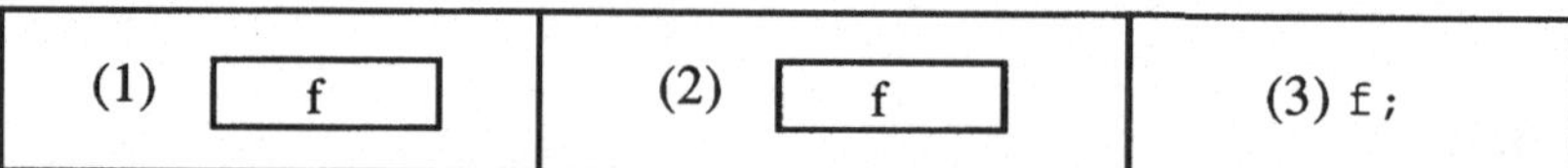

(B) Sequenzen

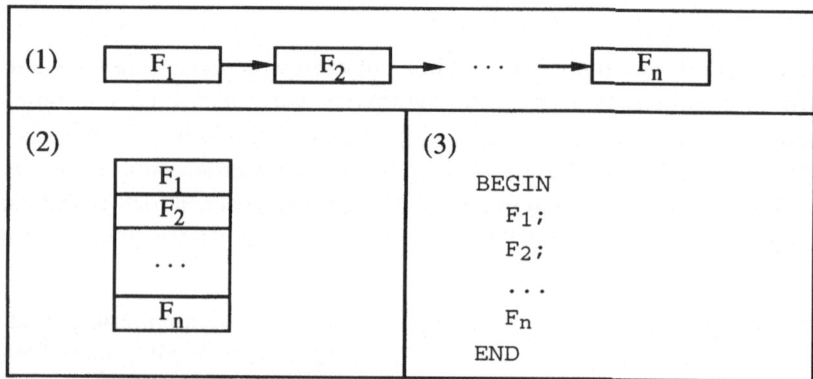

(C) Verzweigungen

1. Möglichkeit: *if-Anweisung*:

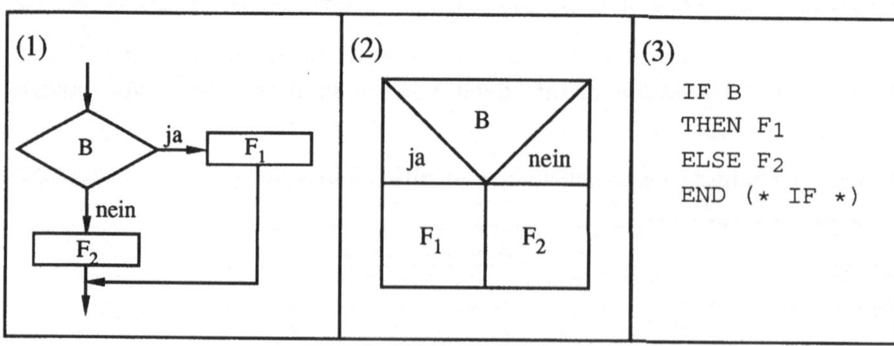

2. Möglichkeit: *case-Anweisung*; dabei bezeichne r einen (logischen oder arithmetischen) Ausdruck, und $r_1, r_2, \ldots, r_n$ seien mögliche Werte, die der Ausdruck annehmen kann.

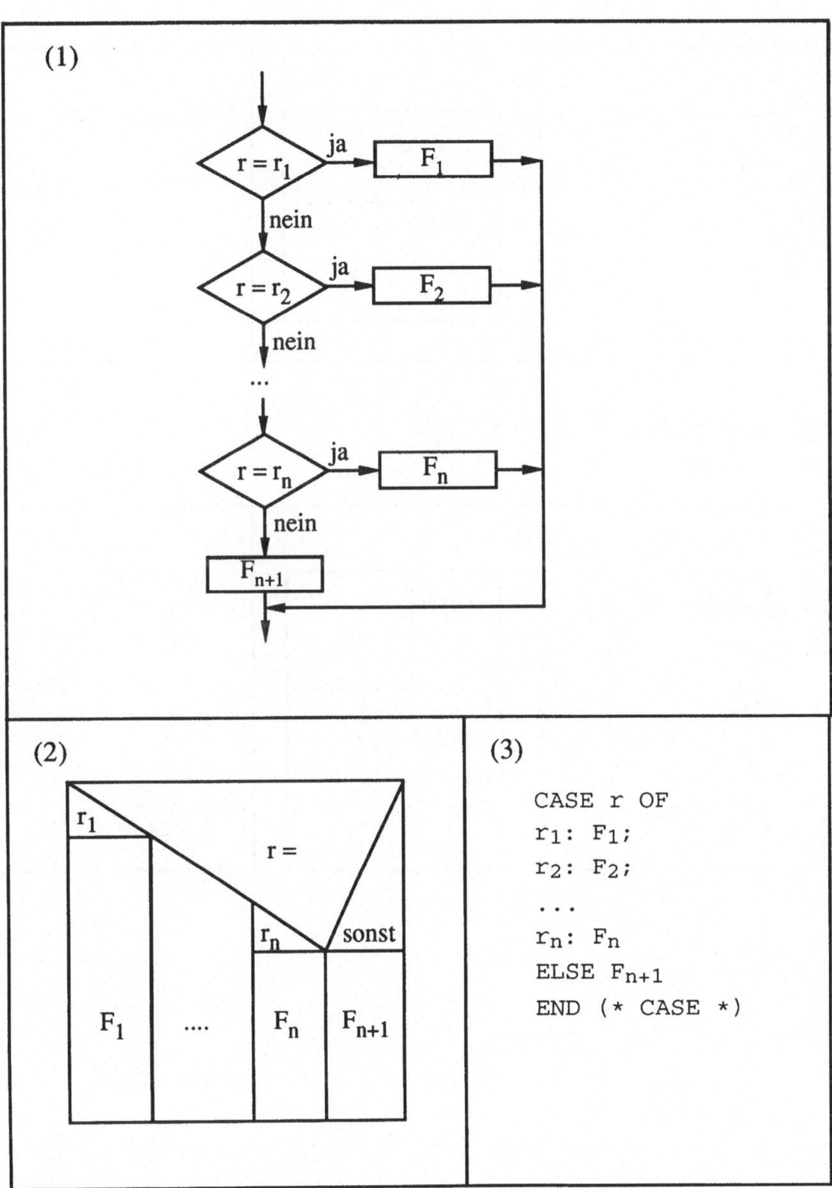

(D) Schleifen

1. Möglichkeit: *abweisende Schleife*

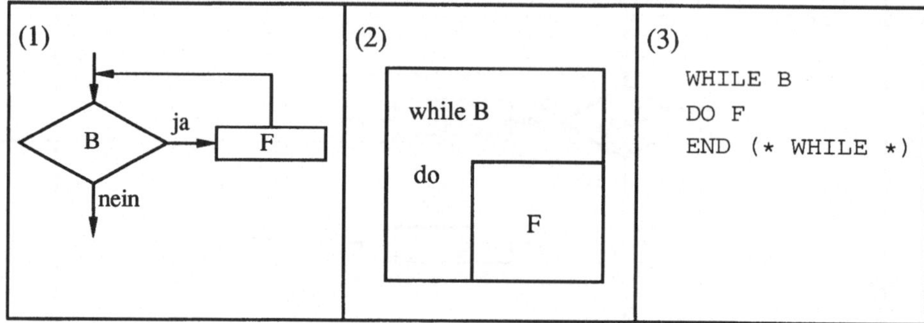

2. Möglichkeit: *nicht-abweisende Schleife*

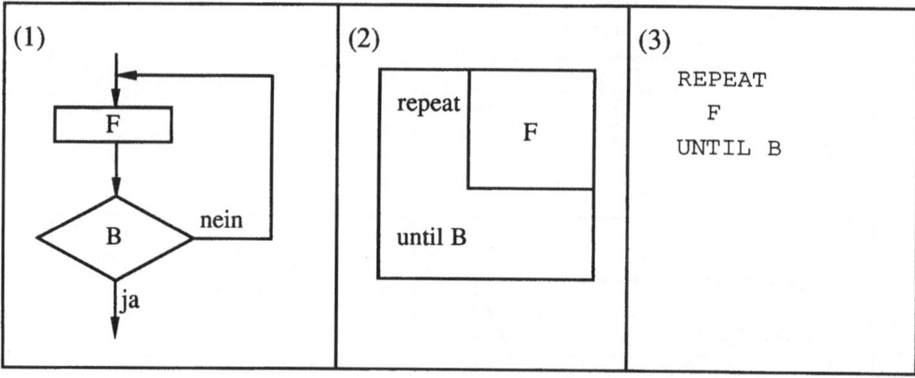

3. Möglichkeit: *Laufschleife*

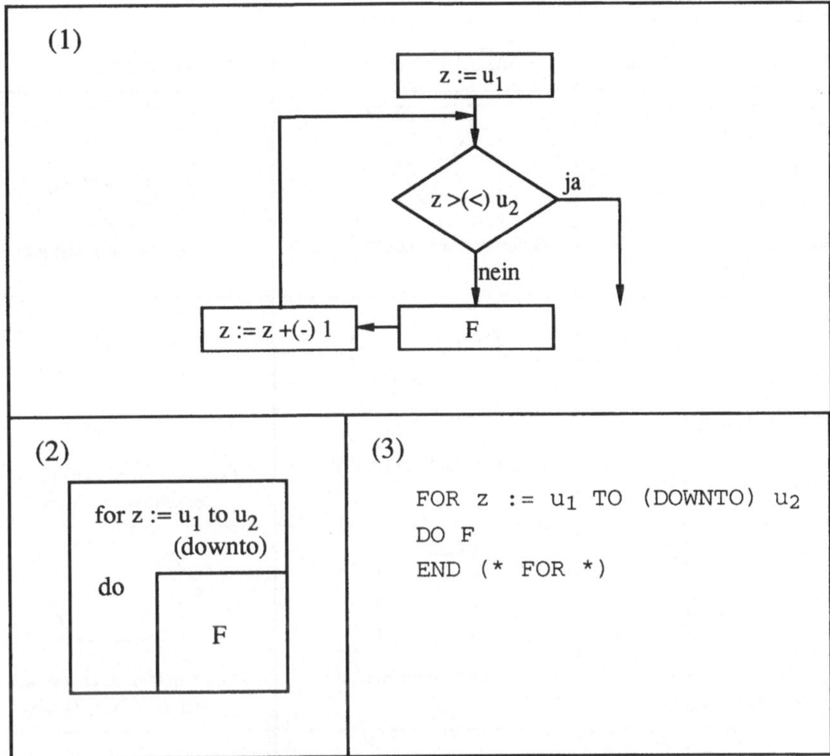

2.3.5 Datenflußpläne

Einen etwas anderen Charakter als die bisher vorgestellten Darstellungsmöglichkeiten haben *Datenflußpläne*. Sie eignen sich weniger zur Beschreibung von Algorithmen als zur Veranschaulichung des Datenflusses in einem informationsverarbeitenden System[1] und finden damit eher in der "betrieblichen" Datenverarbeitung Verwendung. Aufgrund ihrer großen Verbreitung wollen wir sie trotzdem an dieser Stelle betrachten.

Datenflußpläne sind ein *graphisches* Beschreibungsmittel. Es können sowohl Operationen (Aktionen, Handlungen) als auch Ausführungsorgane, d.h. Teile

---

[1] Darunter ist auch hier (vgl. Kapitel 1) eine organisatorische Einheit zu verstehen, die – in irgendeiner Form als Daten vorliegende – Informationen verarbeiten kann.

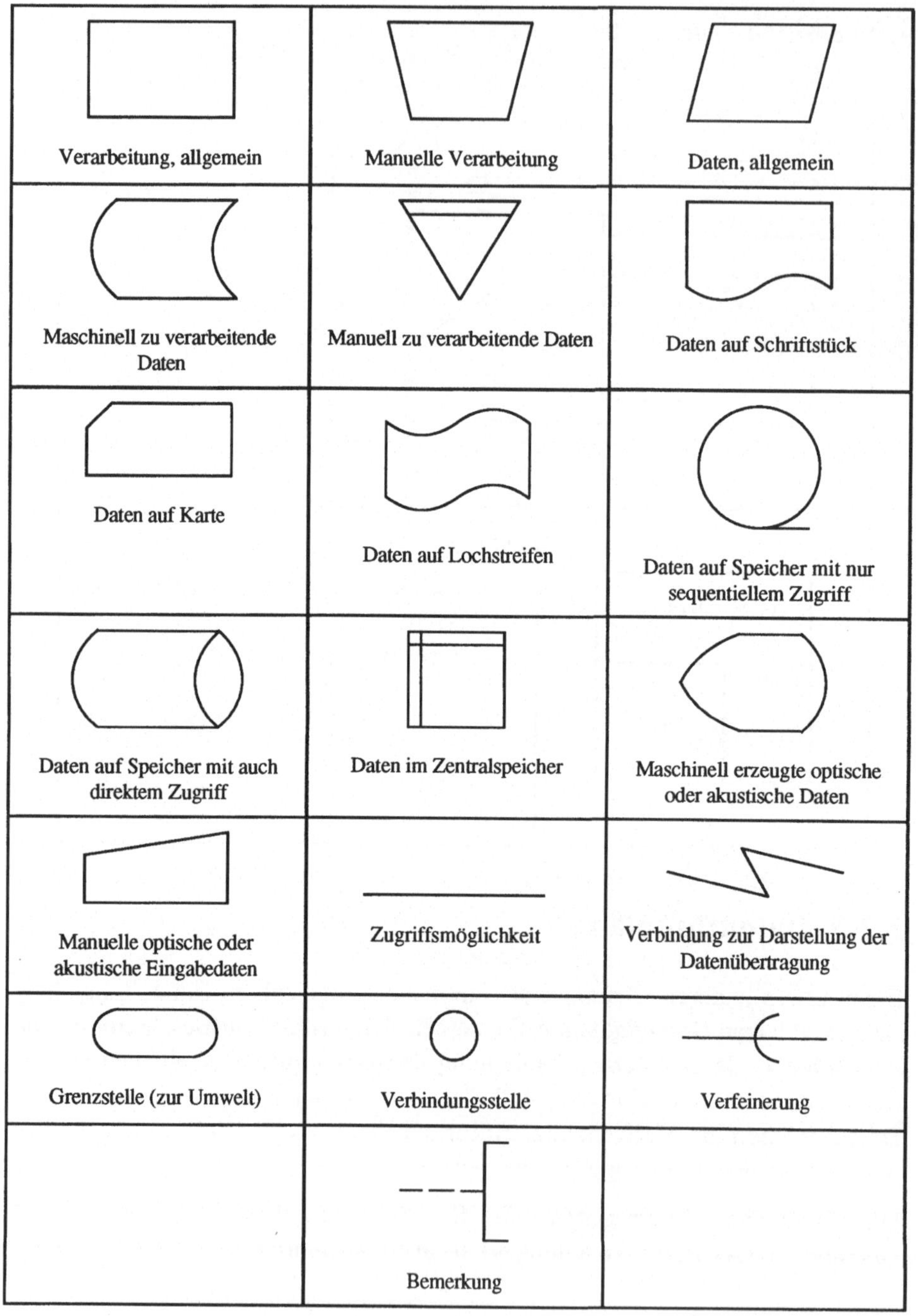

Verarbeitung, allgemein	Manuelle Verarbeitung	Daten, allgemein
Maschinell zu verarbeitende Daten	Manuell zu verarbeitende Daten	Daten auf Schriftstück
Daten auf Karte	Daten auf Lochstreifen	Daten auf Speicher mit nur sequentiellem Zugriff
Daten auf Speicher mit auch direktem Zugriff	Daten im Zentralspeicher	Maschinell erzeugte optische oder akustische Daten
Manuelle optische oder akustische Eingabedaten	Zugriffsmöglichkeit	Verbindung zur Darstellung der Datenübertragung
Grenzstelle (zur Umwelt)	Verbindungsstelle	Verfeinerung
	Bemerkung	

Bild 2.4: Sinnbilder für Datenflußpläne (nach DIN 66001)

eines informationsverarbeitenden Systems, dargestellt werden. Mögliche Operationen sind beispielsweise das Speichern, Lesen oder der Fluß von Daten. Auch Verarbeitungsoperationen, wie etwa das Sortieren einer Datei, gehören dazu. Ausführungsorgane dagegen sind zum Beispiel Teile einer Rechenanlage (Drucker, Speicher, Ein-/Ausgabegeräte, ...) oder auch Personen, die Daten be- und verarbeiten.

Es gibt verschiedene Varianten von Datenflußplänen. Wir orientieren uns an dem in der DIN 66001 festgelegten Standard[1], der – zumindest in Deutschland – allgemeine Verbreitung gefunden hat. Die DIN 66001 enthält genormte Sinnbilder für die maschinennahe Informationsverarbeitung. Im wesentlichen gibt es Sinnbilder für Daten(-träger), für die Verarbeitung von Daten und für den Datenfluß (s. Bild 2.4).

(2.13) Beispiel: Wohnungsvermittlungssystem[2]

Es soll der Datenfluß und die Bereitstellung und Verarbeitung von Daten in einem Wohnungsvermittlungssystem dargestellt werden. Daten werden bereitgestellt bzw. liegen auf Schriftstücken (Dokumenten) von *Vermietern*, *Mietern* und *Stadtplanern* vor:

- Von Vermietern gibt es Angebote über zu vermittelnde Wohnungen sowie Vertragsabschlüsse.

- Mieter übermitteln Kündigungen, Mietverträge und Anfragen.

- Von Stadtplanern liegen Anfragen zur Wohnungsvermittlungsstatistik vor.

Ferner sind noch telefonische Anfragen von Mietern zu erfassen. Diese Daten werden durch Sachbearbeiter aufbereitet und erfaßt, in einem Angeboteordner manuell abgelegt und nach manueller Eingabe (z.B. über eine Tastatur) einem Rechner übermittelt. Die eigentliche (rechnergestützte) Wohnungsvermittlung, die in einem gesonderten Datenflußplan spezifiziert ist, liefert als Ausgabe Angebote, vermittelte Wohnungen und Statistiken – die entsprechenden Schriftstücke werden an die Poststelle weitergeleitet – sowie eine Bildschirmausgabe zurück an die (oder den) Sachbearbeiter.

Der entsprechende Datenflußplan ist in Bild 2.5 zu sehen. Dabei ist es auch erlaubt, gleiche Sinnbilder an einer Stelle zu wiederholen (z.B. die Dokumente "Kündigung", "Mietvertrag" und "Anfrage"), um das Vorkommen gleichartiger Datenträger an einer Stelle zu veranschaulichen.

---

[1] Ebenfalls in DIN 66001 sind die Symbole für Programmablaufpläne festgelegt.
[2] Dieses Beispiel ist der DIN 66001 entnommen.

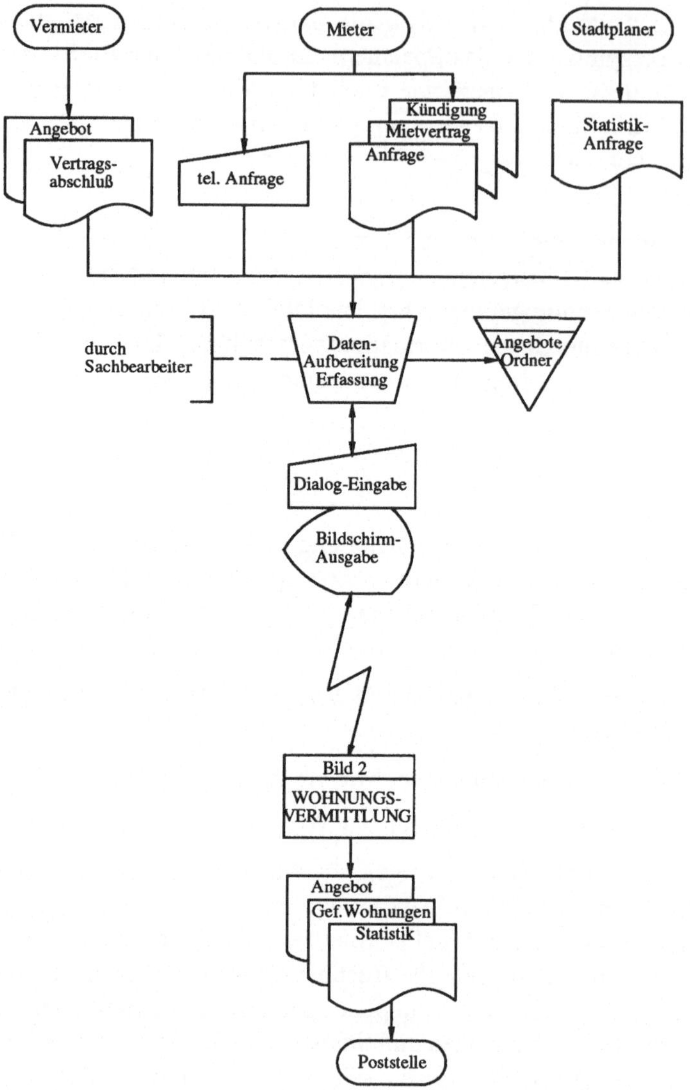

Bild 2.5: Datenflußplan zu Beispiel 2.13

Im Gegensatz zu Programmablaufplänen verkörpern die gerichteten Pfeile in
einem Datenflußplan keine Reihenfolgebeziehung sondern vielmehr einen
"Kommunikationspfad" bzw. eine Zugriffsmöglichkeit auf Daten. Die Darstellungsmöglichkeiten in den Abschnitten 2.3.1 bis 2.3.3 beziehen sich auf die

"logische" Datenverarbeitung, wo mit mehr oder weniger abstrakten Daten die einzelnen Verarbeitungsschritte und deren Reihenfolge im Vordergrund stehen. Datenflußpläne visualisieren mehr die maschinenorientierte, betriebliche Datenverarbeitung, bei der das Hauptgewicht auf der Darstellung des Datenflusses, der Datenträger und der physikalischen Schnittstellen liegt, nicht jedoch auf der Verarbeitungsreihenfolge. Beispielsweise können sie auch für die Dokumentation von Hardwarekonfigurationen eingesetzt werden.

Ferner gibt es Verallgemeinerungen von Datenflußplänen hin zu sogenannten *Datenflußdiagrammen* und auch verwandte Konzepte wie *Petri-Netze* und deren Erweiterungen, die man in Kombination mit (oft hierarchischen) Datenstrukturen verwenden kann. Diese eignen sich zum Entwurf und zur Beschreibung komplexer Informationsssysteme und deren "logische" Abläufe und haben in diesem Bereich eine große Bedeutung.

Aufgaben zu 2.1 - 2.3:

1. Zu zwei ganzen Zahlen soll jeweils der größte gemeinsame Teiler (ggT) ermittelt werden. Spezifizieren Sie die Ein- und Ausgabe zu dieser Problemstellung!

2. Geben Sie zu dem in Aufgabe 1 spezifizierten Problem einen Algorithmus an. Beschreiben Sie Ihren Algorithmus gleichwertig mit einem Programmablaufplan, mit einem Struktogramm und in einer Pseudocode-Notation!

3. Ein Skatblatt enthält die 4 Farben Karo, Herz, Pik und Kreuz. Zu jeder Farbe gehören 8 Karten mit den Werten 7, 8, 9, B, D, K, 10, A. 10 beliebig herausgegriffene Karten des Blattes sollen folgendermaßen angeordnet werden:

    (i) Karten der Farbe Karo stehen vor Karten der Farbe Herz, diese stehen vor Karten der Farbe Pik, usw.

    (ii) Karten derselben Farbe werden gemäß der obigen Reihenfolge 7, 8, 9, B, D, K, 10, A angeordnet.

    Spezifizieren Sie dieses Problem formal!

4. Ein Zug mit n unterscheidbaren Wagen w_ν (ν = 1, ...,n; n $\in$ IN) ist, wie angedeutet, auf einem Gleis G_1 angeordnet.

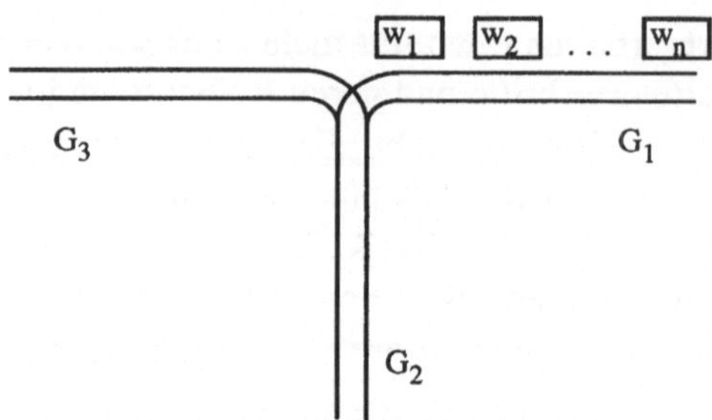

Die Gleisanlage ist mit einem Automaten verbunden, der – auf unterschiedlichen Knopfdruck (Eingabe) – folgende Aktionen realisiert (Elementaroperationen):

Eingabe	*Elementaroperation*
A:	*falls G_1 nicht leer*: rangiere den ersten Wagen (von links) von G_1 nach G_2; *sonst*: Ausgabe: "Fehler !"
B:	*falls G_2 nicht leer*: rangiere den ersten Wagen (von oben) von G_2 nach G_3; *sonst*: Ausgabe: "Fehler !"

Das Problem lautet: Der Zug $w_1 w_2 ... w_n$ soll – durch eine geeignete Eingabefolge – vollständig und in beliebiger Reihenfolge von G_1 nach G_3
rangiert werden.

(a) Spezifizieren Sie alle Eingabefolgen über der Zeichenmenge {A, B},
     die das Problem lösen, ohne daß ein "Fehler" ausgegeben wird!

(b) Charakterisieren Sie die Menge aller Wagenkonstellationen, die auf G_3
     entstehen können!

(c) Wieviele verschiedene Züge lassen sich durch die möglichen Eingabefolgen zusammenstellen ?

2.4 Eigenschaften von Algorithmen

Den Begriff des Algorithmus haben wir bisher in recht unpräziser Weise als
ein exaktes Verfahren zur Lösung eines Problems definiert. Wir haben ferner
Darstellungsformen für Algorithmen kennengelernt, die im wesentlichen die
Ausführungsreihenfolge von elementaren Operationen beschreiben.

In diesem Abschnitt werden Eigenschaften von Algorithmen betrachtet. Wir
werden eine ganze Reihe möglicher Eigenschaften angeben und sie anhand von
Beispielen veranschaulichen. Im allgemeinen sind aber nicht alle Eigenschaften
von gleich großer Bedeutung. Einige werden oft als wichtiger erachtet als
andere und sollten von jedem Algorithmus erfüllt sein (z.B. Endlichkeit,
Determiniertheit und Universalität). Sie werden vielfach für die Präzisierung
des Algorithmusbegriffs verwendet. Andere dagegen müssen nicht notwendigerweise erfüllt sein, sie sind für viele Algorithmen jedoch wünschenswert.

Wir werden an dieser Stelle den Begriff des Algorithmus nicht anhand von
Eigenschaften definieren und nehmen deshalb auch keine explizite Unterteilung
in wichtige und weniger wichtige Eigenschaften vor. Die Bedeutung der
einzelnen Eigenschaften wird aber im einzelnen diskutiert werden.

Ein anderes Klassifizierungsmerkmal ist die Unterscheidung von *problemunab-
hängigen* und *problembezogenen Eigenschaften*. Wir nennen eine Eigenschaft
problemunabhängig, falls ausschließlich auf den betrachteten Algorithmus,
nicht jedoch auf das Problem bzw. die Problemspezifikation Bezug genommen
wird. Solche Eigenschaften sind zum Beispiel "Endlichkeit", "Determiniertheit"
und "Rekursivität". Wir behandeln sie in den Abschnitten 2.4.2 bis 2.4.6. Pro-
blembezogene Eigenschaften sind dagegen für einen Algorithmus in Bezug auf
die entsprechende Spezifikation erklärt. Eigenschaften dieser Art behandeln
wir in den Abschnitten 2.4.7 und 2.4.8.

Zunächst greifen wir noch einmal das Suchbeispiel auf, auf das wir später
häufiger Bezug nehmen werden.

2.4.1 Ein Beispiel: Suchen

Wir betrachten das Problem des Suchens in einer sortierten Folge (vgl. Beispiel
2.8). Gegeben seien also eine endliche (nichtleere) Folge $k_1, k_2, ..., k_n$ von
Schlüsselwerten, die bezüglich einer totalen Ordnung $\triangleleft$ sortiert sein soll (also

$k_1 \preccurlyeq k_2 \preccurlyeq ... \preccurlyeq k_n$), sowie ein Vergleichsschlüsselwert k. Gesucht ist dann die in Beispiel 2.9 spezifizierte Ausgabe, d.h. die Position, an der der Schlüsselwert k erstmalig (von links nach rechts gesehen) auftritt bzw. an der k einzufügen wäre, falls er nicht in der Folge auftritt.

Eine sehr einfache Lösung stellt das *sequentielle Suchen* dar. Dabei wird die Folge einfach von links nach rechts durchlaufen bis die entsprechende Position gefunden ist. Wir haben dieses Verfahren schon im letzten Abschnitt für nicht sortierte Folgen vorgestellt und geben es hier noch einmal etwas modifiziert für sortierte Folgen an.

(2.14) Beispiel: Sequentielles Suchen

Die Idee des Algorithmus ist, daß die Folge soweit durchlaufen wird, bis der Vergleichsschlüsselwert k erstmalig kleiner oder gleich (Reflexivität von $\preccurlyeq$!) dem aktuellen Element k_i ist. Dann ist k entweder an der betreffenden Stelle einzufügen, oder der gesuchte Schlüsselwert wurde gefunden. Wir geben Algorithmen im folgenden manchmal einen Namen (hier "seq_suche"), um dadurch auf ihn verweisen oder ihn aufrufen zu können.

```
ALGORITHMUS seq_suche;
BEGIN
    Eingabe: k_1,..., k_n, k;
    i := 0;
    REPEAT
       i := i + 1
    UNTIL (k ≼ k_i) oder (i = n + 1);
    Ausgabe: i
END;
```

Dieser Algorithmus ist zwar leicht verständlich, aber er ist vergleichsweise ineffizient. Im Mittel wird die Folge halb durchlaufen bis man die gesuchte Position gefunden hat. Bei einer Folge mit 1 Million Schlüsselwerten (z.B. Telefoneinträge einer Großstadt) hätte man also im Durchschnitt 500.000 von ihnen zu inspizieren.

Natürlicher und wesentlich effizienter ist das sogenannte *binäre Suchen*. Es entspricht ungefähr dem Suchen in einem Telefonbuch: zuerst schaut man sich das Element in der Mitte der Folge an. Dann betrachtet man nur noch die linke oder die rechte Teilfolge, je nachdem ob der Vergleichsschlüsselwert kleiner oder größer als das aktuelle Element ist. Dies wiederholt man so lange, bis die betrachtete (Teil-)Folge nur noch einelementig ist. Dann hat man entweder die Position mit dem gesuchten Schlüsselwert gefunden oder aber die Position, an der der Schlüsselwert stehen müßte.

(2.15) Beispiel: Binäres Suchen

Der folgende Algorithmus leistet genau das Gewünschte. Die Variablen Li und Re stellen jeweils den linken bzw. rechten Begrenzer der aktuell betrachteten Teilfolge dar. Mit jedem Durchlauf durch die while-Schleife wird die mittlere Position zwischen diesen Begrenzern berechnet (Variable M), und entweder Li oder Re wird auf diesen Wert gesetzt – abhängig vom Vergleich von k mit k_M.

```
ALGORITHMUS bin_suche;
BEGIN
     Eingabe: k_1,..., k_n, k;
     Li := 0;
     Re := n + 1;
     WHILE Li < Re - 1 DO
         M := (Li + Re) DIV 2;
         IF k < k_M
         THEN Re := M
         ELSE Li := M
         END (* IF *)
     END (* WHILE *);
     Ausgabe: Re
END;
```

■

Zum besseren Verständnis der Details wenden wir den Algorithmus "bin_suche" auf die folgende Zahlenfolge an:

Position:	1	2	3	4	5	6	7	8	9	10	11	12
Schlüsselwert:	3	5	6	9	11	14	15	22	24	25	31	36

Gesucht ist die Position des Vergleichsschlüsselwertes 22.

- Zunächst werden Li auf 0 und Re auf 13 gesetzt. Der erste Durchlauf durch die while-Schleife liefert M = 6, und es wird Li auf 6 gesetzt, weil

22 größer als das Element k_6 (= 14) ist.

- Nun gilt Li = 6 und Re = 13, und somit ergibt sich M = 9. Der Schlüsselwert k_9 ist größer als 22, und deshalb wird Re auf 9 gesetzt.

- Für Li = 6 und Re = 9 erhält man M = 7. Die Zahl 22 ist größer als k_7, und es wird Li auf 7 gesetzt.

- Jetzt hat man Li = 7 und Re = 9 und somit M = 8. Der Vergleich von 22 mit k_8 liefert Gleichheit, d.h. Re wird auf 8 gesetzt. Anschließend ist die Bedingung der while-Schleife nicht mehr erfüllt, und die gesuchte Position 8 wird ausgegeben.

Es ist nicht ganz leicht einzusehen, daß der Algorithmus für jedes Vergleichselement das gewünschte Ergebnis liefert. Der Leser sollte deshalb noch einige Beispiele ausprobieren. Wir werden in Abschnitt 2.4.7 die Korrektheit des Algorithmus nachweisen.

Im Vergleich zum sequentiellen Suchen arbeitet der binäre Suchalgorithmus wesentlich effizienter. Mit jedem Durchlauf durch die while-Schleife wird die betrachtete Teilfolge (ungefähr) halbiert. Somit wird man bei 1 Million Schlüsselwerten bereits nach ca. 20 Durchläufen die gesuchte Position gefunden haben. Eine genauere Analyse der Komplexität folgt in Abschnitt 2.4.8.

2.4.2 Endlichkeit

Eine naheliegende Forderung, die *jeder* Algorithmus erfüllen muß, ist die folgende Endlichkeitsbedingung:

(E1) *Ein Algorithmus muß endlich beschreibbar sein, d.h. durch einen endlichen Text formulierbar.*

Diese Forderung leuchtet unmittelbar ein, da es wenig Sinn machen würde, Texte unendlicher Länge zur Beschreibung von Algorithmen zuzulassen. Es ist aber zu beachten, daß sich diese Forderung nur auf die *Beschreibung* des Algorithmus bezieht, nicht jedoch auf seine Ausführung. Die Beschreibung besteht aus endlich vielen elementaren Operationen, zur Ausführungszeit können jedoch beliebig viele neue Operationssequenzen durchlaufen werden (z.B. durch rekursive Prozeduraufrufe), die eventuell dazu führen, daß der Algorithmus nicht terminiert, d.h. zu keinem Ende kommt.

Die Forderung der endlichen Beschreibbarkeit hängt auch von der zur Verfügung stehenden Sprache zur Formulierung von Algorithmen ab, also von den Ablaufstrukturen und Elementaroperationen. Wir verdeutlichen dies an dem folgenden Beispiel.

(2.16) Beispiel: Es soll eine rationale Zahl a mit einer Zahl $n \in \mathbb{N}_0$ multipliziert werden, kurz:

Eingabe: a rational, $n \in \mathbb{N}_0$.

Ausgabe: $x = n * a$.

(a) Zunächst gehen wir davon aus, daß uns die Elementaroperationen Zuweisung (:=), Addition (+), Subtraktion (-) und Gleichheit (=) sowie die Ablaufstrukturen Sequenz und Schleife (while) zur Verfügung stehen.

   Dann kann der Algorithmus folgendermaßen formuliert werden:

```
BEGIN
    Eingabe: a, n;
    x := 0;
    WHILE n ≠ 0 DO
        x := x + a;
        n := n - 1
    END (* WHILE *);
    Ausgabe: x;
END.
```

(b) Nun sollen die gleichen Elementaroperationen wie in (a) und die Ablaufstrukturen Sequenz und Verzweigung (if-then-else) zur Verfügung stehen.

```
BEGIN
    Eingabe: a, n;
    x := 0;
    IF n = 0
    THEN Ausgabe: x
    ELSE n := n - 1;
        x := x + a;
        IF n = 0
        THEN Ausgabe: x
        ELSE n := n - 1;
            x := x + a;
            IF n = 0
            THEN ...
            ELSE ...
```

Man sieht leicht ein, daß man auf diese Weise eine unendlich lange Beschreibung des Algorithmus erhalten würde, und daß eine endliche Beschreibung mit den vorhandenen Ablaufstrukturen nicht möglich ist. ∎

Dieses Beispiel ist nicht besorgniserregend, da jeder Algorithmus tatsächlich durch einen endlichen Text beschreibbar ist, sofern nur eine genügend reichhaltige Beschreibungssprache (Elementaroperationen und Ablaufstrukturen) zur Verfügung steht. Insbesondere ist dies mit höheren Programmiersprachen wie Modula-2 immer möglich.

Für den praktischen Umgang mit Algorithmen ist die Forderung E1 nicht ausreichend, und wir formulieren deshalb zusätzlich die folgende Forderung E2:

(E2) *Ein Algorithmus soll in endlicher Zeit ausführbar sein.*

Das heißt, für jede erlaubte Eingabe soll der Algorithmus nach endlicher Ausführungszeit zu einem Ende kommen (terminieren).

(2.17) **Beispiel**: Wir betrachten den folgenden Algorithmus, der eine natürliche Zahl n als Eingabe erhält:

```
BEGIN
    Eingabe: n;
    REPEAT
        n := n + 1
    UNTIL n = 50;
    Ausgabe: "fertig";
END.
```

Man stellt leicht fest, daß der Algorithmus für die möglichen Eingaben 1, 2, ..., 49 terminiert, für alle größeren Zahlen dagegen nicht. Die Bedingung E2 ist hier also verletzt. ∎

Forderung E2 ist unmittelbar einsichtig sowie für praktische Zwecke sinnvoll und wichtig. Aus theoretischen Überlegungen heraus stellt sie aber keine notwendige Bedingung dar, die zur Präzisierung des Algorithmusbegriffs herangezogen werden kann. Im Gegenteil, es gibt eine Vielzahl von Problemstellungen, für die ausschließlich Algorithmen existieren, die für manche zulässigen Eingaben *nicht* terminieren. Auch ist es im Einzelfall oft sehr schwierig, in voller Allgemeinheit sogar unmöglich, für beliebige Algorithmen zu entscheiden, ob sie für jede Eingabe terminieren oder nicht. Wir werden in Band IV des Grundkurses auf diesen Sachverhalt zurückkommen.

Es gibt verschiedene Gründe dafür, daß ein Algorithmus möglicherweise nicht terminiert. Einer ist, wie im letzten Beispiel gesehen, daß eine Schleife unendlich oft wiederholt wird. Bei rekursiven Algorithmen kann es vorkommen, daß die Rekursion nie abbricht, daß der Algorithmus sich also unendlich oft aufruft[1].

Folgerungen aus E2 sind:

* Jede Elementaroperation muß in endlicher Zeit ausführbar sein. Die folgende Operation wäre beispielsweise nicht zulässig, da sie in endlicher Zeit nicht ausgeführt werden kann:

    "Berechne den Grenzwert der Folge $(1 + 1/n)^n$."

* Die beteiligten Größen (Daten) müssen endlich beschreibbar sein. Auch diese Forderung ist für viele Anwendungen relativ streng. Beispielsweise will man oft mit rationalen Zahlen rechnen, die eine nicht abbrechende Dezimaldarstellung haben:

    $$1/3 = 0.33333333...$$

In diesem Fall kann man sich entweder mit einer hinreichend genauen Näherung begnügen, oder man benutzt statt der Dezimaldarstellung einfach das Zahlenpaar (1, 3) und interpretiert es in geeigneter Weise (als Bruch). Die letztgenannte Möglichkeit hat allerdings Auswirkungen auf die Arithmetik, zum Beispiel wird die Addition aufgrund der notwendigen Vereinheitlichung der Nenner recht aufwendig.

Bei irrationalen Zahlen, zum Beispiel $2^{1/2}$, der Eulerschen Zahl e oder der Zahl π, gibt es keine andere Möglichkeit, als die Zahlen durch endliche Darstellungen zu approximieren, zumindest wenn der Wert der Zahlen unmittelbar aus der Darstellung ersichtlich sein soll.

2.4.3 Determiniertheit und Determinismus

Intuitiv erwartet man von einem Algorithmus, daß jede Anweisung eindeutig interpretierbar ist und daß auch die Ausführungsreihenfolge der einzelnen Anweisungen eindeutig festliegt. Dies garantiert dann, daß man bei mehrfacher

---

[1] Bei der Ausführung wird ein Rechner dann im allgemeinem das Programm abbrechen und z.B. einen "Stack overflow" melden, da er nur über begrenzte Ressourcen zur Speicherung der Zwischenergebnisse verfügt.

Ausführung eines Algorithmus mit denselben Eingabedaten immer das gleiche Ergebnis erhält, d.h. es liegt eine eindeutige Abhängigkeit der Ausgabedaten von den Eingabedaten vor. Wir legen fest:

Determiniertheit (Globale Eindeutigkeit):

Ein Algorithmus heißt determiniert, falls er eine eindeutige Abhängigkeit der Ausgabedaten von den Eingabedaten garantiert.

Determinismus (Lokale Eindeutigkeit):

Ein Algorithmus heißt deterministisch, falls die Wirkung bzw. das Ergebnis jeder einzelnen Anweisung eindeutig ist und an jeder einzelnen Stelle des Ablaufs festliegt, welcher Schritt als nächster auszuführen ist.

Offensichtlich ist jeder deterministische Algorithmus auch determiniert. Die Umkehrung braucht allerdings nicht zu gelten (s. Beispiel 2.18).

Wir betrachten zunächst nicht-deterministische Algorithmen etwas genauer. Bisher haben wir ausschließlich Beispiele für deterministische Algorithmen diskutiert. Ferner stellen fast alle Programmiersprachen nur deterministische Sprachkonstrukte zur Verfügung. Oft ist es aber sinnvoll und natürlich, ein Lösungsverfahren für ein Problem in nicht-deterministischer Weise zu formulieren. Man wird dann nicht gezwungen, Operationen und Ausführungsreihenfolgen bis ins kleinste Detail festzulegen, die für die Lösung des Problems nicht relevant sind.

(2.18) Beispiel: Binäres Suchen (nicht-deterministisch)

Beim binären Suchen haben wir die betrachtete Folge immer möglichst genau in der Mitte aufgeteilt. Dies ist nicht unbedingt notwendig, denn es reicht aus, die Folge an irgendeiner Stelle in zwei nichtleere Teilfolgen zu zerlegen.

Im folgenden Algorithmus "bin_suche_ndet" wird M nicht berechnet (durch M := (Li + Re) DIV 2), sondern M wird beliebig aus der Menge {Li + 1, ..., Re - 1} ausgewählt. Bei dieser Auswahl handelt es sich um eine elementare Operation, die kein eindeutig bestimmtes Ergebnis liefert. Der Algorithmus ist also nicht-deterministisch. Er ist allerdings determiniert, denn die Ausgabe hängt trotzdem in eindeutiger Weise von der Eingabe ab.

```
ALGORITHMUS bin_suche_ndet;
BEGIN
     Eingabe: k_1,..., k_n, k;
     Li := 0;
     Re := n + 1;
     WHILE Li < Re - 1 DO
         "Wähle M ∈ {Li+1, ...,Re-1}";
         IF k ≺ k_M
         THEN Re := M
         ELSE Li := M
         END (* IF *)
     END (* WHILE *);
     Ausgabe: Re
END;
```

■

Es ist nichts darüber ausgesagt, ob M im letzten Beispiel zufällig oder mit einer gewissen Systematik ausgewählt wird. Die Art und Weise der Auswahl ist für den Algorithmus nicht von Interesse, und sie kann deshalb in irgendeiner Weise erfolgen.

Da viele Programmiersprachen nur deterministische Algorithmen zulassen, müßte man bei der Implementierung der Anweisung "Wähle M ∈ {Li+1, ..., Re-1}" eine konkrete deterministische Realisierung wählen. Häufig steht aber zum Beispiel ein (Pseudo-)Zufallszahlengenerator zur Verfügung, der für eine nicht-deterministische Implementierung verwendet werden kann. Streng genommen ist dieser zwar auch deterministisch, da er Zufallszahlen nach irgendeiner Vorschrift berechnet, aber die Art der Berechnung ist "nach außen" i.a. nicht transparent und deshalb für den Benutzer nicht-deterministisch.

Es gibt zwei mögliche Ursachen für nicht-deterministisches Verhalten von Algorithmen:

- Nicht-Determinismus in den Elementaroperationen, d.h. die Wirkung bzw. das Ergebnis einer Operation ist nicht eindeutig festgelegt.

- Nicht-Determinismus in den Ablaufstrukturen, d.h. die Ausführungsreihenfolge von Anweisungen ist nicht eindeutig festgelegt.

In Beispiel 2.18 liegt der erste Fall vor. Dies hat zwar auch zur Folge, daß die Reihenfolge sowie Häufigkeit der Ausführung einzelner Anweisungen nicht von vornherein feststeht, aber Ursache des Nicht-Determinismus ist eine ungenau spezifizierte Elementaroperation.

Es gibt auch verschiedene Vorschläge für nicht-deterministische Ablaufstrukturen. In [Krö91] wird das folgende Sprachkonstrukt angegeben, mit dem die Verzweigung verallgemeinert wird. Man läßt Verzweigungen wie folgt zu:

```
IF   B1 THEN F1
    /B2 THEN F2
      ...
    /Bn THEN Fn
ELSE Fn+1
END (* IF *)
```

Dabei sind $B_1, ..., B_n$ logische Ausdrücke, von denen *mehrere gleichzeitig* wahr sein können. Falls mehrere Ausdrücke wahr sind, wird ein beliebiger von ihnen, etwa B_k, ausgewählt, und die entsprechende Anweisung F_k wird ausgeführt. Falls keiner der Ausdrücke wahr ist, wird der else-Teil F_{n+1} ausgeführt, sofern dieser vorhanden ist.

(2.19) Beispiel: Die folgende, sinngemäß aus [Krö91] entnommene Anweisung simuliert das Würfeln mit einem Spielwürfel:

```
IF   TRUE THEN M := 1
    /TRUE THEN M := 2
    /TRUE THEN M := 3
    /TRUE THEN M := 4
    /TRUE THEN M := 5
    /TRUE THEN M := 6
END (* IF *)
```

Nach Ausführung der Anweisung hat M in nicht-deterministischer Weise einen der Werte 1, 2, ..., 6 zugewiesen bekommen. Es geht allerdings nicht aus der Anweisung hervor, ob jeder einzelne Zweig gleich wahrscheinlich ist, d.h. ob ein "idealer Würfel" simuliert wird. Für nicht-deterministische Anweisungen ist die Forderung der "Gleichverteilung" i.a. auch nicht notwendig.   ■

Oft fordert man als Grundeigenschaft eines Algorithmus, daß dieser *determiniert* ist. Dies spiegelt sich auch in der funktionalen Spezifikation wider, bei der eine funktionale Abhängigkeit zwischen Eingabe- und Ausgabedaten gefordert wird. Demzufolge sollte ein im Sinne einer solchen Spezifikation korrekter Algorithmus auch determiniert sein und die geforderte eindeutige Zuordnung realisieren.

In manchen Fällen hat man aber aufgrund der Spezifikation einen gewissen Spielraum, in dem sich die Lösung bewegen kann. Ein Beispiel ist die folgende Aufgabenstellung: "Gegeben sei der Radius r eines Kreises. Gesucht ist der Flächeninhalt des Kreises mit einer Abweichung von höchstens +/- 0.0000025."

Hier sucht man eine Näherungslösung (da Kreisinhalte oft irrationale Zahlen sind) und damit eine beliebige Zahl aus einem Intervall. Die Aufgabenstellung ist also in gewissen Grenzen nicht-determiniert.

2.4.4 Rekursivität

Unter *Rekursivität* versteht man bei einem Algorithmus die Eigenschaft, daß er sich unter Umständen selbst wieder benutzt. Diese Form der Selbstbezüglichkeit ermöglicht es, für viele Probleme sehr knappe und prägnante Algorithmen anzugeben.

Auch im Alltag begegnen uns verschiedene Arten der Rekursion bzw. Selbstbezüglichkeit immer wieder, zum Beispiel:

- Ein Anrufer bei einer Rundfunksendung, der diese Sendung, während er anruft, gleichzeitig über sein Radio empfängt (und der, während er spricht, seine eigene Stimme hört), verursacht eine *Rückkopplung*, die im allgemeinen zu unangenehmen akustischen Nebeneffekten führt.

- Eine Person, die sich zwischen 2 große Spiegel stellt, kann ihr Spiegelbild "unendlich oft" und in nahezu beliebig großer Entfernung sehen.

- Eine Kamera, die auf einen Monitor gerichtet ist, der die Aufnahme der Kamera überträgt, liefert ein "unendlich tiefes" Bild, das diesen Monitor "unendlich oft" enthält.

- Das Erfragen einer Telefonnummer kann zum Beispiel folgendermaßen ablaufen:

  A ruft B an und fragt nach einer Telefonnummer Tn;

  B kennt Tn nicht, weiß aber, daß C sie kennt;

  B ruft C an und fragt nach Tn;

  C hat sein Notizbuch bei D vergessen;

  C ruft D an und fragt nach Tn;

  D teilt C, C teilt B und B teilt A die Telefonnummer mit.

Dieses rekursive Verschachteln von Aufrufen mit anschließender Rückmeldung (s. Bild 2.6) entspricht der Abarbeitung von rekursiven Algorithmen.

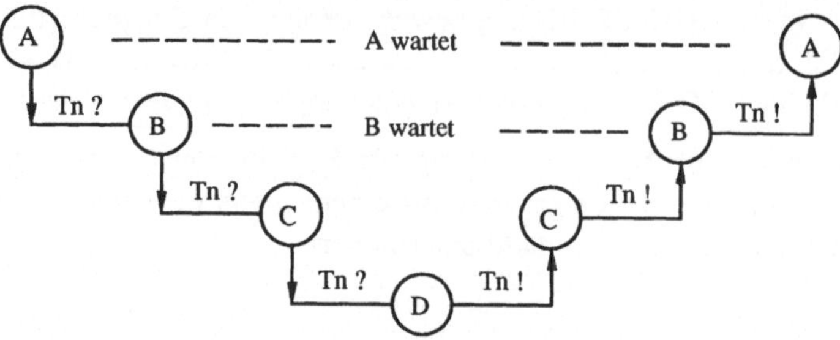

Bild 2.6: (rekursives) Erfragen einer Telefonnummer

In der Mathematik und in der theoretischen Informatik (s. Band IV dieses Grundkurses) werden rekursiv definierte Funktionen betrachtet. Elementare Beispiele sind etwa:

- Die Fakultätsfunktion:

$$0! = 1$$
$$n! = n * (n - 1)! \qquad \text{für } n \in \text{IN}.$$

- Die Definition der Fibonacci-Folge fib(0), fib(1), fib(2), etc.:

$$\text{fib}(0) = 0$$
$$\text{fib}(1) = 1$$
$$\text{fib}(n) = \text{fib}(n - 1) + \text{fib}(n - 2) \text{ für } n \in \text{IN}, n > 1.$$

Beide Funktionen sind eindeutig und korrekt definiert. Zum Beispiel wird die Fibonacci-Zahl fib(n) für $n > 1$ durch die Summe der beiden "Vorgängerzahlen" fib(n - 1) und fib (n - 2) erklärt, diese wiederum durch deren Vorgänger, etc. Der Vorgang bricht ab, wenn man bei fib(0) bzw. fib(1) ankommt, die direkt definiert sind.

Wir bezeichnen Algorithmen als *rekursiv*, wenn der Algorithmus sich selbst wieder benutzt. Dabei kann man zwischen *direkter* und *indirekter Rekursion* unterscheiden.

- *Direkte Rekursion*:   ein Algorithmus ruft sich selbst wieder auf.

- *Indirekte Rekursion*: man hat mehrere Algorithmen $A_1, ...,A_n$ $(n > 1)$:

A_1 ruft A_2 auf,

A_2 ruft A_3 auf,

...

A_{n-1} ruft A_n auf, und A_n ruft wiederum A_1 auf.

Ein Schema für die direkte Rekursion kann ganz allgemein folgendermaßen beschrieben werden:

(2.20) Schema eines direkt rekursiven Algorithmus A

EP bezeichne den (die) Eingabeparameter von A;

```
IF  "Abbruchbedingung erfüllt" (* z.B. EP minimal *)
THEN    "direkte Lösung"
        (* ggf. mit weiterem Algorithmus B *)
ELSE    "stelle augenblickliche Aufgabe zurück";
        "führe A für modifizierte Parameter EP´ aus";
        "berechne endgültige Lösung"
END (* IF *)
```

Der then- und der else-Teil können auch vertauscht sein, falls man die Abbruchbedingung einfach negiert. Wichtig ist allerdings, *daß* die Abbruchbedingung irgendwann erfüllt ist (vgl. Abschnitt 2.4.2: Endlichkeit von Algorithmen). ∎

Rekursive Algorithmen haben i.a. Eingabeparameter, die sie "von außen" übergeben bekommen. Die Übergabe der Parameter erfolgt beim Aufruf des Algorithmus. In der Regel gibt der Algorithmus auch einen Wert an die aufrufende Instanz zurück. Um dies auszudrücken, vereinbaren wir die folgende Notation.

Ein Algorithmus verfügt über eine Kopfzeile, die mit dem Wort "ALGO-RITHMUS" beginnt, gefolgt vom Namen des Algorithmus und evtl. einer Liste von Variablen (Eingabeparameter). Die Kopfzeile ist also von der Gestalt:

```
ALGORITHMUS alg_name (EP1,EP2,...,EPn);
```

Der Aufruf erfolgt dann über einen Ausdruck der Form

```
alg_name (P1,P2,...,Pn)
```

wobei P_1, ..., P_n entsprechende Parameter sind. Im Gegensatz zu vielen höheren Programmiersprachen betrachten wir an dieser Stelle keine Datentypen für die übergebenen oder zurückgegebenen Werte.

Die Rückgabe eines Wertes von einem Algorithmus zu der aufrufenden Instanz erfolgt durch eine Zeile der Form

```
RETURN ausdruck,
```

wobei `ausdruck` beispielsweise ein arithmetischer Term sein kann, der einen eindeutigen Wert liefert, oder wiederum der Aufruf eines Algorithmus.

(2.21) Beispiel: Binäres Suchen (rekursiv)

Wir betrachten noch einmal das Suchbeispiel und formulieren das binäre Suchen aus Beispiel 2.15 durch einen rekursiven Algorithmus. Dem Algorithmus wird wieder ein eindeutiger Name gegeben, über den er aufgerufen werden kann. Zusätzlich bekommt er beim Aufruf Eingabeparameter übergeben, und er liefert als Ergebnis einen Ausgabewert.

```
ALGORITHMUS bin_suche_rek (Li, Re);
(* durchsucht k_{Li+1},...,k_{Re-1} nach Schlüsselwert k *)
BEGIN
    IF Li < Re - 1
    THEN M := (Li + Re) DIV 2;
         IF k { k_M

         THEN RETURN bin_suche_rek (Li,M)
         ELSE RETURN bin_suche_rek (M,Re)
         END (* IF *)
    ELSE RETURN Re
    END (* IF *)
END.
```

Wir gehen davon aus, daß die zu untersuchende Folge und der Schlüsselwert bereits eingelesen wurden (z. B. im Hauptprogramm). Der erste Aufruf des Algorithmus sollte folgendermaßen aussehen:

```
bin_suche_rek (0,n+1)
```

Der Algorithmus folgt im wesentlichen dem obigen Schema 2.20: Zuerst wird eine Abbruchbedingung geprüft, die eine Verzweigung bewirkt. Im einen Fall bricht die Rekursion ab, im anderen Fall wird der gleiche Algorithmus mit modifizierten Parametern erneut ausgeführt. ∎

Es ist darauf zu achten, daß die Abbruchbedingung irgendwann erfüllt ist, d.h. daß der Zweig mit der "direkten Lösung" auch verwendet wird. Im letzten Beispiel wird dies dadurch gewährleistet, daß die zu durchsuchende Teilfolge immer kleiner wird, so daß die Bedingung `Li < Re - 1` nach endlich vielen Aufrufen erfüllt sein muß.

(2.22) Beispiel: Indirekte Rekursion

Wir geben zwei indirekt rekursive Algorithmen (in Form Modula-2-ähnlicher Prozeduren) an, die berechnen sollen, ob eine natürliche Zahl einschließlich 0 gerade oder ungerade ist. Beide Algorithmen geben jeweils den Wert "TRUE" oder "FALSE" an die aufrufende Instanz zurück.

```
ALGORITHMUS ungerade (n);
BEGIN
    IF n = 0
    THEN RETURN FALSE
    ELSE RETURN gerade(n-1)
    END (* IF *)
END;


ALGORITHMUS gerade (n);
BEGIN
    IF n = 0
    THEN RETURN TRUE
    ELSE RETURN ungerade(n-1)
    END (* IF *)
END;
```

Der erste Algorithmus besagt, daß 0 nicht ungerade ist und daß eine Zahl $n > 0$ genau dann ungerade ist, wenn $n - 1$ gerade ist. Der zweite Algorithmus macht genau die umgekehrte Aussage. ∎

Im allgemeinen sind rekursive Algorithmen kürzer als nicht-rekursive. Zudem sind sie meist aussagekräftiger, da sie durch die Struktur der Rekursion oft die charakteristischen Eigenschaften der Lösung beschreiben.

Auf der anderen Seite kann es auch lohnend sein, einen Algorithmus iterativ anstatt rekursiv zu formulieren. Im nächsten Beispiel ist die iterative Version wesentlich effizienter als die rekursive Version.

(2.23) Beispiel: Fibonacci-Zahlen

Der folgende Algorithmus beschreibt die Berechnung von Fibonacci-Zahlen in rekursiver Weise. Sie folgt damit der mathematischen Definition der Fibonacci-Folge.

```
ALGORITHMUS fibo (n);
BEGIN
     IF n = 0
     THEN RETURN 0
     ELSE IF n = 1
          THEN RETURN 1
          ELSE RETURN fibo(n-1) + fibo(n-2)
          END (* IF *)
     END (* IF *)
END;
```

Nachteilig an diesem Algorithmus ist, daß jeder Aufruf (außer für n = 0 und n = 1) zwei weitere Aufrufe bewirkt. Somit ist in Abhängigkeit von n die Gesamtzahl der Aufrufe größenordnungsmäßig 2^n, und es werden viele redundante Berechnungen durchgeführt. Wesentlich effizienter ist dagegen der folgende iterative Algorithmus:

```
ALGORITHMUS fibo2 (n);
BEGIN
     x := 0; y := 1;
     FOR i := 2 TO n DO
         hilf := y;
         y := x + y;
         x := hilf;
     END (* FOR *);
     IF n = 0
     THEN RETURN x
     ELSE RETURN y
     END (* IF *);
END;
```

Hier wächst die Anzahl der auszuführenden Operationen linear in n und nicht exponentiell.   ■

2.4.5 Parallelität

Steht für die Ausführung von Algorithmen nur ein Ausführungsorgan (Prozessor) zur Verfügung, so kann zu jedem Zeitpunkt nur genau eine Anweisung bearbeitet werden, und man hat eine streng sequentielle Ausführung. Es liegt aber die Idee nahe, mehrere Prozessoren zu benutzen und verschiedene Teile eines Algorithmus gleichzeitig auszuführen, sofern dies möglich ist (s. Bild 2.7).

sequentiell	*gleichzeitig*	

Prozessor 1:
 	
x := 3;
y := 4;
	Prozessor 1:
	
	x := 3;
		Prozessor 2:
		
		y := 4;

Bild 2.7: sequentielle und gleichzeitige Ausführung

Offensichtlich spart man Zeit bei der gleichzeitigen Ausführung von Teilen eines Algorithmus, dafür werden aber mehr Ressourcen (Prozessoren) in Anspruch genommen als bei der sequentiellen Ausführung. Des weiteren macht es manchmal keinen Sinn, Algorithmen in Teile zu zerlegen und diese unabhängig voneinander zu bearbeiten. Beispielsweise hat man oft Abhängigkeiten zwischen verschiedenen Operationen, die eine sequentielle Verarbeitung erfordern.

(2.24) Beispiel: Das folgende Schaubild (Bild 2.8) zeigt die sequentielle und die gleichzeitige Verarbeitung einer Anweisungsfolge, wobei beide Arten der Verarbeitung unterschiedliche Ergebnisse liefern.

sequentiell	*gleichzeitig*	

Prozessor 1:
 	
x := 3;
y := x;
	Prozessor 1:
	
	x := 3;
		Prozessor 2:
		
		y := x;

Bild 2.8: sequentielle und gleichzeitige Ausführung
(mit unterschiedlichen Ergebnissen)

Die sequentielle Ausführung liefert für x und y jeweils den Wert 3, bei der gleichzeitigen Ausführung erhält man für y dagegen den Wert, den x *vor* der Zuweisung x := 3 hatte. ∎

Wir legen fest:

Ein Algorithmus heißt *parallel*, wenn er so in Teilaufgaben aufgeteilt ist, daß diese gleichzeitig durch verschiedene Prozessoren ausgeführt werden können.

(2.25) Beispiel: Sequentielles Suchen (parallel)

Wir betrachten ein weiteres Mal das Suchbeispiel aus Abschnitt 2.4.1 und formulieren das sequentielle Suchen aus Beispiel 2.14 durch einen parallelen Algorithmus. Zur besseren Veranschaulichung wählen wir als Darstellungsform einen Programmablaufplan (s. Bild 2.9).

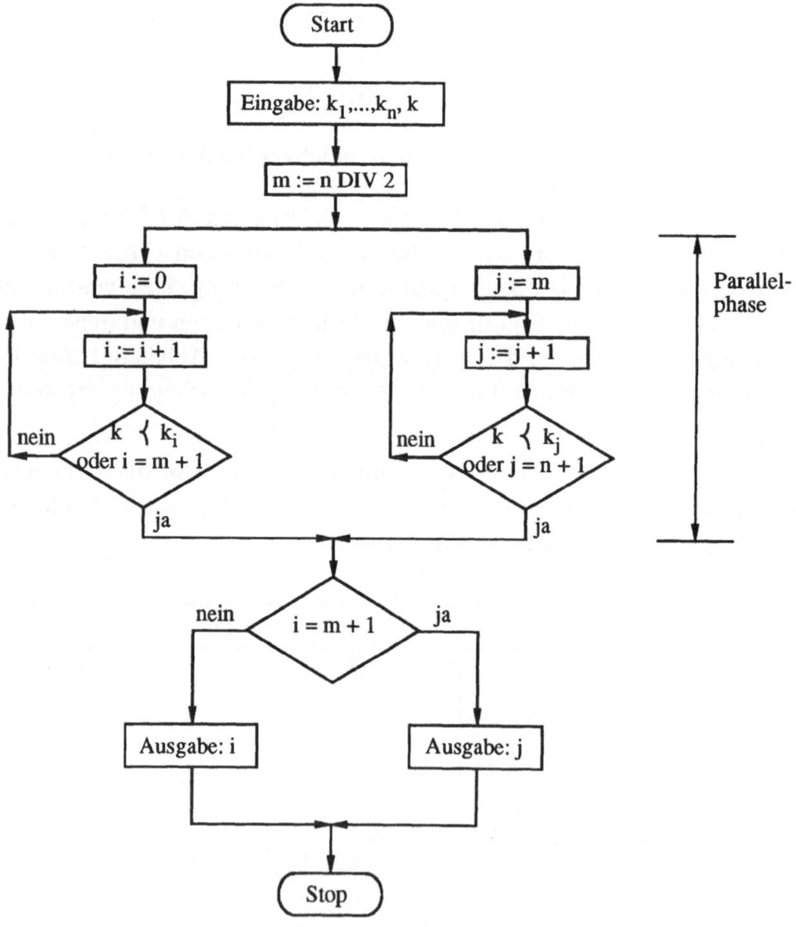

Bild 2.9: Sequentielles Suchen mit paralleler Ausführung

Um die Parallelität darzustellen, lassen wir zu, daß sich eine Ablauflinie verzweigen darf, ohne daß eine Bedingung geprüft wird. Dabei wird die eingegebene Folge k_1, k_2, ..., k_n von Schlüsselwerten in der Mitte aufgeteilt. Dann wird in der Parallelphase durch einen der Prozessoren die linke Teilfolge und durch einen weiteren die rechte Teilfolge durchsucht. Man erhält durch die gleichzeitige Ausführung dieser Aufgaben das gleiche Ergebnis, als ob beide Teile nacheinander ausgeführt würden. Der Algorithmus ist korrekt, da er – der Spezifikation des Suchproblems entsprechend – die Aufgabe löst.   ∎

Die Parallelverarbeitung wird eingeschränkt durch:

- **Datenabhängigkeit:** Anweisung a_j kann erst nach Anweisung a_i ausgeführt werden, da a_j Daten benötigt, die von a_i berechnet oder verändert werden.

- **Prozedurale Abhängigkeit:** Es muß erst entschieden werden, wohin sich ein Programm verzweigt, bevor die Anweisungen, die auf die Verzweigungen folgen, den zur Verfügung stehenden Prozessoren zugeordnet und von ihnen ausgeführt werden können.

Es ist nicht immer leicht, zu erkennen, ob ein sequentieller Algorithmus parallel ausführbare Teile enthält, und es gibt im wesentlichen zwei Vorgehensweisen, um diese Teile zu finden bzw. um sie festzulegen:

- Datenabhängigkeiten bzw. parallel ausführbare Teile können bis zu einem gewissen Grad "automatisch" – d.h. mit Hilfe anderer Algorithmen – entdeckt werden. Als Hilfsmittel können dabei sogenannte Berechnungsgraphen oder Präzedenzgraphen [Gil81] dienen.

- Die parallel auszuführenden Teile werden explizit durch den Programmierer angegeben. Dazu müssen in der von ihm verwendeten Programmiersprache Schlüsselwörter zur Verfügung stehen, die dies ermöglichen. Denkbar ist zum Beispiel eine Anweisung der Form:

```
PARBEGIN
      a1; a2; ...; an
PAREND;
```

Damit wird festgelegt, daß die Anweisungen a_1; a_2; ...; a_n gleichzeitig ausgeführt werden sollen. Diese Festlegung unterliegt der Verantwortung des Programmierers, der auch dafür Sorge tragen muß, daß die gleichzeitige Ausführung sinnvoll ist.

Oft fordert man, daß keine Datenabhängigkeiten zwischen gleichzeitig auszuführenden Teilen eines Algorithmus bestehen, d.h. daß in keiner Teilaufgabe

Daten (Variablen) verändert werden, die auch in anderen Teilaufgaben benutzt werden. Insbesondere folgt daraus, daß es zu der gleichzeitigen Ausführung der Teilaufgaben eine gleichwertige sequentielle Ausführung gibt.

Auf der anderen Seite werden manchmal auch Algorithmen betrachtet, bei denen die Forderung der Datenunabhängigkeit gleichzeitig auszuführender Teilaufgaben verletzt ist. Diese werfen jedoch eine Reihe von Fragen auf, auf die wir im Rahmen dieses Abschnittes nur sehr knapp eingehen können.

Falls Datenabhängigkeiten zwischen Teilen bestehen, die auf verschiedenen Prozessoren ausgeführt werden sollen, so müssen Vereinbarungen getroffen werden, welcher Prozessor wann warten muß, bzw. wann er Zugriff auf benötigte Daten hat. Das folgende, anwendungsnahe Beispiel soll dies verdeutlichen:

(2.26) Beispiel: Gleichzeitiger Zugriff auf dieselbe Größe

In einer Bank werden nach Schalterschluß alle Einzahlungen des Tages verbucht. Verschiedene Buchungen können gleichzeitig auf verschiedenen Prozessoren durchgeführt werden.

Jede einzelne Buchung erfolgt durch den folgenden Algorithmus V (grob):

```
(V1)    "Lese vom Beleg Kontonummer K und Betrag B";
(V2)    "Lese Kontostand S von Konto K und weise ihn X zu";
(V3)     X := X + B;
(V4)    "Trage X als neuen Kontostand von K ein".
```

Wir nehmen an, daß zwei verschiedene Einzahlungen in Höhe von 1000,- und 5000,- für das Konto 3089 verbucht werden sollen. Dies erledigen zwei verschiedene Prozessoren in der folgenden Weise (s. Bild 2.10).

```
Prozessor 1:                          Prozessor 2:

K = 3089;  B = 1000 (V1)    K = 3089;  B = 5000 (V1)
X := S;             (V2)
                            X := S;             (V2)
X := X + B;         (V3)    X := X + B;         (V3)
S := X;             (V4)
                            S := X;             (V4)
```

Bild 2.10: Parallele Ausführung zu Beispiel 2.26

Je tiefer eine Anweisung in diesem Bild steht, desto später wird sie ausgeführt. Prozessor 1 liest also zuerst den Kontostand (V2) und schreibt ihn auch als erster zurück (V4). Allerdings hat Prozessor 2 den Kontostand auch in der Zwischenzeit gelesen, und beide verändern ihn quasi gleichzeitig. Damit ist egal, wer den veränderten Kontostand zuerst zurückschreibt. Dieser ist in jedem Fall falsch, denn eine der Erhöhungen geht verloren. Man spricht in einem solchen Fall auch von einem *Lost Update*.

Es handelt sich hier also um eine inkorrekte gleichzeitige Ausführung, da es keine äquivalente sequentielle Ausführung dieser beiden Verbuchungen gibt.   ■

Im letzten Beispiel ist eine Synchronisationsvorschrift erforderlich, die zum Beispiel nach dem Prinzip arbeitet, daß ein Prozessor, der als Erster bestimmte Daten verändern möchte, das *alleinige* Zugriffsrecht auf diese Daten hat. Alle anderen Prozessoren, die ebenfalls die Daten benötigen, müssen dann warten. Man spricht in diesem Fall auch von *Sperren* oder vom *Prinzip des wechselseitigen Ausschlusses*. Erst nachdem der Prozessor die Daten verarbeitet hat und die Sperre freigibt, können andere Prozessoren auf die gleichen Daten zugreifen.

2.4.6 Universalität

Unter *Universalität* (oder auch *Allgemeinheit*) versteht man die Forderung, daß ein Algorithmus nicht nur eine konkrete Ausprägung eines Problems, sondern eine möglichst allgemeine *Problemklasse* löst.

(2.27) Beispiel: Ein Sortieralgorithmus soll nicht nur in der Lage sein, eine konkrete Folge – beispielsweise die Zahlenfolge 5, 17, 2, 45, 67, 30, 12, 9, 3 – zu sortieren, sondern er sollte beliebige Zahlenfolgen endlicher Länge sortieren können.

Noch universeller wäre der Algorithmus, wenn er nicht nur Zahlenfolgen, sondern beliebige endliche Folgen sortieren könnte, auf deren Elementen eine totale Ordnung erklärt ist.   ■

Die Universalität eines Algorithmus ist eine graduelle Eigenschaft, die abhängig ist von der gerade betrachteten Problemklasse sowie dem Kontext, in dem eine Lösung eines Problems bzw. einer Problemklasse benötigt wird. Oft wird ein Algorithmus als Hilfsalgorithmus (Unterprogramm) zur Lösung eines größeren

Problems entworfen. In diesem Zusammenhang spielt die *Wiederverwendbarkeit* solcher Hilfsalgorithmen für die Lösung anderer, verwandter Probleme eine Rolle.

2.4.7 Korrektheit

Eine grundlegende Forderung an einen Algorithmus ist, daß er *korrekt* ist. Dabei bezieht sich die Korrektheit auf eine zugrunde liegende Spezifikation. Die Spezifikation beschreibt, *was* ein Algorithmus leisten soll, der ein Problem löst, und der betrachtete Algorithmus ist korrekt, wenn er das Problem auch tatsächlich gemäß der Problemspezifikation löst. Das bedeutet, er muß den funktionalen Zusammenhang zwischen Eingabe- und Ausgabedaten korrekt realisieren. Wir legen fest:

Ein Algorithmus A heißt *korrekt* bezüglich einer vorgegebenen Spezifikation, falls gilt:

(K1) *Ist e eine gültige Eingabe (d.h. ein Element der Menge der Eingabedaten), und liefert A – angewendet auf e – eine Ausgabe a, so ist a die zu e gehörende Ausgabe (gemäß der Spezifikation).*

(K2) *Ist e eine gültige Eingabe, so liefert A – angewendet auf e – nach endlich vielen Schritten eine Ausgabe a.*

Falls nur (K1) gilt, spricht man von *partieller Korrektheit*, falls (K1) und (K2) gelten, spricht man von *totaler Korrektheit*. Die totale Korrektheit fordert also zusätzlich, daß der Algorithmus terminiert (vgl. Abschnitt 2.4.2).

So naheliegend es ist, die Korrektheit von Algorithmen zu fordern, so schwierig ist es im allgemeinen auch, sie zu überprüfen. Wir wollen im folgenden auf zwei Möglichkeiten eingehen, die dies in einem gewissen Umfang ermöglichen:

(A)   Nachweis der Korrektheit durch Verifikation.

(B)   Überprüfung der Korrektheit durch Testen.

2.4.7.1 Nachweis der Korrektheit durch Verifikation

Mit Verifikation ist das Nachprüfen der Korrektheit im Sinne eines mathematischen Beweises gemeint. Dies kann mit Hilfe von *Zusicherungen* geschehen. Man kann Zusicherungen als Aussagen über die in einem Algorithmus beteiligten Variablen ansehen. Eine Zusicherung beschreibt Zusammenhänge zwischen Variablen bzw. ihren Werten. Sie schränkt im allgemeinen die möglichen Werte der Variablen ein.

(2.28) Beispiel: Die folgenden Aussagen sind umgangssprachlich beschriebene Zusicherungen:

- x ist ungleich 0.

- x ist größer als y, und y ist gleich z^2 oder $-z^2$.

- Die Folge $k_1, k_2, ..., k_n$ ist aufsteigend sortiert.   ∎

Das Beweisen der Korrektheit eines Algorithmus kann man damit grob gesprochen als einen Vorgang verstehen, bei dem man Zusicherungen ineinander überführt. Die Fragestellung lautet dabei: Falls *vor* der Ausführung einer Anweisung bzw. eines Algorithmus eine Zusicherung richtig ist, welche (evtl. andere) Zusicherung gilt dann *nach* der Ausführung? Einen Korrektheitsbeweis für einen Algorithmus hat man schließlich geführt, wenn aus den Zusicherungen hervorgeht, daß nach der Ausführung des Algorithmus die auszugebenden Werte mit den in der Spezifikation verlangten Werten übereinstimmen.

Formal sind Zusicherungen prädikatenlogische Formeln über den in einem Algorithmus vorkommenden Variablen. Wir gehen an dieser Stelle nicht im Detail auf die Prädikatenlogik ein und fassen lediglich die wichtigsten Merkmale solcher Formeln zusammen. Wir beginnen mit den einfachsten Bausteinen von Formeln, den Termen:

- *Terme* können aus Konstanten (z.B. natürlichen Zahlen), Variablen und Funktionssymbolen bestehen. Außerdem können sie eventuell Klammern enthalten, um Vorrangregeln (z.B. "Punktrechnung vor Strichrechnung") außer Kraft zu setzen. Terme sind zum Beispiel:

   5
   x + y
   $(x^2 + 5y + z) / (x^2 + 1)$.

- *Atome* bestehen aus einem *Prädikatsymbol* sowie – abhängig von der *Stelligkeit* des Prädikatsymbols – aus einem oder mehreren Termen. Beispiele für Atome sind:

   x = y + z + 5,
   $y \neq 0$,
   x teilt y.

Dabei sind =, $\neq$ und "teilt" zweistellige Prädikatsymbole, d.h. Prädikatsymbole, die je zwei Terme zueinander in Beziehung setzen.

- Aus Atomen können beliebig komplizierte *Formeln* aufgebaut werden.

Jedes Atom ist selbst eine Formel. Ferner können Atome mit den logischen Operatoren "$\wedge$", "$\vee$", "$\neg$", "$\Leftrightarrow$", "$\Rightarrow$" sowie dem Allquantor "$\forall$" und dem Existenzquantor "$\exists$" zu Formeln verknüpft werden.

Spezielle Formeln sind TRUE und FALSE. TRUE ist eine Formel, die immer wahr ist, FALSE dagegen ist immer falsch.

(2.29) Beispiel: Wir formulieren die Aussagen des letzten Beispiels als prädikatenlogische Formeln:

- $x \neq 0$

- $(x > y) \wedge ((y = z^2) \vee (y = -z^2))$

- $\forall i: ((1 \leq i) \wedge (i \leq n - 1)) \Rightarrow (k_i \prec k_{i+1})$ ∎

Im Kern sind Zusicherungen also solche prädikatenlogischen Formeln (auch wenn man sie umgangssprachlich formuliert), und man kann ihnen bzgl. einer konkreten Belegung der Variablen einen Wahrheitswert *wahr* oder *falsch* zuordnen. Es ist auch festgelegt, wann eine Formel H aus einer Formel G *folgt*, nämlich dann, wenn aus der Tatsache, daß G den Wert *wahr* liefert, dies auch für H folgt.

Im folgenden wollen wir den Zusammenhang zwischen Zusicherungen betrachten, die *vor* und *nach* der Ausführung einer Anweisung gelten. Eine Anweisung kann dabei elementar sein oder sich aus anderen Anweisungen zusammensetzen. Eine Zusicherung, die vor Ausführung einer Anweisung F gilt, nennen wir *Vorbedingung* (*precondition*) von F. Eine Zusicherung, die nach der Ausführung einer Anweisung F gilt, heißt dementsprechend *Nachbedingung* (*postcondition*) oder auch *Konsequenz* von F.

Es seien p eine Vorbedingung und q eine Nachbedingung einer Anweisung F. Dann bedeutet die folgende Schreibweise, daß, wann immer vor Ausführung von F die Vorbedingung p gilt, anschließend die Nachbedingung q gilt:

    $\{p\}$ F $\{q\}$.

Wesentlich anschaulicher läßt sich dieser Sachverhalt mit einer graphischen Darstellungsform, also etwa mit Hilfe von Programmablaufplänen oder Struktogrammen darstellen (s. Bild 2.11). Bei Programmablaufplänen werden die Zusicherungen vor und hinter einer Anweisung jeweils an die entsprechenden Pfeile geschrieben, bei Struktogrammen führen wir ein neues, grau unterlegtes, ovales Symbol ein, das Zusicherungen enthalten kann[1]. Wir werden im folgenden Struktogramme zur Darstellung von Zusicherungen verwenden.

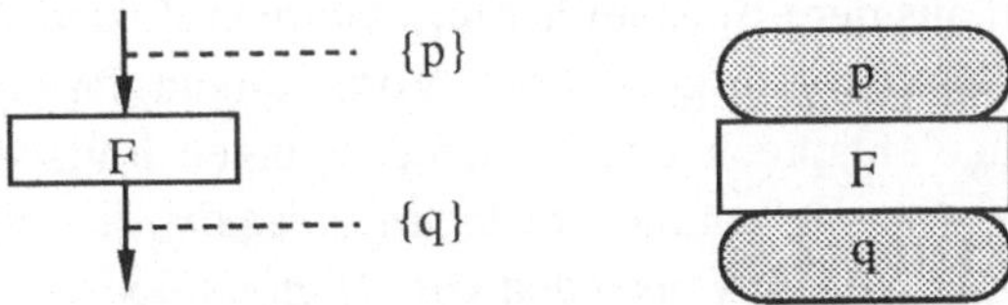

Bild 2.11: Vor- und Nachbedingung einer Anweisung (graphisch)

(2.30) Beispiel: Wir wollen mit Hilfe von Zusicherungen ausdrücken, daß der nachfolgende Teil eines Algorithmus immer die Ausgabe 0 liefert, sofern er eine natürliche Zahl einschließlich 0 als Eingabe erhält:

```
Eingabe: n;
WHILE n ≠ 0 DO
    n := n - 1
END (* WHILE *);
Ausgabe: n;
```

Das entsprechende Struktogramm ergänzt um Zusicherungen zeigt das folgende Bild 2.12 Es stellt sich heraus, daß n nach dem Verlassen der while-Schleife den Wert 0 haben muß.

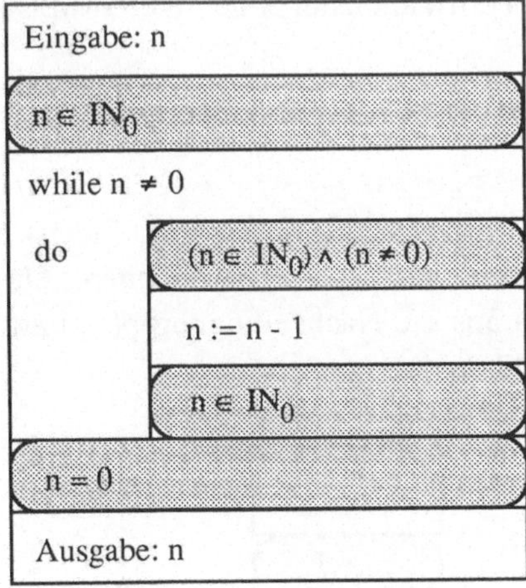

Bild 2.12: Struktogramm mit Zusicherungen zu Beispiel 2.30 ∎

---

1 Die Idee, Zusicherungen auf diese Weise in Struktogrammen darzustellen, stammt aus [Fut89].

Die einzelnen Zusicherungen im letzten Beispiel sind unmittelbar einsichtig. Es geht allerdings nicht aus dem Beispiel hervor, wie man Zusicherungen entwirft, bzw. wie man aus bestimmten, gegebenen Vorbedingungen einer Anweisung oder Anweisungsfolge entsprechende Nachbedingungen logisch folgern kann. Zu diesem Zweck gibt es sogenannte *Verifikationsregeln*, die wir nun exemplarisch für einige Klassen von Anweisungen vorstellen wollen.

- **Wertzuweisung**

Eine Wertzuweisung ist eine Anweisung der Form $x := A$, wobei x eine Variable und A ein Ausdruck ist (zum Beispiel ein arithmetischer oder logischer Ausdruck). Damit bekommt x den Wert zugewiesen, den man bei der Auswertung des Ausdrucks erhält. Falls vor Ausführung der Anweisung eine Vorbedingung $p(A)$ gilt, so kann man auf die Nachbedingung $p(x)$ schließen, d.h. jede Aussage, die für den Ausdruck A wahr ist, ist anschließend für x wahr. Kurz: $\{p(A)\}\ x := A\ \{p(x)\}$.

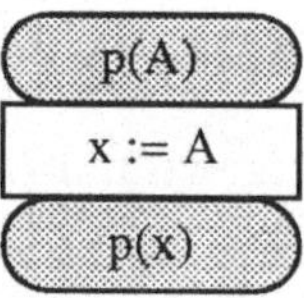

Bild 2.13: Verifikationsregel der Wertzuweisung

(2.31) Beispiel: Wir untersuchen die Wertzuweisung

```
x := y - z
```

und nehmen an, daß die Vorbedingung $y \geq z$ gilt. Sie ist äquivalent zu der Bedingung $y - z \geq 0$, die wir mit $p(y - z)$ bezeichnen. Aufgrund der obigen Verifikationsregel folgt daraus die Nachbedingung $p(x)$ bzw. gleichwertig $x \geq 0$. Wir erhalten also (s. Bild 2.14):

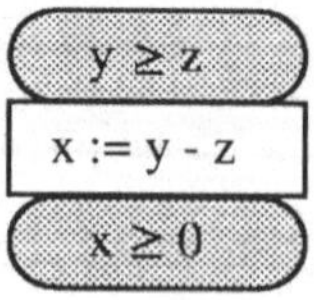

Bild 2.14: Vor- und Nachbedingung zu Beispiel 2.31   ∎

- **Sequenz**

Wir betrachten eine Sequenz, die aus zwei (evtl. zusammengesetzten) Anweisungen F_1 und F_2 besteht. Aus den folgenden Zusicherungen für F_1 und F_2

$$\{p\}\ F_1\ \{q\} \text{ und } \{q\}\ F_2\ \{r\},$$

erhält man die Zusicherung

$$\{p\}\ F_1;\ F_2\ \{r\}$$

für die Sequenz F_1; F_2. Die entsprechenden Struktogramme sind in Bild 2.15 dargestellt:

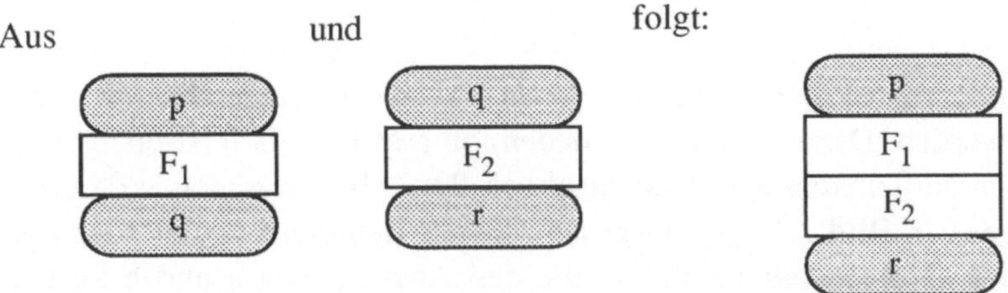

Bild 2.15: Verifikationsregel der Sequenz

Diese Regel leuchtet unmittelbar ein. Sie kann ganz analog auch auf längere Sequenzen angewendet werden.

- **Verzweigung**

Bei der Verzweigung betrachten wir eine Vorbedingung p, eine Nachbedingung q und einen logischen Ausdruck B. Für zwei Anweisungen F_1 und F_2 folgt dann aus

$$\{p \wedge B\}\ F_1\ \{q\} \text{ und } \{p \wedge \neg B\}\ F_2\ \{q\}$$

die folgende Zusicherung für die Verzweigung (s. auch Bild 2.16):

$$\{p\}\ \text{IF B THEN } F_1 \text{ ELSE } F_2 \text{ END } \{q\}.$$

Aus   und   folgt:

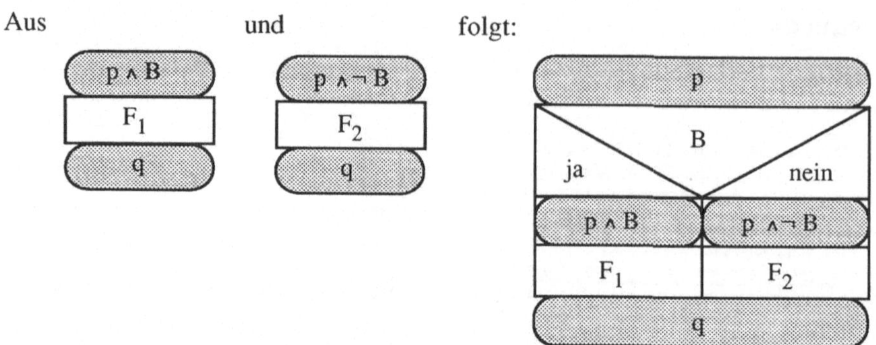

Bild 2.16: Verifikationsregel der Verzweigung

(2.32) Beispiel: Es soll der "Abstand" $z := |a - b|$ zweier ganzer Zahlen a und b berechnet werden. Dazu wird unterschieden, ob a größer als b ist oder nicht. Wir betrachten deshalb den logischen Ausdruck B: $a \geq b$, und es gelten dann die Zusicherungen[1] in Bild 2.17 (a). Insgesamt lassen sich diese zu der Verzweigung in Bild 2.17 (b) zusammenfügen, die den Abstand von a und b korrekt berechnet.

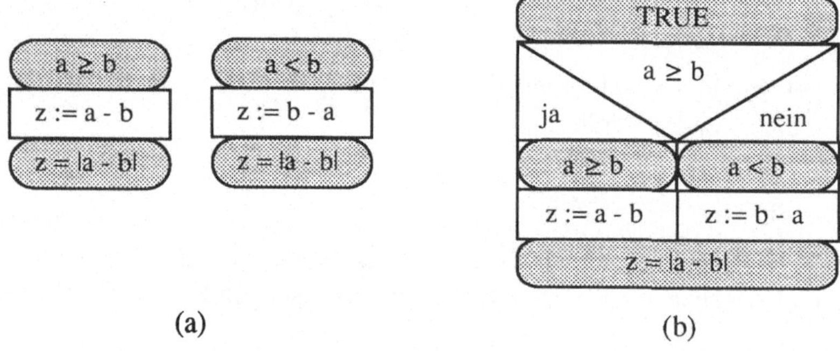

(a)   (b)

Bild 2.17: Zusicherungen zu Beispiel 2.32   ∎

Oft betrachtet man Verzweigungen bei denen der else-Teil fehlt, die also die Form IF B THEN F END haben. Sie lassen sich gleichwertig schreiben als

IF B THEN F ELSE ; END

Dabei enthält der else-Teil die leere Anweisung. In diesem Fall kann man aus den Aussagen

---

[1]   Zudem gilt die Vorbedingung p: TRUE, die einfach weggelassen werden kann.

$\{p \wedge B\}\ F\ \{q\}$ und $\{p \wedge \neg B\} \Rightarrow \{q\}$

auf die Aussage

$\{p\}$ IF B THEN F END $\{q\}$.

schließen. Hier muß also die Nachbedingung q eine logische Folgerung der Bedingung $p \wedge \neg B$ sein.

- **Schleife**

Wir beschränken uns auf die Betrachtung der while-Schleife. Die wesentlichen Aussagen lassen sich auch auf andere Arten von Schleifen übertragen (vgl. Übungsaufgabe 3).

Die Verifikation einer Schleife ist ungleich schwieriger als die Verifikation der übrigen Ablaufstrukturen. Der Grund dafür ist, daß die Anzahl der Schleifendurchläufe nicht von vornherein festliegt, sondern i.a. von der Bedingung B sowie der (evtl. zusammengesetzten) Anweisung F abhängt. Es ist aufgrund theoretischer Hintergründe auch nur eingeschränkt möglich, bei gegebener Vorbedingung einer while-Schleife die entsprechende Nachbedingung "zu berechnen", d.h. mit Hilfe eines Algorithmus zu bestimmen. Man muß sich darauf beschränken, eine sogenannte *Invariante* anzugeben, d.h. eine Zusicherung, die *vor*, *während* und *nach* Ausführung der Schleife Gültigkeit hat.

(2.33) Beispiel: In Beispiel 2.30 (s. Bild 2.12) ist die Zusicherung $n \in \mathbb{N}_0$ eine Invariante. Sie gilt vor, während und nach Ausführung der while-Schleife

∎

Der wesentliche Unterschied zu den vorher betrachteten Ablaufstrukturen liegt also darin, daß bei Schleifen Zusicherungen betrachtet werden, die sich nicht verändern. Etwas krasser kann man den Unterschied auch wie folgt formulieren.

Bisher stand die Frage im Vordergrund:

Welche Veränderungen bewirkt eine Anweisung bei den beteiligten Variablen ?

Bei Schleifen dagegen lautet die Frage:

Welche Beziehungen sind (zu jedem Zeitpunkt) invariant gegenüber der Anweisung, d.h. werden nicht verändert ?

Die Verifikationsregel für die while-Schleife unterscheidet sich dementsprechend von den bisher betrachteten Verifikationsregeln. Es sei p eine Zusicherung, B ein logischer Ausdruck und F eine (evtl. zusammengesetzte) Anweisung. Dann kann man aus der Aussage

$\{p \wedge B\}\ F\ \{p\}$

folgern:

$\{p\}$ WHILE B DO F END $\{p \wedge \neg B\}$.

In Bild 2.18 sind zusätzlich noch die Zusicherungen angegeben, die unmittelbar vor und nach der Ausführung von F gelten.

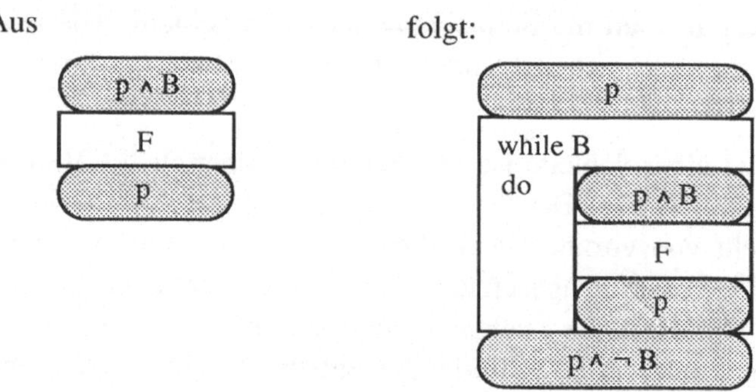

Bild 2.18: Verifikationsregel der while-Schleife

(2.34) Beispiel: Wir betrachten erneut das Suchen in sortierten Folgen und wollen jetzt speziell den Algorithmus zum binären Suchen (Beispiel 2.15) verifizieren. Es ist relativ einfach, eine Invariante für die while-Schleife zu finden.

Die Grundidee des Algorithmus liegt ja darin, daß die Teilfolge, in der sich der gesuchte Schlüsselwert befinden soll, mit jedem Durchlauf durch die Schleife halbiert wird. Dabei wird aber in jedem Fall der Vergleichsschlüsselwert k durch das kleinste und das größte Element der Teilfolge nach unten bzw. nach oben begrenzt, und als Invariante ist die Beziehung $k_{Li} \prec k \prec k_{Re}$ – bzw. ausführlicher $(k_{Li} \prec k) \wedge (k \prec k_{Re})$ – naheliegend. Diese Zusicherung ist jedoch so noch nicht ganz richtig bzw. ausreichend:

Zu Beginn sind für Li = 0 und Re = n + 1 keine entsprechenden Folgenelemente k_0 und k_{n+1} definiert. Deshalb führen wir nur zum Zweck der Verifikation zwei zusätzliche, fiktive Elemente k_0 und k_{n+1} ein, die den folgenden Bedingungen genügen sollen:

$$k_0 \prec_{\neq} \min\{k, k_1\} \quad \text{und} \quad \max\{k, k_n\} \prec_{\neq} k_{n+1}.$$

Das Zeichen $\prec_{\neq}$ hat dabei dieselbe Bedeutung wie $\prec$ mit dem Unterschied, daß die Gleichheit von Schlüsselwerten nicht zulässig ist. In der Aussage "$k_0 \prec_{\neq}$

$\min\{k, k_1\}$" muß k_0 also echt kleiner sein als das Minimum von k und k_1.

Zudem kann man sich überlegen, daß der Vergleichsschlüsselwert k nie mit dem ganz linken Element k_{Li} der Teilfolge übereinstimmen kann. Deshalb können wir die Aussage verschärfen zu der folgenden Invariante:

Invariante P: $k_{Li} \underset{\neq}{\prec} k \prec k_{Re}$.

Ferner bezeichne B den logischen Ausdruck der while-Schleife, d.h.:

Logischer Ausdruck B: $Li < Re - 1$.

Der vollständige Algorithmus mit den Zusicherungen ist in Bild 2.19 zu sehen. Die einzelnen Zusicherungen haben wir durchnumeriert, um anschließend auf sie verweisen zu können.

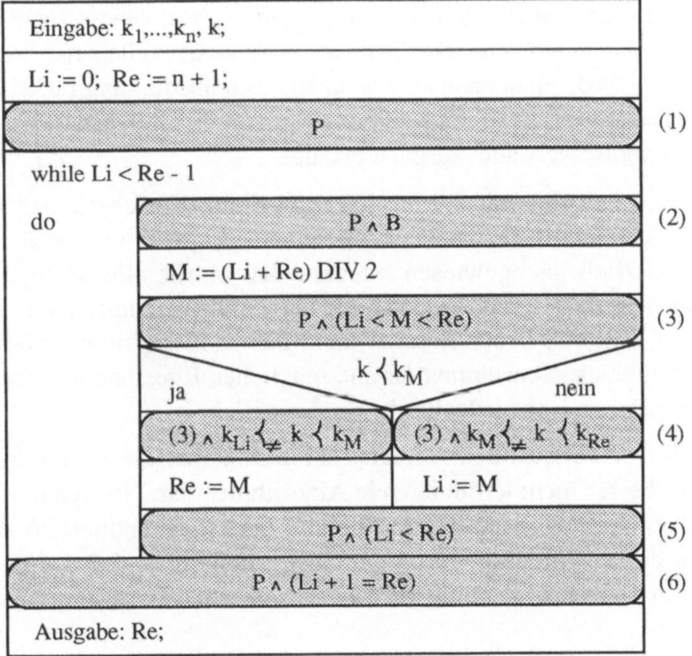

Bild 2.19: Zusicherungen zum binären Suchen

Zusicherung (1) gilt aufgrund der oben getroffenen Vereinbarung über k_0 und k_{n+1}. Bei Zusicherung (2) kommt Bedingung B hinzu, da diese nach dem Eintritt in die Schleife erfüllt sein muß. (3) ist eine Verschärfung von (2), da eine zusätzliche Aussage über die Variable *M* gemacht wird. Nach dem Testen der Verzweigungsbedingung gibt es in (4) zwei Möglichkeiten, je nachdem, ob der Test "ja" oder "nein" liefert. Beide möglichen Zusicherungen stellen eine Verschärfung von (3) dar, und aus beiden folgt schließlich (5) unter Berücksichtigung der vor (5) stehenden Anweisungen. Jedoch muß in (5) die Bedingung B nicht mehr notwendigerweise erfüllt sein, und es gilt nur noch $Li < Re$ anstelle von $Li < Re - 1$. Falls B nicht erfüllt ist, folgt $Li + 1 = Re$, und die while-Schleife wird nicht noch einmal durchlaufen. Es gilt dann Zusicherung (6). Zum Schluß wird Re ausgegeben. Dies entspricht aufgrund der Invarianten P genau der Spezifikation aus Beispiel 2.8: Falls k in der Folge vorkommt, wird die kleinste Position ausgegeben, an der k erstmalig auftritt. Andernfalls wird diejenige Position ausgegeben, an der k einzufügen wäre.   ∎

Die Verifikation von Algorithmen durch Vor- und Nachbedingungen läßt auch die Spezifikation von Problemen (s. Abschnitt 2.2) in neuem Licht erscheinen. Die Eingabedaten und deren Beziehungen zueinander stellen eine Vorbedingung und die Ausgabedaten dementsprechend eine Nachbedingung für das zu lösende Problem dar. Ein Algorithmus für das Problem ist korrekt, falls er zu einer Eingabe die entsprechende Ausgabe erzeugt.

Des weiteren läßt sich mit der Verifikation durch Zusicherungen i.a. nur die partielle Korrektheit nachweisen. Damit ein Algorithmus total korrekt ist, müßte zusätzlich nachgewiesen werden, daß er für alle gültigen Eingaben terminiert. Auf dieses Problem sind wir bereits in Abschnitt 2.4.2 eingegangen (Forderung E2). Wir haben dort erwähnt, daß es nicht immer möglich ist, die Termination eines Algorithmus für alle möglichen Eingaben nachzuweisen. Für viele Algorithmen ist es jedoch sehr wohl möglich.

Bei den bisher betrachteten Ablaufstrukturen stellen die Schleifen eine mögliche Ursache für nicht terminierende Algorithmen dar. Notwendige Bedingung für die Termination ist, daß jede Schleife höchstens endlich oft durchlaufen wird. Bei einer while-Schleife muß sichergestellt sein, daß die Bedingung B irgendwann nicht (mehr) gültig ist. Um dies nachzuweisen, kann man wie folgt vorgehen:

- Man definiert eine Terminationsfunktion T, die die Werte von Variablen miteinander verknüpft und auf eine ganze Zahl abbildet.

- Man weist nach, daß – solange Bedingung B erfüllt ist – der durch T berechnete Wert mit jedem Schleifendurchlauf größer (bzw. kleiner) wird und außerdem nach oben (bzw. unten) beschränkt ist.

Falls man eine Terminationsfunktion mit diesen Eigenschaften findet, so steht fest, daß die entsprechende Schleife nur endlich oft durchlaufen wird.

(2.35) Beispiel: Für den Suchalgorithmus des letzten Beispiels kann man folgende Terminationsfunktion festlegen:

$$T(Li, Re) := Re - Li.$$

Diese Differenz nimmt mit jedem Schleifendurchlauf ab, da immer $Li < M <$ Re gilt (Zusicherung (3)) und da entweder Li oder Re den Wert von M erhält. Zudem sind die möglichen Ergebnisse nach unten beschränkt, denn die Bedingung $Li < Re - 1$ der while-Schleife impliziert, daß immer $Re - Li \geq 2$ gilt.   ∎

2.4.7.2 Überprüfung der Korrektheit durch Testen

Ein ganz anderes Vorgehen als die streng mathematische Verifikation stellt das *dynamische Testen* von Algorithmen bzw. Programmen dar. Darunter versteht man die Ausführung des Algorithmus für bestimmte Eingabedaten (den *Testdaten*), um zu prüfen, ob der Algorithmus jeweils die gewünschte Ausgabe liefert. Im allgemeinen wird man nicht alle möglichen Kombinationen von Eingabedaten als Testdaten verwenden können, denn meist sind dies unendlich viele, aber man wird versuchen, eine möglichst "gute" Auswahl von Testdaten zu treffen. Testdaten haben also den Charakter einer Stichprobe. Dies impliziert, daß die durch das Testen gewonnenen Aussagen bezüglich der Korrektheit eines Algorithmus nicht hundertprozentig zuverlässig zu sein brauchen. Kurz gesagt: *Testen kann i.a. nicht die Korrektheit eines Algorithmus beweisen, es kann lediglich der Aufdeckung von Fehlern dienen.*

Das dynamische Testen ist also durch folgende Merkmale gekennzeichnet (vgl. [Lig92]):

- Der Algorithmus wird tatsächlich ausgeführt. Dies kann entweder "auf dem Papier" simuliert werden, es kann aber auch – im Falle eines ausführbaren Programms – auf einem Rechner geschehen.

- Es werden konkrete Eingabewerte gewählt. Diese haben i.a. den Charakter einer Stichprobe, d.h. sie decken nicht alle möglichen Eingabewerte ab.

- Das Testen kann i.a. nicht die Korrektheit des Algorithmus beweisen.

Es stellt sich die Frage, welche Anforderungen an einen "guten" Test zu stellen sind. Da über diese Frage keine absolute Einigkeit herrscht, wurden im Laufe der Zeit verschiedene Testverfahren vorgeschlagen, die teils gravierende Unterschiede aufweisen. Ein wichtiges Kriterium spielt dabei die Auswahl geeigneter Testdaten.

Nach [Lig92] sollten Testdaten folgende Eigenschaften haben:

- *repräsentativ*, d.h. die Testdaten sind geeignete Stellvertreter der Eingabedaten,

- *fehlersensitiv*, d.h. mögliche Fehler können erkannt werden, und die potentiellen Fehlerquellen eines Algorithmus werden bei der Auswahl der Testdaten berücksichtigt,

- *redundanzarm*, d.h. sehr ähnliche Testfälle werden möglichst nicht mehrfach ausprobiert,

- *ökonomisch*, d.h. der Testaufwand ist gerechtfertigt.

Beispielsweise ist es nicht zufriedenstellend, Testdaten nach dem *Zufallsprinzip* auszuwählen und mit ihnen einige "ad hoc-Tests" durchzuführen. Ein solches Verfahren ist i.a. weder repräsentativ noch redundanzarm, und es geht nicht auf die konkreten Fehlerquellen eines Algorithmus ein. Zudem ist es, falls es "ad hoc" am Rechner durchgeführt wird, meist nicht reproduzierbar bzw. nachvollziehbar.

Wie bereits erwähnt, ist auch das sogenannte *erschöpfende Testen* (d.h. die Auswahl aller möglichen Eingabedaten als Testdaten) i. a. nicht durchführbar. Dieses Verfahren bietet zwar die größtmögliche Zuverlässigkeit, aber selbst für den Fall, daß die Menge der möglichen Eingabedaten endlich ist, ist es aus wirtschaftlichen Gründen meist nicht anwendbar.

Ein praktikables Vorgehen ist oft, daß man die möglichen Eingabewerte in *Klassen* einteilt. Bei Werten der gleichen Klasse erwartet man, daß sich der Algorithmus jeweils ähnlich verhält[1]. Die Testdaten werden dann so ausgewählt, daß alle möglichen Kombinationen von Klassen tatsächlich in den Tests vorkommen. Zudem sollte man bei der Auswahl der einzelnen Daten aus den Klassen darauf achten, daß insbesondere auch Klassengrenzen berücksichtigt werden (sog. Grenzwertanalyse).

(2.36) Beispiel: Wir betrachten erneut das Suchen in einer sortierten Folge. Aufgrund der Spezifikation in Beispiel 2.8 werden folgende Eingabedaten erwartet (wobei M die Menge aller möglichen Schlüsselwerte bezeichne): eine Folge $k_1, k_2, ..., k_n \in M^+$, mit $n \in \mathbb{N}$ und $k_1 \prec k_2 \prec ... \prec k_n$, und ein Vergleichsschlüsselwert $k \in M$. Als Klassifizierungskriterien zum Testen eines Algorithmus, der diese Spezifikation erfüllen soll, sind denkbar:

---

[1]   Oft wird in diesem Zusammenhang auch von *Äquivalenzklassen* gesprochen.

(a) *Folgenlänge*:

    (a1) kurze Folge, $1 \leq n \leq 5$,

    (a2) mittellange Folge, $6 \leq n \leq 1000$,

    (a3) lange Folge, $n \geq 1001$.

(b) *Zerlegbarkeit von n*:

    (b1) n ist Zweierpotenz,

    (b2) n ist keine Zweierpotenz.

(c) *Wahl von k*:

    (c1) *k kommt in der Folge vor*:

        (c11) am Folgenanfang (erstes Element),

        (c12) in der Mitte (zweites bis vorletztes Element),

        (c13) am Folgenende (letztes Element).

    (c2) *k kommt nicht in der Folge vor*:

        (c21) $k \prec k_1$, d.h. k ist am Anfang einzuordnen,

        (c22) $k_1 \prec k \prec k_n$, d.h. k ist in der Mitte einzuordnen,

        (c23) $k_n \prec k$, d.h. k ist am Ende einzuordnen.

Die Unterscheidung, ob n eine Zweierpotenz (d.h. von der Form 2^m) ist oder nicht, kann für das binäre Suchen interessant sein. Falls eine Zweierpotenz vorliegt, lassen sich die Folgen bei jedem Iterationsschritt in gleich große Teilfolgen zerlegen, andernfalls nicht. Ferner wird in (c) eine zweistufige Klassifizierung vorgenommen, aus der 6 verschiedene Klassen hervorgehen.

Die obigen Klassifizierungskriterien (a), (b) und (c) sind unabhängig voneinander, und es entstehen dadurch in (a) und (b) 3 bzw. 2 und in (c) 6 disjunkte Klassen. Jede konkrete Auswahl von Testdaten fällt bzgl. (a), (b) und (c) jeweils in genau eine Klasse. Beispielsweise fällt die folgende Zahlenfolge (vgl. Beispiel 2.15) zusammen mit dem Vergleichselement 22 in die Klassen (a2), (b2) und (c12):

Position:	*1*	*2*	*3*	*4*	*5*	*6*	*7*	*8*	*9*	*10*	*11*	*12*
Schlüsselwert:	3	5	6	9	11	14	15	22	24	25	31	36

Um jede Kombination von Klassen genau einmal zu testen, sind $3 * 2 * 6 = 36$ Testfälle erforderlich. Es ist aber sinnvoll, für jede Kombination von Klassen durchaus mehrere Testfälle durchzuspielen. Zum Beispiel sollte man bei kurzen Folgen (Klasse (a1)) den Grenzfall $n = 1$ ausprobieren. ∎

Im letzten Beispiel ist die Einteilung in Klassen weitgehend unabhängig von einem konkreten Algorithmus vorgenommen worden[1]. Die Testdaten können also ohne Kenntnis des Algorithmus ausgewählt werden. In diesem Fall spricht man von einem *Black-Box-Testverfahren*. Zudem orientiert sich die Auswahl der Testdaten an der Spezifikation des Problems, d.h. an dem funktionalen Zusammenhang zwischen Eingabe- und Ausgabedaten. Ein solches Verfahren nennt man ein *funktionales Testverfahren*.

Eine andere Idee liegt den sogenannten *White-Box-Verfahren* zugrunde. Bei ihnen ist die Struktur des Algorithmus wesentlich für die Auswahl von Testdaten. Es gibt eine ganze Reihe solcher Verfahren, bei denen man beispielsweise den Datenfluß – d.h. die Veränderung von Variablen – oder auch den Kontrollfluß des Algorithmus – d.h. die Verzweigungen und Wiederholungen – als Grundlage für einen Test ansehen kann.

Ein naheliegendes Vorgehen verkörpert der sogenannte *Zweigüberdeckungstest*. Er orientiert sich am Kontrollfluß des Algorithmus und hat das Ziel, jeden Zweig (oder auch *Pfad*) mindestens einmal zu durchlaufen, um somit jede Anweisung wenigstens einmal auszuführen. Die Testdaten sind so zu wählen, daß dieses Ziel erreicht wird. Die einzelnen Zweige kann man graphisch mit Hilfe eines *Kontrollflußgraphen* darstellen. Ein Kontrollflußgraph besteht aus Knoten und Kanten. Jeder Knoten – abgesehen vom Start- und Ende-Knoten – repräsentiert genau eine Anweisung. Im Falle einer zusammengesetzten Anweisung sind die untergeordneten Anweisungen auch jeweils durch einen Knoten repräsentiert. Ferner enthält der Graph eine gerichtete Kante von i nach j, falls es möglich ist, nach der Ausführung von Anweisung i mit der Ausführung von j fortzufahren. Es sind nun Testdaten derart auszuwählen, daß alle Kanten mindestens einmal durchlaufen werden.

(2.37) Beispiel: Zunächst schauen wir uns den Kontrollflußgraphen zum binären Suchen an (s. Bild 2.20 (b)).

Man kann leicht feststellen, daß für den Graph in Bild 2.20 bereits zwei verschiedene Testfälle ausreichend sind.

---

[1]   Lediglich das Kriterium (b) zieht die Idee des binären Suchens in Betracht.

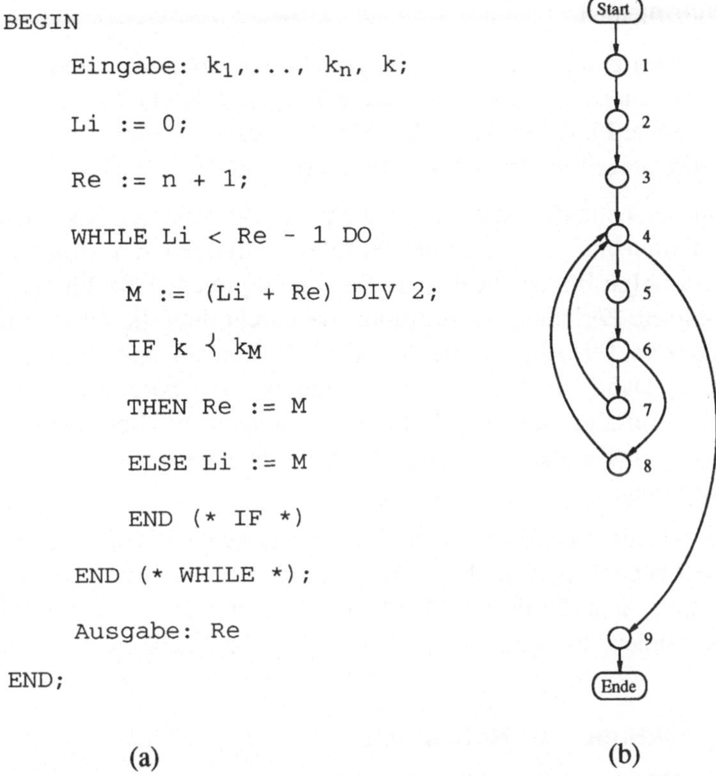

(a) (b)

Bild 2.20: Algorithmus und Kontrollflußgraph zum binären Suchen ∎

Der Zweigüberdeckungstest orientiert sich an der Struktur des Algorithmus und nicht an der Problemspezifikation. Es wird durch Tests überprüft, ob jede einzelne Anweisung korrekt ist und die gewünschte Aktion realisiert. Es wird jedoch nicht die Korrektheit des Algorithmus *als Ganzes* im Sinne der Spezifikation überprüft. Deshalb ist dieser Test allein nicht ausreichend.

Es gibt noch eine ganze Reihe anderer Testverfahren, auf die wir an dieser Stelle nicht eingehen können. Für die praktische Durchführung von Algorithmentests sind die beiden vorgestellten Verfahren sinnvoll und meist praktikabel, wenn auch im Einzelfall nicht immer ausreichend. In [Lig92] werden die folgenden *Minimalforderungen* für den Test von Algorithmen formuliert:

- Jeder Zweig – und damit jede Anweisung – wird mindestens einmal durchlaufen.

- Der Test orientiert sich sowohl an der Struktur des Algorithmus als auch an der Spezifikation.

Beide Forderungen zusammen werden abgedeckt, falls man einen funktionalen Test in Kombination mit einem Zweigüberdeckungstest durchführt. Damit wird sowohl die korrekte Funktionsweise des Algorithmus als Ganzes, als auch die Richtigkeit jeder einzelnen Anweisung überprüft.

Abschließend sei bemerkt, daß sich sowohl die Verifikation als auch das dynamische Testen auf eher "kleine" Problemstellungen mit entsprechend überschaubaren Algorithmen beziehen. Bei umfangreichen Problemen wird man eine geeignete Zerlegung in Teilprobleme durchführen (s. Abschnitt 2.5: Entwurfsmethoden für Algorithmen) und diese einzeln spezifizieren und implementieren. Dann benutzt man die Verfahren zur Überprüfung der einzelnen, kleinen Teilalgorithmen (Module) und sollte zusätzlich das korrekte "Zusammenspiel" der einzelnen Teile, z.B. durch einen sogenannten *Integrationstest*, überprüfen.

Ferner haben wir die Verifikations- und Testverfahren nur zur Überprüfung der *Korrektheit* betrachtet, d.h. ob der Algorithmus bei einer *gültigen* Eingabe die zu erwartende Ausgabe liefert. Man kann sie auch hinsichtlich der *Robustheit* von Algorithmen einsetzen, auf die wir im folgenden Abschnitt eingehen.

2.4.7.3 Korrektheit vs. Robustheit

Durch die Spezifikation ist in eindeutiger Weise festgelegt, welche Eingaben bei einer Problemstellung *gültig* sind. Nur für diese Eingaben ist eine entsprechende Ausgabe definiert, und nur auf diese Eingabedaten bezieht sich der Begriff der Korrektheit.

Anders verhält es sich bei der *Robustheit*. Dabei fordert man ein "sinnvolles" Verhalten des Algorithmus bei unzulässigen Eingaben, d.h. es wird überprüft, ob ein Algorithmus auch bei *falschen oder unvollständigen* Eingaben angemessen reagiert, beispielsweise durch Ausgabe einer Fehlermeldung oder durch Zurückweisung der Eingabe. Es sei jetzt A ein Algorithmus, D_A die Menge gültiger Eingabewerte und W_A die möglichen Ausgabewerte.

A heißt *robust*, wenn für jede Eingabe e $\notin D_A$ gilt: Entweder A terminiert nicht, oder A liefert eine Ausgabe, die (offensichtlich) nicht zu W_A gehört – zum Beispiel eine Fehlermeldung.

Dieser Robustheitsbegriff impliziert, daß diejenige Instanz (z.B. der aufrufende Algorithmus oder der Benutzer), die fehlerhafte oder unvollständige Daten an den Algorithmus übergibt, aus der Reaktion des Algorithmus erkennen kann, daß es sich um eine nicht gültige Eingabe gehandelt haben muß. Ein nicht robuster Algorithmus dagegen reagiert eventuell bei nicht gültigen Eingaben mit einer Ausgabe, die auch von einer gültigen Eingabe herrühren könnte.

(2.38) Beispiel: Wir betrachten den Algorithmus aus Beispiel 2.16 (a) zur Multiplikation einer rationalen und einer natürlichen Zahl. Der Algorithmus ist im folgenden Sinne als robust anzusehen: Falls er anstatt einer natürlichen Zahl $n \in \mathbb{N}_0$ eine negative, ganze Zahl als Eingabe erhält, so terminiert er nicht. Somit ist für den Benutzer die Unzulässigkeit der Eingabe erkennbar.   ∎

Dieser Begriff der Robustheit ist aufgrund theoretischer Überlegungen, die erst im 4 Band dieses Grundkurses erörtert werden, sinnvoll. Für die praktische Erstellung von Software dagegen ist es sicherlich unbefriedigend, wenn ein Programm aufgrund einer unzulässigen Eingabe in eine Endlosschleife gerät und nicht terminiert. Dort definiert man Robustheit etwas enger und pragmatischer: Ein Programm oder ein ganzes Software-System heißt robust, wenn es bei fehlerhaften Eingaben oder auch bei extremen Belastungen bzw. Störungen (Hardware-Ausfall, Überlastung durch Mehrbenutzer-Betrieb) gewisse Mindestanforderungen erfüllt und solche Ausnahmesituationen durch geeignete Vorkehrungen, z.B. Fehlermeldungen, abfängt [Sch86].

2.4.8 Effizienz (Komplexität)

Ein wichtiges Merkmal von Algorithmen ist die *Komplexität*, d.h. die Frage nach dem Verbrauch der Ressourcen Zeit (Ausführungszeit) und Raum (Speicherplatz) bei der Ausführung des Algorithmus. Man ist in der Informatik bemüht, möglichst effiziente Algorithmen für Probleme zu finden, d.h. Algorithmen, die möglichst wenig Zeit und Speicherplatz verbrauchen. Wir haben bereits beim Suchproblem den Unterschied zwischen unterschiedlich effizienten Algorithmen angesprochen: das binäre Suchen ist im allgemeinen wesentlich schneller als das sequentielle Suchen. Im folgenden sind wir hauptsächlich an der *Zeitkomplexität* von Algorithmen interessiert, d.h. dem Verbrauch an Rechenzeit.

Es gibt eine ganze Reihe von Faktoren, die die Ausführungszeit von Algorithmen beeinflussen können:

(a) Anzahl und Größe der Eingabedaten,

(b) der Algorithmus selbst (insbesondere Art und Zusammensetzung seiner Ablaufstrukturen),

(c) Eigenschaften (Schnelligkeit , Befehlssatz, etc.) der zur Ausführung eingesetzten Rechenanlage.

zu (a): Wir betrachten zunächst die Eingabedaten genauer. Man muß generell
unterscheiden zwischen einem *Problem(-typ)* und einer *Problemausprägung*.
Beispielsweise ist das *Sortieren von Zahlenfolgen* ein Problem(-typ), während
das Sortieren der Zahlenfolge 9, -7, 12, 3, 2, -1, 17, 105, 13 eine Problemausprägung ist. Wenn man Eingabedaten betrachtet, ist man also an der
konkreten Problemausprägung interessiert. Es ist unmittelbar einsichtig, daß
die Größe einer solchen Ausprägung – die sogenannte *Problemgröße* – Einfluß
auf den Verbrauch an Ressourcen hat. Zum Beispiel wird das Sortieren einer
Folge mit 5 Elementen wohl wesentlich schneller gehen als das Sortieren einer
Folge mit 10000 Elementen. Der Begriff der Problemgröße hängt i.a. von dem
betrachteten Problem ab und ist für jedes Problem explizit festzulegen. Zum
Beispiel:

- Beim Suchen in Folgen bzw. Sortieren von Folgen: Länge der Folge

- Berechnung der n-ten Fibonacci-Zahl oder der Fakultät von n: Zahl n

- Berechnung des Durchschnitts zweier Mengen M_1 und M_2: Anzahl Elemente der Mengen M_1 und M_2.

zu (b): Die Ablaufstrukturen bestimmen – häufig in Abhängigkeit von den
Eingabedaten, wie oft die elementaren Operationen ausgeführt werden. Wir
betrachten dazu die beiden folgenden Teile von Algorithmen:

```
Eingabe: n;                        Eingabe: n;
i := 0;                            i := 0;
FOR k := 1 TO n DO                 FOR k := 1 TO n DO
    i := i + 1                         FOR j := 1 TO n DO
END (* FOR *);                             i := i + 1
Ausgabe: i;                            END (* FOR *)
                                   END (* FOR *);
                                   Ausgabe: i;
```

Im linken Teil wird die for-Schleife n-mal durchlaufen, d.h. die Anweisung i
:= i + 1 wird n-mal ausgeführt. Im rechten Teil sind zwei for-Schleifen
ineinander verschachtelt. Bei jedem Durchlaufen der äußeren Schleife wird die
innere Schleife n-mal durchlaufen. Insgesamt wird die Anweisung i := i + 1
also n^2-mal ausgeführt.

zu (c): Die Eigenschaften der eingesetzten Rechenanlage nehmen ebenfalls
Einfluß auf den Verbrauch an Ressourcen. So ist sicherlich die Schnelligkeit

des betrachteten Prozessors und der zur Verfügung stehende Befehlssatz ein wichtiger Parameter, der die Laufzeit eines Algorithmus beeinflußt. Bei der Betrachtung der Komplexität von Algorithmen will man allerdings von diesem Parameter abstrahieren, da man einen Algorithmus sowohl auf einem schnellen als auch auf einem langsamen Rechner ausführen kann. Deshalb betrachtet man oft eine abstrakte Maschine (s. [Rei90]), zum Beispiel eine *Random-Access-Maschine* (RAM) oder eine *Turing-Maschine*, die die Operationen von modernen Rechnern simulieren und prinzipiell die gleichen Berechnungen wie diese durchführen können. Solche abstrakten Maschinen haben einen sehr einfachen Aufbau und Befehlssatz. Um mit ihnen die Komplexität eines Algorithmus zu bestimmen, mißt man die Anzahl elementarer Rechenschritte, die zur Ausführung des Algorithmus nötig sind.

Wir wollen aber im folgenden nicht auf eine konkrete oder abstrakte Maschine Bezug nehmen, sondern gehen von den folgenden idealisierenden Annahmen aus[1]:

- Jede Elementaroperation (Zuweisung, Addition, Subtraktion, Multiplikation, Vergleich zweier Zahlen, etc.) benötigt genau einen Rechenschritt. Damit diese Annahme realistisch ist, nehmen wir an, daß wir über keine komplizierten und aufwendigen Elementaroperationen verfügen, wie zum Beispiel die Multiplikation von Matrizen oder das Sortieren von Folgen.

- Die betrachteten Daten sind von einer einheitlichen Größe und können jeweils innerhalb einer Speicherzelle dargestellt werden.

Die Fragestellung lautet dann: *Welchen Zeitbedarf hat ein konkreter Algorithmus A zur Lösung eines Problems P in Abhängigkeit von der Größe n der Eingabedaten?* Gesucht ist dabei die Anzahl der Elementaroperationen, die nötig ist, um mit A eine Problemausprägung der Größe n zu lösen.

Eine andere Fragestellung, auf die wir nicht im Detail eingehen, ist die Beurteilung des *Schwierigkeitsgrades* eines Problems P: *Welchen Zeitbedarf hat ein optimaler Algorithmus zur Lösung von P?* Diese Frage ist meist nur sehr schwer zu beantworten, denn oft ist zu einem Algorithmus A, der P löst, kein besserer Algorithmus bekannt, aber es ist auch nicht bewiesen, daß es keinen besseren Algorithmus für P gibt.

Wir wollen uns also mit der zuerst genannten Frage beschäftigen. Dazu legen wir fest:

---

[1]   Diese bedeuten keine allzu große Ungenauigkeit, da man sich bei der Betrachtung der Komplexität eher für die Größenordnung als für eine exakte Zahl interessiert.

(2.39) Definition: Es sei A ein Algorithmus und e die Eingabe für eine spezielle Problemausprägung der Größe n. Ferner sei E die Menge aller möglichen Eingaben.

Dann bezeichne $t(A; n, e)$ die Anzahl der durchzuführenden Elementaroperationen bei der Ausführung von A bezüglich der Eingabe e.

Ferner seien

$$T_{min}(A; n) ::= \min\{\, t(A; n, e) \mid e \in E \,\},$$

$$T_{avg}(A; n) ::= \text{avg}\{\, t(A; n, e) \mid e \in E \,\},$$

$$T_{max}(A; n) ::= \max\{\, t(A; n, e) \mid e \in E \,\}.$$

Falls alle drei Funktionen identisch sind, so unterscheiden wir sie nicht und schreiben $T(A; n)$.   ∎

Alle drei Funktionen sind Maße für die *Zeitkomplexität* von A. $T_{min}(A; n)$ und $T_{max}(A; n)$ beschreiben den Zeitbedarf im besten bzw. im schlechtesten Fall (*best-case-* bzw. *worst-case-Komplexität*) für eine Problemausprägung der Größe n. $T_{avg}(A; n)$ ist dagegen der durchschnittliche Zeitbedarf (*average-case-Komplexität*) gemittelt über alle möglichen Eingaben der Größe n. Dieses Maß ist offensichtlich nur dann realistisch, wenn alle Problemausprägungen gleich wahrscheinlich sind. Zudem ist T_{avg} manchmal nicht ganz einfach zu bestimmen. Im einfachsten Fall, falls es nur endlich viele verschiedene Eingaben gibt, gilt:

$$T_{avg}(A; n) = |E|^{-1} * \sum_{e \in E} t(A; n, e)$$

Analog zu Definition 2.39 kann man die *Speicherkomplexität* $S(A; n)$ im besten, schlechtesten und durchschnittlichen Fall definieren. Sie beschreibt die Anzahl der benötigten Speicherplätze bei der Abarbeitung des Algorithmus.

(2.40) Beispiel: Wir geben einen Algorithmus an (s. Bild 2.21), der die Summe von n Zahlen berechnet, und bestimmen seine Zeitkomplexität.

Eingabe: $x_1, x_2, ..., x_n$, mit $n \in \mathbb{N}$ und $x_i \in \mathbb{N}$ für alle $i \in \{1, ..., n\}$.

Ausgabe: $s = \sum_{i=1}^{n} x_i.$

Als Elementaroperationen stehen unter anderem Zuweisung (:=), Vergleich (<) und Addition (+) zur Verfügung.

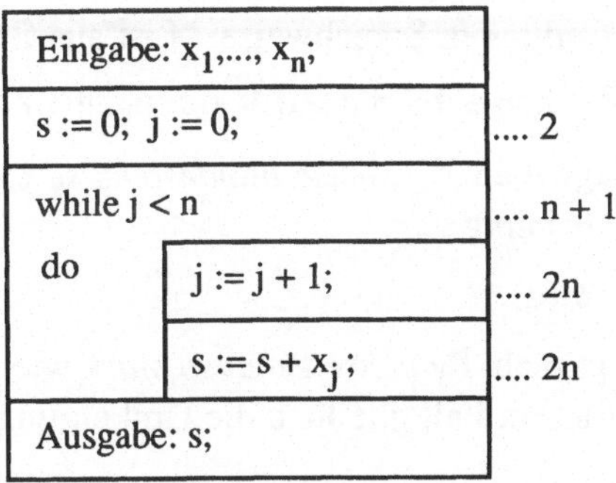

Bild 2.21: Algorithmus zu Beispiel 2.40

Die Initialisierungen s := 0 und j := 0 werden je einmal ausgeführt. Den größten Beitrag zu der Laufzeit des Algorithmus liefert die while-Schleife. Sie wird genau n-mal durchlaufen, d.h. jede der Anweisungen j := j + 1 und s := s + x_j wird n-mal ausgeführt. Dies sind insgesamt 4n Elementaroperationen. Zusammen mit dem Test der Schleife, der n + 1-mal durchgeführt wird, erhält man insgesamt 5n + 3 Elementaroperationen. Dies gilt für jede Zahlenfolge der Länge n und somit sowohl im besten, schlechtesten und im durchschnittlichen Fall. Kurz:

$$T(A; n) = T_{min}(A; n) = T_{max}(A; n) = T_{avg}(A; n) = 5n + 3.$$ ∎

Dieses Vorgehen, die Anzahl der Elementaroperationen für jede mögliche Eingabe auszurechnen, ist im vorigen Beispiel zwar recht einfach, für größere Beispiele kann es jedoch recht aufwendig sein. Zudem ist eine derart exakte Analyse der Komplexität i.a. nicht notwendig, sondern es reicht aus, die Komplexität *größenordnungsmäßig* in Abhängigkeit von der Größe der Eingabe anzugeben. Dabei ist man insbesondere am *Wachstum* der Komplexitätsfunktionen für große n interessiert, und es können beispielsweise konstante Faktoren vernachlässigt werden. Ein Formalismus, mit dem man das Wachstum von Funktionen beschreiben kann, ist die sogenannte *"Groß-Oh-Notation"*.

(2.41) Definition: (Wachstumsklassen)

Es sei **P** die Menge aller Funktionen f : $IN \to IR$, und es sei g ∈ **P**. Dann wird festgelegt:

(a) $O(g) ::= \{ f \in P \mid \exists n_0 \in IN \; \exists c > 0 \; \forall n > n_0: |f(n)| \leq c * |g(n)| \}$.

Für f ∈ $O(g)$ sagt man, f *wachse höchstens so stark* wie g bzw. f habe *höchstens die Ordnung* g. Sprechweise: "f ist aus Groß-Oh von g".

(b) $\Omega(g) ::= \{\ f \in \mathbf{P} \mid \exists\ n_0 \in \mathrm{IN}\ \exists\ c > 0\ \forall\ n > n_0\colon |f(n)| \geq c * |g(n)|\ \}$.

Für $f \in \Omega(g)$ sagt man, f *wachse mindestens so stark* wie g oder f habe *mindestens die Ordnung* g.

(c) $\Theta(g) ::= O(g) \cap \Omega(g)$.

Für $f \in \Theta(g)$ sagt man, f *wachse genauso stark* wie g oder f habe *genau die Ordnung* g. In diesem Fall gilt auch die Umkehrung $g \in \Theta(f)$.   ∎

$O(g)$, $\Omega(g)$ und $\Theta(g)$ beschreiben also *Mengen* von Funktionen, die für große n höchstens bzw. mindestens bzw. genauso stark wachsen wie die Funktion g. Bei der Komplexität von Algorithmen sind wir meist an einer Abschätzung nach oben und damit an Mengen der Form $O(g)$ interessiert.

(2.42) Beispiel:

(a) Die Funktion f(n) = 5n + 3 des vorigen Beispiels liegt in der Klasse $O(g)$ mit g(n) = n. Um dies einzusehen, braucht man in Definition 2.41 (a) nur $n_0 = 1$ und c = 6 zu setzen. In diesem Fall spricht man von *linearer* Komplexität, da die Anzahl auszuführender Elementaroperationen linear von der Größe der Eingabe abhängt.

Anstatt der Schreibweise $f \in O(g)$, mit g(n) = n, wird meistens die nicht ganz korrekte Kurzform $f \in O(n)$ benutzt[1]. Auch wir werden diese Kurzschreibweise im folgenden verwenden.

(b) Die Funktion $f(n) = n^2 + 1000n$ liegt in der Klasse $O(n^2)$. Dies sieht man mit Definition 2.41 (a) ein, falls man c = 2 und $n_0 = 1000$ wählt.

(c) Wir vergleichen jetzt etwas allgemeiner Polynome mit reellen Koeffizienten miteinander. Es stellt sich heraus, daß der größte Exponent ausschlaggebend für das Wachstumsverhalten von Polynomen ist.

Es seien für $i \in \{0, ..., k\}\colon a_i \in \mathrm{I\!R}$, und für $i \in \{0, ..., j\}\colon b_i \in \mathrm{I\!R}$. Ferner seien $a_k \neq 0$ und $b_j \neq 0$. Dann gilt (ohne Beweis):

(i) $\displaystyle\sum_{i=0}^{k} a_i\, n^i \in O\left(\sum_{i=0}^{j} b_i\, n^i\right) \Leftrightarrow k \leq j$.

---

[1] Dabei ist n keine Funktion, sondern eine Vorschrift zur Berechnung von Funktionswerten.

(ii) $\displaystyle\sum_{i=0}^{k} a_i\, n^i \in \Omega\left(\sum_{i=0}^{j} b_i\, n^i \right) \Leftrightarrow k \geq j.$

(iii) $\displaystyle\sum_{i=0}^{k} a_i\, n^i \in \Theta\left(\sum_{i=0}^{j} b_i\, n^i \right) \Leftrightarrow k = j.$

(d) Für Logarithmen ist die Betrachtung der Basiszahl im Zusammenhang mit Wachstumsklassen irrelevant, denn es gilt: $\Theta(\log_2 n) = \Theta(\log_b n)$, für jede positive, reelle Zahl b. Dies ist aufgrund von $\log_b n = \log_b 2 * \log_2 n$ leicht einzusehen.   ∎

Wir greifen nun erneut das Suchproblem auf und ermitteln die Zeitkomplexität des sequentiellen und des binären Suchens:

(2.43) Beispiel: Komplexität des sequentiellen Suchens

Der Algorithmus zum sequentiellen Suchen lautet wie folgt (vgl. Beispiel 2.14):

```
ALGORITHMUS seq_suche;
BEGIN
    Eingabe: k1,..., kn, k;
    i := 0;
    REPEAT
        i := i + 1
    UNTIL (k < ki) oder (i - n + 1);
    Ausgabe: i
END;
```

Es sei jetzt $e ::= (k_1, k_2, ..., k_n, k)$ eine konkrete Eingabe mit der Folgenlänge n, und es sei $j ::= j(e)$ die zugehörige Ausgabe. Dann gilt zunächst $j \in \{1, ..., n + 1\}$. Ferner wird die repeat-Schleife genau j-mal durchlaufen.

Da außerhalb der Schleife nur eine Elementaroperation vorkommt (von der Ein-/Ausgabe abgesehen), innerhalb dagegen sechs, erhält man:

$$t(\text{seq\_Suche}; n, e) = 6j + 1.$$

Dann folgt für die Komplexität im besten, schlechtesten und durchschnittlichen Fall:

- $T_{min}(\text{seq\_suche}; n) = 7.$

- $T_{max}(\text{seq\_suche}; n) = 6(n + 1) + 1 = 6n + 7 \approx 6n.$

- $T_{avg}(\text{seq\_suche}; n) = \dfrac{1}{(n+1)} \displaystyle\sum_{j=1}^{n+1} (6j + 1) = 3n + 7 \approx 3n.$

Somit ergibt sich, daß die Zeitkomplexität im Durchschnitt und im schlechtesten Fall in $O(n)$ liegt, d.h. der Zeitbedarf des sequentiellen Suchens hängt linear von n ab. Zudem ist anzumerken, daß bei der durchschnittlichen Komplexität $T_{avg}(\text{seq\_suche}; n)$ über die möglichen Positionen von k in der Folge $k_1, k_2, ..., k_n$ gemittelt wurde. Man erwartet also, daß für diese Positionen eine Gleichverteilung angenommen werden kann – eine Annahme, die nicht immer realistisch ist.   ∎

(2.44) Beispiel: Komplexität des binären Suchens

Der Algorithmus zum binären Suchen lautet wie folgt:

```
ALGORITHMUS bin_suche;
BEGIN
    Eingabe: k1,..., kn, k;
    Li := 0;
    Re := n + 1;
    WHILE Li < Re - 1 DO
        M := (Li + Re) DIV 2;
        IF k < kM
        THEN Re := M
        ELSE Li := M
        END (* IF *)
    END (* WHILE *);
    Ausgabe: Re
END;
```

Wie im letzten Beispiel bezeichne e ::= $(k_1, k_2, ..., k_n, k)$ eine konkrete Eingabe mit der Folgenlänge n und j ::= j(e) die zugehörige Ausgabe. Entscheidend für die Komplexität des Algorithmus ist, wie häufig die while-Schleife durchlaufen wird. Es bezeichne w(n,e) die Anzahl der Durchläufe durch die Schleife bezüglich einer Eingabe e mit der Folgenlänge n. Dann gilt:

t(bin_suche; n, e) = 7 * w(n,e) + 5,

denn innerhalb der while-Schleife werden sieben und außerhalb drei Elementaroperationen ausgeführt, und der letzte (negative) Test der Schleifenbedingung ist ebenfalls zu berücksichtigen. Wir begnügen uns damit, für w(n,e) eine Abschätzung nach oben zu finden. Dazu bezeichne $w_{max}(n)$ die kleinste obere

Schranke für die Anzahl der Durchläufe durch die while-Schleife für *alle* Folgen der Länge n und für alle möglichen Vergleichsschlüsselwerte. Es gilt sicherlich $w(n,e) \leq n$ für alle möglichen Eingaben e. Deshalb gibt es für jedes n mindestens eine obere Schranke und damit auch eine *kleinste* obere Schranke.

Aufgrund des Aufbaus der Schleife erkennt man:

(1) $w_{max}(n) \leq 1 + w_{max}(\frac{n}{2})$, falls n gerade,

(2) $w_{max}(n) \leq 1 + w_{max}(\frac{n+1}{2})$, falls n ungerade,

denn bei jedem Durchlauf durch die Schleife wird die Folge entweder genau halbiert (n gerade), oder sie hat anschließend die Länge (n-1)/2 oder (n+1)/2 (n ungerade). Im ersten Fall folgt Ungleichung (1), im zweiten Fall gilt zunächst

$$w_{max}(n) \leq \max \{1 + w_{max}(\tfrac{n+1}{2}), \ 1 + w_{max}(\tfrac{n-1}{2})\}.$$

Das Ergebnis des zweiten Terms stimmt mit $1 + w_{max}((n+1)/2)$ überein, da die Funktion w_{max} monoton ist. Somit gilt auch Ungleichung (2). Wir zeigen jetzt:

Behauptung: Es gelte $2^k < n \leq 2^{k+1}$, mit $k \in \mathbb{N}_0$ und $n \in \mathbb{N}$. Dann folgt:

$$w_{max}(n) \leq k + 2.$$

Beweis: Wir führen den Beweis durch vollständige Induktion über k.

Induktionsanfang: Wir betrachten den Fall $k = 0$. Dann gilt zunächst $n = 2$, d.h. die Folge hat genau 2 Elemente. Im Algorithmus wird zuerst Li = 0 und Re = 3 gesetzt, und man kann unmittelbar einsehen, daß die Schleife höchstens zweimal durchlaufen wird. Somit gilt $w_{max}(2) \leq 2$.

Induktionsannahme: Die Behauptung sei jetzt wahr für eine Zahl $k \in \mathbb{N}_0$.

Induktionsschluß: Wir zeigen: Dann ist sie auch für $k + 1$ wahr. Es gelte also $2^{k+1} < n \leq 2^{k+2}$, mit $k \in \mathbb{N}_0$. Dann folgt aus der Induktionsannahme und aus den Ungleichungen (1) und (2):

- für gerades n: $w_{max}(n) \leq 1 + w_{max}(\frac{n}{2}) \leq k + 3$,

$$\text{da } 2^k < \frac{n}{2} \leq 2^{k+1}.$$

- für ungerades n: $w_{max}(n) \leq 1 + w_{max}(\frac{n+1}{2}) \leq k + 3$,

$$\text{da } 2^k < \frac{n+1}{2} \leq 2^{k+1}.$$

Somit gilt in jedem Fall $w_{max}(n) \leq k + 3$, und die Behauptung ist bewiesen.

Insgesamt erhalten wir für $2^k < n \leq 2^{k+1}$:

$$
\begin{aligned}
t(\text{bin\_suche}; n, e) &= & 7 * w(n,e) + 5 \\
&\leq & 7 * (k + 3) + 5 \\
&\leq & 7 * (\log_2 n + 3) + 5 \\
&= & 7 * \log_2 n + 26,
\end{aligned}
$$

und damit: $T_{max}(\text{bin\_suche}; n) \in O(\log_2 n)$. ■

Während die Zeitkomplexität beim sequentiellen Suchen *linear* von der Länge der Folge abhängt, besteht beim binären Suchen ein *logarithmischer* Zusammenhang zwischen der Folgenlänge und der Anzahl auszuführender Elementaroperationen (s. auch Bild 2.22). Das binäre Suchen ist damit wesentlich effizienter als das sequentielle Suchen.

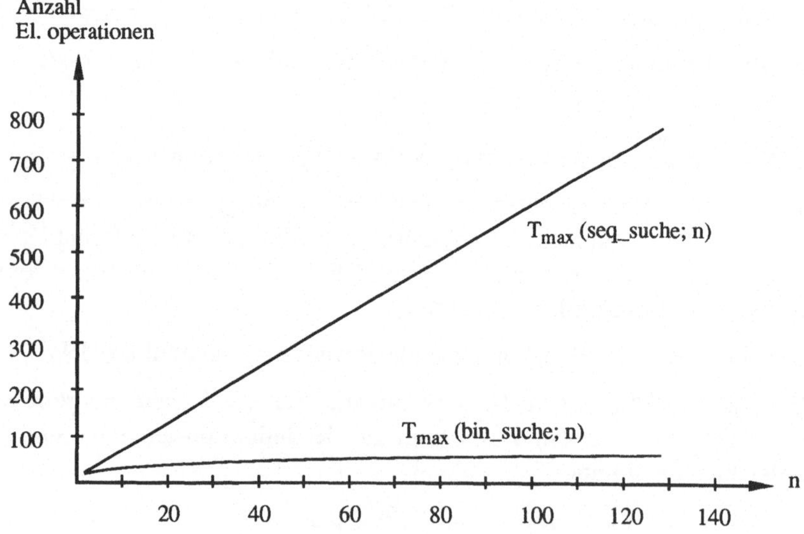

Bild 2.22: Komplexität von binärem und sequentiellem Suchen

Man unterscheidet verschiedene, typische Komplexitätsfunktionen für Algorithmen. Die wichtigsten sind in Bild 2.23 (für "große" Argumente n) und in Bild 2.24 (für "kleine" n) dargestellt. Es ist zu beachten, daß die Maßstäbe der x-Achse und der y-Achse in Bild 2.23 im Verhältnis 1:5 stehen.

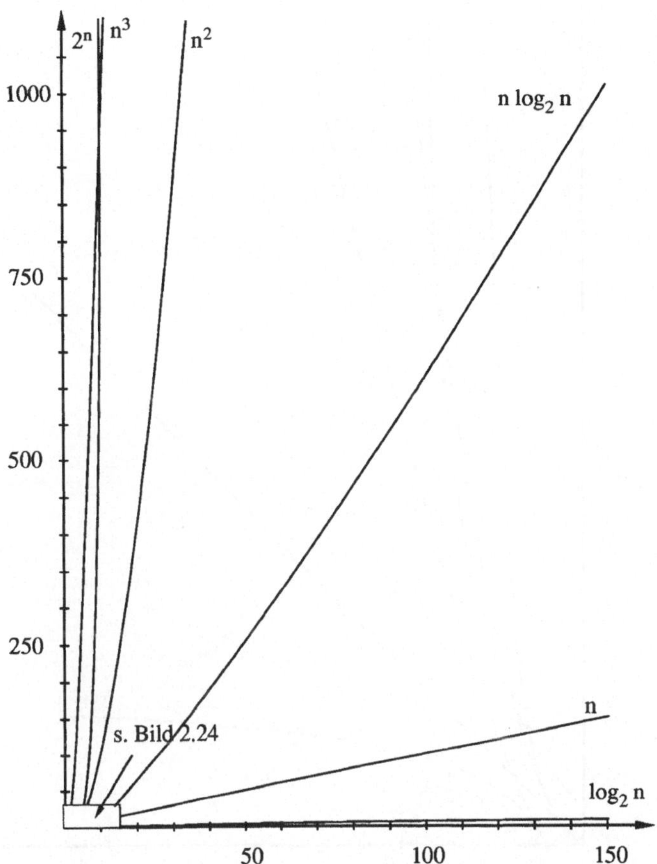

Bild 2.23: Darstellung verschiedener Komplexitätsfunktionen ("große" n)

In Bild 2.23 wird deutlich, daß Komplexitätsfunktionen der Klasse $O(\log_2 n)$ sehr günstig sind, während solche der Klasse $O(2^n)$ für große n nicht akzeptabel sind. Dazwischen gibt es Funktionen, die für die Komplexität von Algorithmen teils noch als akzeptabel anzusehen sind, teils aber auch nicht. Im einzelnen ist dies aber von der zu erwartenden Größe der Problemausprägungen abhängig.

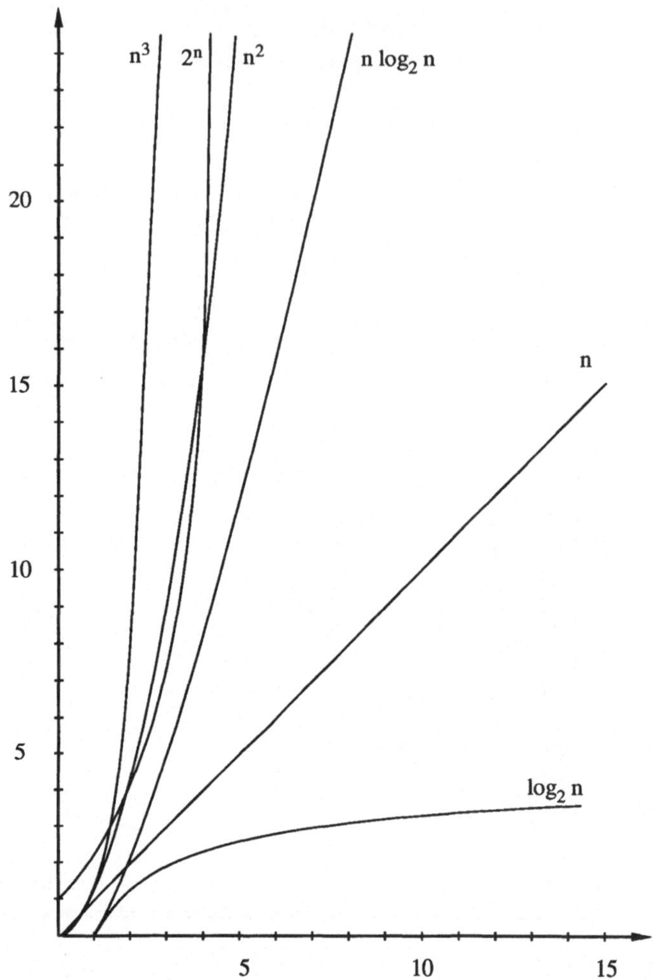

Bild 2.24: Darstellung verschiedener Komplexitätsfunktionen ("kleine" n)

Die Klassen im einzelnen:

- $O(\log_2 n)$: *Logarithmische Komplexität:* Die Laufzeit des Algorithmus wächst wesentlich schwächer als n. Eine Verdopplung von n bedeutet einen Anstieg der Laufzeit um die additive Konstante $\log_2 2 = 1$.

- $O(n)$: *Lineare Komplexität:* Die Laufzeit des Algorithmus wächst proportional zu n. Eine Verdopplung von n hat (größenordnungsmäßig) eine Verdopplung der Laufzeit zur Folge.

- $O(n \log_2 n)$: *Leicht überlineare Komplexität:* Die Laufzeit des Algorithmus wächst etwas stärker als n. Eine Verdopplung von n hat etwas mehr als eine Verdopplung der Laufzeit zur Folge. Genauer bedeutet eine Verdopplung von n eine Multiplikation mit dem folgenden Faktor, der für große n gegen 2 konvergiert: $2 + 2 / \log_2 n$.

- $O(n^2)$: *Quadratische Komplexität:* Die Laufzeit des Algorithmus wächst wesentlich schneller als n. Eine Verdopplung von n bewirkt eine Vervierfachung der Laufzeit.

- $O(n^3)$: *Kubische Komplexität:* Eine Verdopplung von n bedeutet eine Verachtfachung der Laufzeit (für große n nicht akzeptabel).

- $O(2^n)$: *Exponentielle Komplexität:* Eine Verdopplung von n bedeutet eine Quadrierung der Laufzeit (für große n katastrophal).

Eine Gegenüberstellung einiger Werte dieser typischen Funktionen zeigt Bild 2.25. Daran wird deutlich, wie drastisch sich die betrachteten Funktionen für große n unterscheiden. Zum Vergleich: Die Anzahl der Protonen im bekannten Weltall wird auf eine 126-stellige Zahl geschätzt.

	10	*50*	*100*	*300*	*1000*
$\log_2 n$	3	6	7	8	10
n	10	50	100	300	1000
$n \log_2 n$	33	282	665	2469	9966
n^2	100	2500	1000	90000	10^6
n^3	1000	125000	10^6	$27 * 10^6$	10^9
2^n	1024	16-stellige Zahl	31-stellige Zahl	91-stellige Zahl	302-stellige Zahl

Bild 2.25: Werte verschiedener Komplexitätsfunktionen

Die Groß-Oh-Notation beschreibt das Wachstum von Funktionen für große n, genauer gesagt gibt sie das asymptotische Verhalten einer Funktion für $n \to \infty$ an. Deshalb sollte man beachten:

- Für große Problemausprägungen sind Aussagen, die mit dieser Notation gemacht werden, meist relativ genau zutreffend. Das Wachstum ist dann im allgemeinen nur sehr gering abhängig von konstanten Summanden oder Faktoren. Entscheidend ist dagegen die höchste Potenz von n bzw. $\log_2 n$.

Aber trotzdem sollte man kritisch sein. Zum Beispiel hat der Faktor 10000 bei der Funktion $10000 \log_2 n$ ein wesentlich stärkeres Gewicht als die Funktion $\log_2 n$ – selbst für sehr große Zahlen n. Dagegen ist dieser Faktor bei der Funktion $10000 n^3$ bereits für recht kleine n vernachlässigbar klein.

• Bei kleinen Problemausprägungen kommt den konstanten Faktoren und Summanden eine große Bedeutung zu, und die Aussagen der Groß-Oh-Notation sind im allgemeinen sehr unpräzise und irreführend.

Es ist bereits an der Tabelle in Bild 2.25 deutlich geworden, daß Algorithmen mit Komplexitätsfunktionen der Klassen $O(n^2)$ und $O(n^3)$ vielleicht gerade noch für die Praxis brauchbar sein können. Wir nennen einen Algorithmus *polynomiell*, falls seine (Zeit-)Komplexitätsfunktion ein Polynom, d.h. von der Form $p(n) = a_k n^k + a_{k-1} n^{k-1} + \ldots + a_1 n + a_0$ ist. Ein solches Polynom gehört zur Klasse $O(n^k)$. Dagegen sprechen wir von einem *exponentiellen* Algorithmus, falls die entsprechende Komplexitätsfunktion in einer Klasse der Form $O(a^n)$, mit $a > 1$, liegt. Exponentielle Algorithmen können allenfalls für sehr kleine Problemausprägungen eingesetzt werden, für größere Ausprägungen sind sie dagegen vollkommen ungeeignet. Das folgende Schaubild (Bild 2.26) soll dies noch einmal verdeutlichen.

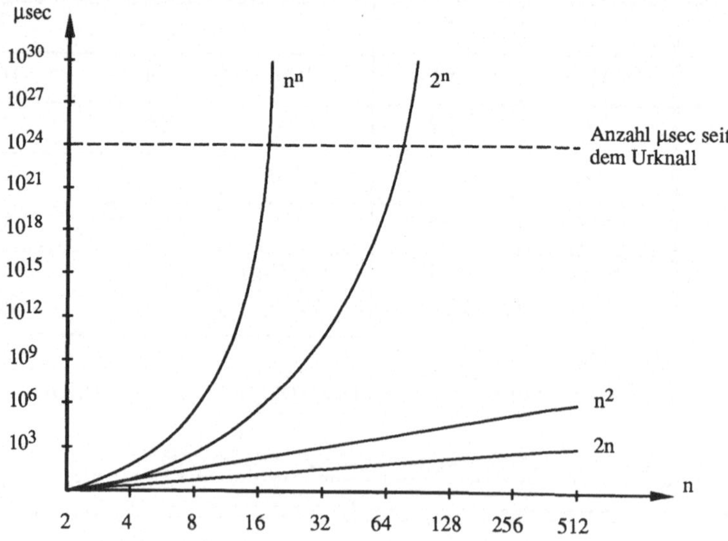

Bild 2.26: "Zeitverbrauch" in µsec bei verschiedenen Komplexitätsfunktionen

In Bild 2.26 wird davon ausgegangen, daß ein Prozessor eine Mikrosekunde (1 µsec = 10^{-6} sec) zur Ausführung einer Elementaroperation benötigt. Dann stellt sich heraus, daß bei den Komplexitätsfunktionen 2^n und n^n bereits für Problemgrößen 80 bzw. 19 so viel Zeit für die Berechnung verbraucht würde, wie seit dem Urknall (Entstehung des Universums) bis heute vergangen ist – eine wahrlich astronomische Vorstellung.

Für die exakte Lösung vieler Probleme sind bislang nur exponentielle Algorithmen bekannt. Will man trotzdem größere Problemstellungen zu Problemen dieser Art behandeln, so besteht ein möglicher Ausweg darin, sich mit Näherungsverfahren (heuristischen Verfahren) zu begnügen.

(2.45) Beispiel: Hamilton´scher Kreis

Wir betrachten das folgende Problem: Ein Reisender will verschiedene Städte besuchen. Zwischen einigen dieser Städte gibt es Verkehrsverbindungen. Der Reisende will sich eine Rundreise durch die Städte derart zurechtlegen, daß jede Stadt exakt einmal bereist wird. Zum Schluß will er wieder in der Ausgangsstadt ankommen.

Eine gültige Rundreise für die folgenden Städteverbindungen (Knoten bedeuten Städte, Kanten bedeuten Verkehrsverbindungen) ist beispielsweise: 1, 2, 3, 4, 5, 6, 7, 8, 1.

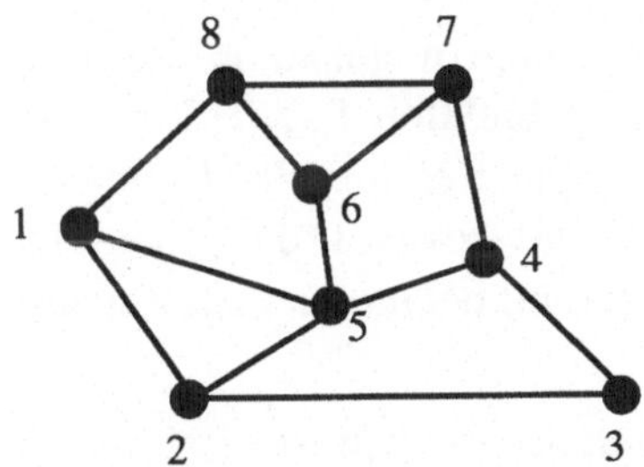

Die Problemstellung kann man – etwas allgemeiner – folgendermaßen spezifizieren:

Eingabe: Ein ungerichteter Graph G bestehend aus einer nichtleeren, endlichen Knotenmenge E und einer Kantenmenge K:

$E = \{e_1, e_2, ..., e_n\}$, $K \subseteq E \times E$, symmetrisch.

Ausgabe: "Ja", falls es eine Folge $F = e_{i_1}, e_{i_2}, ..., e_{i_n}$ gibt, für die gilt:

(i)   Sie enthält jeden Knoten aus E genau einmal.

(ii) $(e_{i_1}, e_{i_2}), (e_{i_2}, e_{i_3}), ..., (e_{i_{n-1}}, e_{i_n}), (e_{i_n}, e_{i_1}) \in K$.

Eine solche Folge F in einem Graphen wird auch ein *Hamilton'scher Kreis* genannt. Wir geben einen sehr groben und naiven Algorithmus an, mit dem man feststellen kann, ob ein Graph einen derartigen Kreis enthält:

```
ALGORITHMUS HZ;
BEGIN
   Eingabe: E, K;
   gefunden := false;
   REPEAT
       "Berechne Permutation e_i1, e_i2, ..., e_in der Knoten";
       IF {(e_i1,e_i2),(e_i2,e_i3) ...,(e_in,e_i1)} ⊆ K"
       THEN gefunden := TRUE;
           Ausgabe: ja
       END (* IF *)
   UNTIL gefunden oder "alle Permutationen ausprobiert";
END.
```

Die systematische Berechnung von Permutationen ist nicht näher spezifiziert. Sie ist recht einfach und kann zum Beispiel durch Hochzählen der Indizes erfolgen.

Da es zu einer Folge der Länge n genau n! Permutationen gibt, hat der Algorithmus eine Komplexitätsfunktion $T_{max}(HZ; n) \in O(n!)$. Dieser Algorithmus läßt sich mit dem heutigen Kenntnisstand nur unwesentlich verbessern, d.h. bisher ist kein Algorithmus bekannt, der jeden Hamilton'schen Kreis in einem Graph findet und dabei mit polynomiellem Zeitaufwand auskommt.   ■

Das soeben betrachtete Rundreiseproblem ist somit nur für sehr kleine Graphen algorithmisch lösbar. Es gibt eine Vielzahl ähnlicher Probleme, von denen ebenfalls nur Algorithmen mit exponentieller Komplexität bekannt sind. Meist sind dies Algorithmen, bei denen man die Lösung durch ein *erschöpfendes Suchen*, d.h. durch systematisches Ausprobieren aller möglichen Lösungen, erhält. Als weiteres Beispiel werden wir in Abschnitt 2.6 noch das sogenannte Rucksackproblem kennenlernen.

Von einem großen Teil dieser Probleme, bei denen man bisher nur über exponentielle Algorithmen verfügt, weiß man: Gibt es zu *einem* dieser Probleme einen *polynomiellen* Algorithmus, so gibt es zu allen anderen auch einen solchen. Es ist aber noch nicht gelungen, einen polynomiellen Algorithmus anzugeben, und höchstwahrscheinlich gibt es auch gar keinen.

Aufgaben zu 2.4:

1. Entwerfen Sie jeweils einen rekursiven und einen iterativen Algorithmus zur Berechnung der Fakultät einer natürlichen Zahl!

2. Gegeben sei die folgende Problemspezifikation für die Multiplikation zweier natürlicher Zahlen:

   Eingabe: $x, y \in \mathrm{IN}$.
   Ausgabe: $z = x * y$.
   Rahmenbedingungen: Elementaroperationen Zuweisung (:=), Addition (+), Subtraktion (-); Ablaufstrukturen Sequenz, while-Schleife.

   (a) Geben Sie einen Algorithmus A an, der das Problem gemäß der Spezifikation löst!

   (b) Weisen Sie die totale Korrektheit von A nach!

3. Weisen Sie durch geeignete Zusicherungen nach, daß der folgende *Euklidische Algorithmus* den größten gemeinsamen Teiler zweier natürlicher Zahlen berechnet:

```
ALGORITHMUS euklid;
BEGIN
    Eingabe: a, b;
    REPEAT
        r := a MOD b;
        a := b;
        b := r
    UNTIL r = 0;
    Ausgabe: a
END.
```

4. Es sei **P** die Menge aller Funktionen $f : \mathrm{IN} \to \mathrm{IR}$. Ferner seien

   $M_1 ::= \{ (f, g) \in \mathbf{P} \times \mathbf{P} \mid f \in O(g) \}$ und
   $M_2 ::= \{ (f, g) \in \mathbf{P} \times \mathbf{P} \mid f \in \Theta(g) \}$.

   Weisen Sie nach:

   (a) M_1 ist Präordnung, d.h. reflexiv und transitiv.

   (b) M_2 ist Äquivalenzrelation, d.h. reflexiv, transitiv und symmetrisch.

5. Gegeben sei der folgende Algorithmus "sort", der eine Folge von Schlüsselwerten k_1, k_2, ..., k_n gemäß der totalen Ordnung $\preccurlyeq$ sortiert und anschließend in sortierter Reihenfolge ausgibt. Dabei bezeichne a[i] das Folgenelement an Position i. (Zu Anfang gilt a[1] = k_1, ..., a[n] = k_n).

```
ALGORITHMUS sort;
BEGIN
    Eingabe: k1,..., kn;
    i := 1;
    WHILE i < n DO
        m := i;
        j := i + 1;
        REPEAT
            IF a[j] ≺ a[m]
            THEN m := j
            END (* IF *);
            j := j + 1;
        UNTIL j > n;
        "vertausche a[i] und a[m]";
        i := i + 1;
    END (* WHILE *);
    Ausgabe: a[1],...,a[n];
END.
```

(a) Beschreiben Sie in Worten die Funktionsweise des Algorithmus!

(b) Bestimmen Sie rechnerisch die Größenordnung von T_{max}(sort; n) und von T_{min}(sort; n). Gehen Sie davon aus, daß die Operation "vertausche a[i] und a[m]" 3 Elementaroperationen benötigt.

6. (a) Formulieren Sie einen rekursiven Algorithmus, der zu einer natürlichen Zahl n ≤ 100 alle Teilmengen der Menge {1, ..., n} ausgibt. Dabei soll der Wert von n nicht fest sein, sondern eingelesen werden.

    Probieren Sie aus, wie Ihr Algorithmus für n = 2 arbeitet!

(b) Welche Zeitkomplexität hat Ihr Algorithmus größenordnungsmäßig in Abhängigkeit von n ?

7. Die Abbildungen f, g : $\text{IN} \to \text{IN}$ seien definiert durch

$$f(n) ::= \begin{cases} n^2, & \text{falls n Primzahl} \\ n^3, & \text{sonst.} \end{cases}$$

$$g(n) ::= \begin{cases} n^2, & \text{falls n ungerade} \\ n^3, & \text{sonst.} \end{cases}$$

Zeigen oder widerlegen Sie:

(a) $f \in O(g)$ (b) $g \in O(f)$.

8. Betrachten Sie ein Polynom der Form $p(x) = \sum_{i=0}^{n} a_i\, x^i$.

Der folgende Algorithmus (sog. *Horner-Schema* oder *Horner-Algorithmus*) berechnet den Wert $p(x)$ an einer Stelle x:

```
ALGORITHMUS horner;
BEGIN
   Eingabe: x;
   p := 0;
   FOR i = n DOWNTO 0 DO
      p := x * p + a_i;
   END (* FOR *);
   Ausgabe: p
END.
```

(a) Betrachten Sie das Polynom $x^3 - 2x^2 + 3x - 1$, und wenden Sie den Algorithmus auf $x = 1$ und $x = 2$ an!

(b) Begründen Sie, warum der Algorithmus korrekt ist!

(c) Schätzen Sie die Zeitkomplexität in geeigneter Weise ab!

9. Gegeben seien zwei Zeichenfolgen T: $t_1, t_2, ..., t_n$ und P: $p_1, p_2, ..., p_m$. Es soll getestet werden, ob die Zeichenfolge P in T ohne Unterbrechung vorkommt.

(Zum Beispiel: Die Folge c, d, e kommt in a, b, c, d, e, f vor.)

(a) Spezifizieren Sie das Problem möglichst genau.

(b) Entwerfen Sie einen Algorithmus, der das Problem löst.

(c) Überprüfen Sie die Korrektheit Ihres Algorithmus durch Testen:

Welche Klasseneinteilung für die möglichen Testfälle bietet sich bei einem funktionalen Test an?

Zeichnen Sie den Kontrollflußgraphen zu Ihrem Algorithmus, und geben Sie eine möglichst kleine Auswahl von Testfällen an, mit denen sie alle Zweige des Algorithmus durchlaufen können.

(d) Welche Zeitkomplexität hat Ihr Algorithmus im schlechtesten Fall?

2.5 Entwurfsmethoden für Algorithmen

2.5.1 Vorbemerkung

Alle Algorithmen, die wir bisher entworfen oder untersucht haben, waren recht kurz und einfach strukturiert. Basierend auf der Spezifikation eines Problems ist der Entwurf eines so einfachen Algorithmus meist eine recht leichte Aufgabe.

Es sind aber nicht alle Probleme derart, daß man die entsprechenden Algorithmen ohne großen Aufwand "direkt hinschreiben" kann. Gerade die Problemstellungen in der Praxis sind oft sehr umfangreich und wenig überschaubar. Deshalb bietet es sich an, den Entwurf von Algorithmen zu systematisieren und zu vereinheitlichen sowie Regeln und Techniken für einen "guten" Entwurf anzugeben.

Der Entwurf von Algorithmen bzw. allgemeiner die Entwicklung von Software ist ein Teilgebiet des Software-Engineering. Es gibt gibt eine Vielzahl an Prinzipien, Techniken und organisatorischen Maßnahmen, die geeignet sind, die Erstellung von Software komfortabel, weitgehend fehlerfrei und wirtschaftlich zu machen. Es werden bereits seit längerem computergestützte Softwareentwicklungstools und -systeme benutzt, die dies ermöglichen. Wir wollen an dieser Stelle allerdings nicht den Gesamtprozeß der Softwareerstellung betrachten, sondern erörtern lediglich den Entwurf von Algorithmen. Beispielweise werden wir nicht auf Charakteristika von Programmiersprachen oder die Verwaltung von Programmversionen eingehen.

Für den Entwurf von Algorithmen stellen wir folgende Forderungen auf:

- Der Entwurf soll in systematischer und nachvollziehbarer Weise erfolgen. Dies ermöglicht ein systematisches Testen und (zumindest teilweise) eine Verifikation. Zudem erleichtert es die Pflege, Wartung und Erweiterung des fertigen Programms.

- Bei großen Problemstellungen soll der Entwurf arbeitsteilig erfolgen, d.h. man sollte frühzeitig eine Strukturierung und eine Zerlegung in Teilprobleme vornehmen.

- Der Algorithmus sollte nicht mehr Ressourcen als notwendig verbrauchen, d.h. er sollte effizient bezüglich des Verbrauchs an Rechenzeit und Speicherplatz sein.

Bei der Methodik des Algorithmenentwurfs unterscheiden wir die beiden folgenden Aspekte:

- *Entwurfsprinzipien* sind allgemeingültige und anerkannte Konzepte und Richtlinien des Entwurfs, die universell anwendbar sind.

- *Entwurfstechniken* sind dagegen im speziellen anwendbare Verfahren und Vorgehensweisen für den Entwurf.

2.5.2 Entwurfsprinzipien

Unter Entwurfsprinzipien verstehen wir, wie gesagt, allgemeingültige Konzepte und Richtlinien für den Algorithmenentwurf. Sie unterstützen die ingenieurmäßige Erstellung von "guter" Software. Die wichtigsten dieser Konzepte sind:

- Schrittweise Verfeinerung
- Modularisierung
- Strukturierung

Diese Prinzipien sind nicht vollkommen getrennt voneinander zu betrachten, sondern sie wirken teilweise überlappend bzw. greifen ineinander.

2.5.2.1 Schrittweise Verfeinerung

Die zur Verfügung stehenden elementaren Operationen zur Beschreibung von Algorithmen sind im allgemeinen sehr einfach. Wenn man einen Algorithmus als eine komplexe Operation auffaßt, die sich aus vielen elementaren Operationen und Ablaufstrukturen zusammensetzt, so liegt die Frage nahe, wie man diesen großen Schritt – von den elementaren Operationen zu der komplexen Operation und umgekehrt – überschaubar darstellen und möglichst einfach machen kann.

Bei der *schrittweisen Verfeinerung* geht man so vor: Man entwirft zunächst einen sehr groben Algorithmus, der mit sehr abstrakten Operationen und Datentypen arbeitet. Man kann sich dabei vorstellen, daß es einen Prozessor gibt, der diese abstrakten Befehle verstehen und ausführen kann. Im nächsten Schritt verfeinert man diese Befehle, d.h. man "implementiert" sie mit weniger abstrakten Operationen und Datentypen. Dies wiederholt man so lange, bis man einen Algorithmus hat, der nur die zur Verfügung stehenden Ablaufstrukturen und Elementaroperationen enthält.

(2.46) Beispiel: Sortieren durch direktes Einfügen

Das Problem besteht also darin, eine vorgegebene Folge k_1, k_2, ..., k_n von Schlüsselwerten entsprechend einer ebenfalls vorgegebenen Ordnung $\prec$ anzuordnen. Um nicht die Numerierung der konkreten Schlüsselwerte k_1, k_2, ..., k_n und ihre jeweilige Position in der Folge zu verwechseln, bezeichne jeweils a[i] das Folgenelement an Position i. (Zu Anfang gilt a[1] = k_1, ..., a[n] = k_n).

Bei der ersten Version gehen wir davon aus, daß es eine abstrakte Operation gibt, die das Problem löst. Damit wird praktisch nur die Problemstellung wiederholt.

Version 1:   Sortiere $(k_1, \ldots, k_n)$;

Nun überlegen wir uns einen einfachen Algorithmus, der die erste Version verfeinert. Zunächst ist klar, daß jede einelementige Folge sortiert ist. Ferner erhält man aus einer sortierten Folge mit i - 1 Elementen eine solche mit i Elementen, falls das i-te Element an der richtigen Position eingefügt wird.

Version 2:
```
          FOR i := 2 TO n DO
               "füge i-tes Element a[i] in (a[1],...,
               a[i-1]) an der richtigen Stelle ein"
          END (* FOR *);
```

Damit hat man einen ersten groben Algorithmus, der bereits die zentrale Idee vom sogenannten "Sortieren durch direktes Einfügen" widerspiegelt. Die grob angegebene Operation innerhalb der for-Schleife wird jetzt weiter verfeinert.

Version 3:
```
          FOR i := 2 TO n DO
               j := i - 1;
               WHILE (j ≠ 0) AND (a[i] ≺ a[j]) DO
                    j := j - 1
               END (* WHILE *);
               "füge a[i] an (j+1)-ter Stelle ein";
          END (* FOR *);
```

In dieser Version wird zunächst die Variable j heruntergezählt, bis man bei einer Position j ankommt, an der das Element a[j] kleiner ist als der Schlüsselwert a[i] an Position i. Anschließend ist a[i] an der Stelle j + 1 einzufügen. Das Einfügen wird in Version 4 konkretisiert. Es kann unter Benutzung der gleichen Wiederholungsschleife realisiert werden, in der die Variable j heruntergezählt wird. Bei jedem Verringern von j um 1 wird das Element a[j] an die Position j + 1 geschrieben. Damit wird die gesamte Teilfolge, deren Elemente größer sind als a[i], um eine Position nach rechts verschoben. Anschließend wird a[i] auf den "freien Platz" j + 1 gesetzt.

Version 4:
```
            FOR i := 2 TO n DO
                j := i - 1;
                k := a[i];
                WHILE (j ≠ 0) AND (a[i] < a[j]) DO
                    a[j+1] := a[j];
                    j := j - 1
                END (* WHILE *);
                a[j+1] := k;
            END (* FOR *);
```

Dieser Algorithmus ist korrekt, d.h. er realisiert das Sortieren von Folgen in der zuvor spezifizierten Weise (s. Beispiel 2.9). ∎

Bei der schrittweisen Verfeinerung verfeinert man im wesentlichen die funktionale Beschreibung eines Problems so weit, bis alle Funktionen elementar, d.h. durch Elementaroperationen realisierbar, sind. Mit Hilfe dieses Entwurfsprinzips können verschiedene Teile eines Algorithmus getrennt voneinander bearbeitet werden. Von bestimmten Details kann abstrahiert werden, und der Programmierer kann sich jeweils auf eine Teilaufgabe konzentrieren.

Gleichzeitig mit dem Entwurf von Algorithmen müssen auch geeignete Datenstrukturen gewählt und konkretisiert werden. Im obigen Beispiel bietet es sich zum Beispiel an, die betrachtete Folge durch ein Feld (array) oder eine lineare Liste darzustellen, was durch die Benutzung der Variablen a[i] bereits angedeutet worden ist. Diese Auswahl von Datenstrukturen kann ebenfalls durch schrittweises Verfeinern unterstützt werden.

Es ist aber sinnvoll, daß man die simultane Verfeinerung und Konkretisierung von Operationen, Datenstrukturen und Kontrollflüssen (Ablaufstrukturen) aufeinander abstimmt, d.h. diese einzelnen Bestandteile von Algorithmen sollten möglichst auf einem einheitlichen Niveau verfeinert werden.

Das "Top-Down"-Vorgehen der schrittweisen Verfeinerung ist uns auch aus dem Alltag bekannt. Eine Verfeinerung im Sinne einer Konkretisierung oder genaueren Beschreibung von Sachverhalten tritt zum Beispiel bei Stücklisten oder allgemeiner bei der Beschreibung von hierarchisch aufgebauten Objekten auf.

(2.47) Beispiel: Beschreibung eines Autos

Ein Auto ist im allgemeinen wie folgt aufgebaut (s. Bild 2.27):

- Aus einem sehr groben Blickwinkel besteht es aus einem Fahrwerk, dem Antrieb, den Aufbauten und der Elektrik.

- Diese einzelnen Teile können weiter verfeinert werden. So besteht die Elektrik aus einer Spannungsquelle und mehreren Verbrauchern.

- In einem weiteren Verfeinerungsschritt kann man die Spannungsquelle in Lichtmaschine und Batterie zerlegen, etc.

Insgesamt erhält man eine baumartige Struktur. Die Blätter dieses Baumes sind Bestandteile, die nicht weiter zerlegt und als elementar angesehen werden.

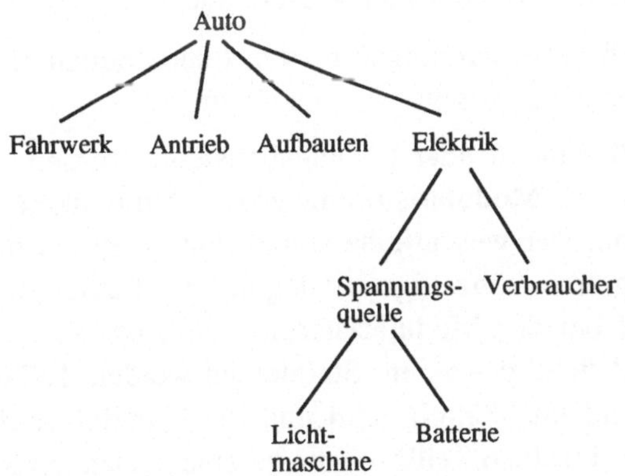

Bild 2.27: Hierarchischer Aufbau eines Autos

Im Gegensatz zum Top-Down-Entwurf steht der sogenannte *Bottom-Up-Entwurf*. Dabei werden zunächst abgeschlossene Teilaufgaben durch Programmstücke realisiert, die dann zu größeren Einheiten zusammengefügt werden. Bei manchen Aufgabenstellungen ist auch dieses Vorgehen sinnvoll, obwohl es weniger zielgerichtet ist als ein Top-Down-Vorgehen. Zum Beispiel bietet es sich bei mathematischen Aufgabenstellungen an, bei denen beispielsweise zuerst einfache arithmetische Operationen und später kompliziertere Operationen – wie Matrizenrechnung oder numerische Integration – realisiert werden. Ein anderer, sinnvoller Einsatz dieser Vorgehensweise ist die Erstellung von Programmbibliotheken. Dabei sollte man ebenfalls zuerst einfache Standardalgorithmen entwerfen und diese später beim Entwurf komplizierterer Algorithmen verwenden.

2.5.2.2 Modularisierung

Eng verbunden mit der schrittweisen Verfeinerung ist das Prinzip der *Modularisierung*. Auch bei der Modularisierung geht es darum, die Komplexität einer Aufgabenstellung dadurch zu reduzieren, daß man Probleme zerlegt und gewisse Teilaufgaben zuerst löst und zunächst andere in den Hintergrund stellt.

Unter Modularisierung versteht man die Zerlegung eines Problems in Teilprobleme, die

- klar voneinander abgegrenzt sind,

- getrennt bearbeitet werden können,

- weitgehend unabhängig voneinander sind, und

- deren Lösungen nebenwirkungsfrei (d.h. ohne "Seiteneffekte") gegen Alternativlösungen ausgetauscht werden können.

Die einzelnen Teillösungen oder Lösungsbausteine werden *Module* genannt. Vordergründig hat die Modularisierung große Ähnlichkeit mit der schrittweisen Verfeinerung. Der wesentliche Unterschied liegt darin, daß die schrittweise Verfeinerung eine frühzeitige Festlegung der Reihenfolge von Befehlen erfordert, während bei der Modularisierung zunächst keine Reihenfolgeabhängigkeiten berücksichtigt werden. Stattdessen werden Teilaufgaben spezifiziert, die weitgehend unabhängig sind und die klar definierte Schnittstellen haben, über die die einzelnen Teillösungen zu einem späteren Zeitpunkt zusammengefügt werden können bzw. über die sie sich gegenseitig aufrufen können.

Die Vorteile der Modularisierung sind:

- Reduzierung der Komplexität eines Problems durch Zerlegung in überschaubare Einzelprobleme.

- Die einzelnen Module können unabhängig voneinander getestet oder verifiziert werden.

- Die einzelnen Module sind austauschbar und erweiterbar.

- Die Erstellung von Algorithmen und Software erfolgt nach dem "Baukastenprinzip". Es können individuelle Implementierungswünsche berücksichtigt werden.

Insgesamt ermöglicht die Modularisierung damit eine *wirtschaftliche* Erstellung von Software. Sie erlaubt meist einen unproblematischen und zügigen Übergang zu Nachfolgeversionen eines Softwareproduktes, sofern einzelne Module gegen andere (bessere) ausgetauscht werden.

(2.48) Beispiel: Wir untersuchen die Modulstruktur eines Programms zur Telegrammabrechnung. Ein Telegramm besteht aus einem Identifikations-Code und einer Folge von Wörtern (durch Leerzeichen getrennt). Es soll eine Abrechnungstabelle erstellt werden, in der für jedes Telegramm ein Tripel (Identifikations-Code, Wortzahl, Preis) eingetragen wird. Ferner soll die Gesamtwortzahl und der Gesamtpreis – summiert über alle Tripel der Tabelle – nach jedem Eintrag aktualisiert werden. Der Preis pro angefangene 12 Zeichen eines Wortes beträgt -,60 DM, der Mindestpreis eines Telegramms beträgt 4,20 DM. Auf Wunsch soll die Tabelle nach einem Eintrag ausgegeben werden können. Wir halten fest:

- Telegramm:
  - 6-stelliger Identifikations-Code
  - Folge von Wörtern (durch Leerzeichen getrennt)

- Preis:
  - pro angefangene 12 Zeichen eines Wortes: -,60 DM
  - Mindestpreis: 4,20 DM

- Abrechnungstabelle:
  - für jedes Telegramm: (Identifikations-Code, Wortzahl, Preis)
  - insgesamt: Gesamtwortzahl, Gesamtpreis.

Lösung:

Wir wählen eine Zerlegung in Module, die sich an der zeitlichen Abfolge der Bearbeitung von Telegrammen orientiert. Die einzelnen Module stellen geschlossene Einheiten bezüglich der Verarbeitung dar und lösen jeweils ein abgegrenztes Teilproblem. Man spricht in diesem Fall auch von einer *problemorientierten Modularisierung.*

Modul **Eingabe**:

- Einlesen eines Telegramms

Modul **Auswertung**:

- Wortzahl z feststellen
- Preis p berechnen
- Tripel (Identifikations-Code, z, p) bereitstellen

Modul **Tabelleneintrag**:

- Eintragung des Tripels in eine geordnete Tabelle
- Aktualisierung von Gesamtwortzahl und -preis

Modul **Ausgabe**:

- Ausgabe der gesamten Tabelle

Modul **Ablaufsteuerung**:

- Aufruf der einzelnen Module in richtiger Reihenfolge
- Fehlerbehandlung

Der Ablauf der Telegrammbearbeitung ist in Bild 2.28 schematisch dargestellt. Dabei bezeichnen einfache Pfeile ($\rightarrow$) den Steuerfluß, d.h. den Wechsel der Ausführung einzelner Module, und doppelte Pfeile ($\Rightarrow$) den Datenfluß, d.h. die Übergabe von Daten von einem Modul zu einem anderen. Es werden folgende Daten übergeben (vgl. Bild 2.28):

1: Telegramm in externer Darstellung

2: Telegramm in interner Darstellung

3: Abrechnungstripel

4: Tabelle in interner Darstellung

5: Tabelle in externer Darstellung

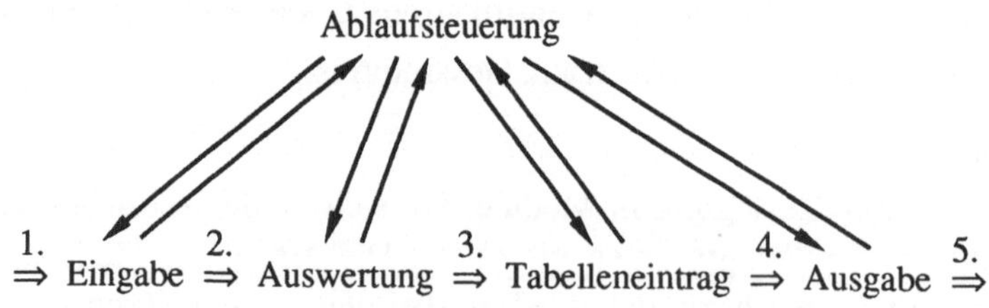

Bild 2.28: Darstellung der Abläufe zu Beispiel 2.48

Nach dieser Spezifikation der Modulstruktur (und eventuell weiteren Präzisierungen) können die einzelnen Module getrennt voneinander entworfen werden – beispielsweise mit dem Prinzip der schrittweisen Verfeinerung.   ■

Eine Einteilung in Module muß nicht zwangsläufig in der in Beispiel 2.48 angegebenen Weise erfolgen. Es gibt neben einer problemorientierten Zerlegung auch andere sinnvolle Möglichkeiten:

- Einteilung, die sich an der Bearbeitung bestimmter Daten orientiert (*datenorientierte Modularisierung*).

- Einteilung, die Algorithmen mit ähnlicher Funktionalität zusammenfaßt (*funktionsorientierte Modularisierung*).

Im obigen Beispiel ist auch die folgende datenorientierte Modularisierung denkbar:

Modul **Telegrammbearbeitung**:
- Einlesen eines Telegramms
- Telegrammauswertung
- Ausgabe des Tripels (Identifikations-Code, z, p)

Modul **Tabellenbearbeitung**:
- Einlesen eines Tripels (Identifikations-Code, z, p)
- Eintragen des Tripels in die Tabelle
- Aktualisierung von Gesamtwortzahl und -preis
- Ausgabe der Tabelle

etc.

Der Ablauf und der Datenfluß ändern sich dann in entsprechender Weise.

2.5.2.3 Strukturierung

Beim Entwurf von Algorithmen kommt der *Strukturierung* eine zentrale Bedeutung zu. Mit Strukturierung bezeichnen wir eine adäquate Darstellung der logischen Eigenschaften von Daten und Abläufen und der Zusammenhänge zwischen ihnen.

Moderne höhere Programmiersprachen stellen heutzutage eine ganze Reihe von Konzepten für die Strukturierung zur Verfügung. Man unterscheidet die beiden folgenden Aspekte:

* *Algorithmische Strukturierung*, d.h. die strukturierte Darstellung des logischen Ablaufs durch:

  - Sequenzen, d.h. lineare Abfolgen von Anweisungen,

  - Verzweigungen in Abhängigkeit von Bedingungen,

  - Wiederholungen von Anweisungsfolgen.

  Die meisten höheren Programmiersprachen verfügen nur über Kontrollstrukturen mit genau einem "Eingang" und einem "Ausgang". Damit werden "unkontrollierte Sprünge" verhindert, und die Programmstruktur bleibt übersichtlich.

* *Datenstrukturierung*, d.h. die Darstellung der logischen Eigenschaften und Beziehungen zwischen den zu bearbeitenden Objekten durch geeignete Datentypen. Dafür stehen bei höheren Programmiersprachen zur Verfügung:

  - einfache, statische Datentypen: INTEGER, REAL, BOOLEAN, ...

  - zusammengesetzte, statische Datentypen: ARRAY, RECORD, SET, ...

  - dynamische, Datentypen: Files, Listen, Keller, ...

Auf die Datenstrukturierung werden wir in Kapitel 3 ausführlich eingehen.

2.5.3 Entwurfstechniken

Entwurfstechniken umfassen Lösungswege und -konzepte, die im Einzelfall anwendbar sind. Sie sind also nicht für jede Problemstellung geeignet, und es ist für jedes Problem zu prüfen, welche der vorgestellten Techniken angewendet werden können.

Wir betrachten die folgenden Entwurfstechniken:

* Systematisches Probieren und Backtracking

* Divide and Conquer

* Transformation von Problemen

2.5.3.1 Systematisches Probieren und Backtracking

Bei der Technik des systematischen Probierens geht man von der Annahme aus, daß die Menge *möglicher Ausgabewerte* bekannt ist bzw. generiert werden kann (sie ist eventuell abhängig von den konkreten Eingabedaten). Diese Menge umfaßt die *gültigen Ausgabewerte*, d.h. diejenigen Ausgabewerte, die aufgrund einer konkreten Eingabe als Resultat ausgegeben werden müssen.

Der zu entwerfende Algorithmus durchsucht die Menge möglicher Ausgabewerte systematisch und prüft für jeden einzelnen Wert, ob er ein gültiger
Ausgabewert ist.

(2.49) Beispiel: Sequentielles Suchen

Im sequentiellen Suchalgorithmus aus Beispiel 2.14 wird systematisch für jedes
einzelne Folgenelement ausprobiert, ob es mit dem betrachteten Vergleichsschlüsselwert übereinstimmt. Falls dies zutrifft, wird die Position des Folgen-
elements ausgegeben.   ∎

Eine spezielle Form des systematischen Probierens ist das sogenannte *Backtracking*. Beim Backtracking kann man sich den gesamten Lösungsraum
baumartig angeordnet vorstellen, und ein Backtracking-Algorithmus durchläuft
diesen Baum in einer bestimmten Reihenfolge. Dabei wird in rekursiver Weise
ausgehend von einem Knoten des Baumes ein Nachfolgeknoten ausprobiert, dies
wieder rückgängig gemacht und ein anderer Nachfolgeknoten ausprobiert, etc.
Wir illustrieren dies an einem Beispiel.

(2.50) Beispiel: Das Rucksack-Problem

Es ist aus n Gegenständen, die jeweils ein Gewicht $x_1, ..., x_n$ haben, eine Teilmenge derart auszuwählen (und in einen Rucksack zu packen), daß das Gesamtgewicht der Teilmenge maximal ist, aber eine gewisse Grenze y nicht über-
schreitet.[1] Wir legen also fest:

- **Eingabe:** $x_1, ..., x_n$, mit $x_i > 0$ für jedes $i \in \{1, ...,n\}$;
  y, mit $y > 0$.

- **Ausgabe:** Menge $M \subseteq \{x_1, ..., x_n\}$, für die gilt:

$$\left(\sum_{x \in M} x \right) \le y \quad \text{und} \quad \left(\sum_{x \in M} x \right) \text{ ist maximal.}$$

Um eine Lösung durch systematisches Probieren zu berechnen, verschaffen wir
uns zunächst einen Überblick über die möglichen Lösungen. Es sind alle
Teilmengen der Menge $\{x_1, ..., x_n\}$, zu betrachten, und davon ist die optimale
Menge (oder eine der optimalen Mengen) den oben angegebenen Bedingungen

---

[1] Wir gehen stillschweigend davon aus, daß durch die Maximierung des Gewichts
     auch der Gesamtnutzen der Gegenstände maximiert wird.

entsprechend auszuwählen. Sämtliche Teilmengen von $\{x_1, ..., x_n\}$ kann man durch einen sogenannten *Entscheidungsbaum* oder auch *Lösungsbaum* veranschaulichen (s. Bild 2.29).

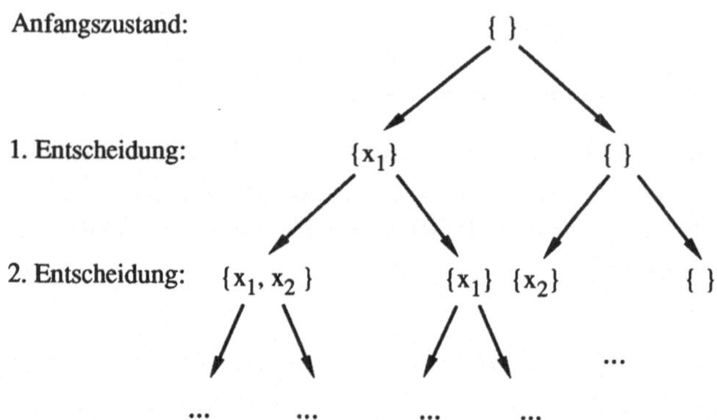

Bild 2.29: Entscheidungsbaum zum Rucksackproblem

Zu Anfang (in der Wurzel) hat man die leere Menge. Dann wird zuerst entschieden, ob man das Element x_1 zur Menge hinzufügt oder nicht. Für jede der dadurch entstandenen Mengen wird entschieden, ob x_2 hinzugefügt wird oder nicht. Auf diese Weise hat man bereits 4 Mengen erhalten. Man setzt den Vorgang fort, bis man sukzessive für jedes Element die Entscheidung getroffen hat. Die Blätter des Baumes in Bild 2.29 bilden schließlich die Gesamtheit aller Teilmengen von $\{x_1, ..., x_n\}$. Dies sind 2^n Stück, und jede solche Menge ist durch einen eindeutigen Pfad von der Wurzel zu einem Blatt erreichbar.

Der folgende rekursive Algorithmus "Rucksack1" leistet jetzt das Gewünschte. Durch seine rekursiven Aufrufe generiert er sukzessive sämtliche Teilmengen und durchläuft damit vollständig den Entscheidungsbaum.

Als Variablen werden benutzt:

M: enthält aktuelle Menge ausgewählter Zahlen aus $\{x_1, ..., x_n\}$,

M_{Opt}:   enthält zu jedem Zeitpunkt die bisher optimale Menge.

Es bezeichne Gewicht(M) die Summe $\sum\limits_{x \in M} x$.

Dann bedeutet der Ausdruck "prüfe Optimalität" im Algorithmus:

```
IF Gewicht(M) ≤ y und Gewicht(M) > Gewicht(M_Opt)
THEN M_Opt := M;
```

Das heißt, falls sich die aktuelle Menge M als "besser" herausstellt als das bisherige Optimum M_{Opt}, so erhält M_{Opt} den Wert von M.

```
ALGORITHMUS Rucksack1(i);
BEGIN
    IF i < n
    THEN Rucksack1(i + 1)
    ELSE "prüfe Optimalität"
    END (* IF *);
    M := M + {x_i};
    IF i < n
    THEN Rucksack1(i + 1)
    ELSE "prüfe Optimalität"
    END (* IF *);
    M := M - {x_i};
END.
```

Vor dem ersten Aufruf des Algorithmus werden $x_1, ..., x_n$ und y eingelesen sowie M und M_{Opt} mit der leeren Menge initialisiert. Der erste Aufruf des Algorithmus lautet:

```
    Rucksack1(1).
```

Der Algorithmus durchläuft alle 2^n Pfade des Entscheidungsbaumes und prüft, wenn er an einem Blatt angekommen ist, ob die dort stehende Menge "besser" ist als das aktuell angenommene Optimum M_{Opt}. ∎

Man kann sich leicht überlegen, daß mit dem obigen Algorithmus manche Pfade unnötigerweise bis zum Ende durchlaufen werden, obwohl eventuell vorher bereits das zulässige Maximum y überschritten worden ist und keine weiteren Alternativen mehr geprüft zu werden brauchen.

Diese Überlegung führt zur sogenannten *branch-and-bound*-Technik, bei der sinnlose Teilbäume eines Lösungsbaumes abgeschnitten werden. Damit wird der Suchraum verkleinert. Wir demonstrieren dies anhand einer Modifikation des obigen Algorithmus.

(2.51) Beispiel: Wir lassen den Algorithmus in seiner Grundidee unverändert und plazieren vor die zweite if-Anweisung lediglich eine Prüfung, die angibt, *ob das Gesamtgewicht* schon überschritten ist. Falls dies zutrifft, wird der gerade betrachtete Ast des Baumes nicht weiter durchlaufen. Damit erhalten wir den folgenden Algorithmus Rucksack2:

```
ALGORITHMUS Rucksack2(i);
BEGIN
    IF i < n
    THEN Rucksack2(i + 1)
    ELSE "prüfe Optimalität"
    END (* IF *);
    M := M + {x_i};
    IF Gewicht(M) ≤ y
    THEN IF i < n
            THEN Rucksack2(i + 1)
            ELSE "prüfe Optimalität"
            END (* IF *)
    END (* IF *)
    M := M - {x_i};
END.
```

Der Algorithmus liefert jeweils das gleiche Ergebnis wie Rucksack1, er ist allerdings effizienter. Es stellt sich die Frage, um wieviel seine Laufzeit geringer ist als die von Rucksack1. Dies hängt sicherlich davon ab, wie die obere Schranke y im Vergleich zu der Menge $\{x_1, ..., x_n\}$ gewählt wird. Für ein sehr großes y wird die Laufzeitverbesserung geringer sein als für ein sehr kleines y.

Wir haben einen kleinen Test durchgeführt und für unterschiedliches n jeweils Rucksack1 und Rucksack2 miteinander verglichen, indem wir die rekursiven Aufrufe gezählt haben. Dabei haben wir die Obergrenze y bezüglich der Gewichte $\{x_1, ..., x_n\}$ so gewählt, daß ungefähr die Hälfte aller Gegenstände mitgenommen werden kann, d.h.:

$$y = \frac{1}{2} \sum_{i=1}^{n} x_i$$

Es hat sich herausgestellt, daß man für Rucksack2 nur jeweils die Hälfte bis 2/3 der Aufrufe benötigt wie für Rucksack1. Im einzelnen hat sich ergeben:

n	Rucksack1	Rucksack2
2	3	2
4	15	12
6	63	48
8	255	190
10	1023	675
12	4095	2698
15	32767	19386

Diese Meßergebnisse hängen natürlich stark von der gewählten Obergrenze y und den Gewichten $\{x_1, ..., x_n\}$ sowie deren Reihenfolge ab. Trotzdem zeigen sie eine Überlegenheit von Rucksack2 gegenüber Rucksack1. Für große Zahlen n ist dieser Unterschied allerdings vernachlässigbar klein, da die Zeitkomplexität beider Algorithmen in $O(2^n)$ liegt.   ∎

Die Backtracking-Technik bietet für viele Problemstellungen einen naheliegenden Lösungsansatz. Dabei muß der entstehende Entscheidungsbaum nicht notwendig ein Binärbaum sein. Die Knoten können durchaus mehr als 2 oder auch unterschiedlich viele Nachfolger haben.

Andere Problemstellungen, die sich ebenfalls mit Backtracking-Algorithmen bearbeiten lassen, sind beispielsweise:

- Schachprobleme:

    - 8-Damen-Problem: Es sind 8 Damen auf einem Schachbrett so zu plazieren, daß sich je 2 nicht wechselseitig bedrohen.

    - Springerproblem: Startend von einem beliebigen Feld eines Schachbrettes soll ein Springer durch eine geeignete Zugfolge so geführt werden, daß er jedes Feld des Brettes genau einmal betritt.

- Graphenprobleme:

    - Hamilton´scher Zyklus: s. Beispiel 2.45.

2.5.3.2 Divide and Conquer

Die Grundidee der *Divide-and-Conquer*-Technik ist die Zerlegung eines Problems in kleinere Teilprobleme. Man verfährt nach der folgenden Vorgehensweise.

Gegeben sei ein Problem P:

- Zerlege P in mehrere kleinere Teilprobleme $P_1, ..., P_k$ derselben Art.

- Löse alle Teilprobleme P_i, $1 \leq i \leq k$.

- Setze die k Teillösungen von $P_1, ..., P_k$ zu einer Gesamtlösung zusammen.

In der Regel wird das Verfahren rekursiv angewendet, bis eine hinreichend kleine Problemgröße erreicht ist. Dann bricht die Rekursion ab, und die einzelnen kleinen Teilprobleme werden "direkt" gelöst.

(2.52) Beispiel: Maximumbestimmung

Es soll das Maximum einer endlichen Menge $M \subseteq IN$ bestimmt werden. Die Spezifikation lautet:

Eingabe: $M \subseteq IN$, mit $|M| = n \in IN$.

Ausgabe: $m \in M$, mit $m \geq x$ für alle $x \in M$.

Der folgende Algorithmus löst das Problem:

```
ALGORITHMUS Maximum (M);
BEGIN (* Zerlegung: *)
IF |M| = 1
THEN RETURN m ∈ M (* Direkte Lösung *)
ELSE "Zerlege M in gleich große (± 1 Element), disjunkte
     Mengen M1, M2";
     m1 := Maximum(M1);
     m2 := Maximum(M2);
     (* Zusammensetzen: *)
     IF m1 > m2
     THEN RETURN m1
     ELSE RETURN m2
     END; (* IF *)
END; (* IF *)
END.
```

Bezüglich der Komplexität dieses Algorithmus gilt die folgende rekursive Gleichung für jede gerade Zahl n:[1]

---

[1]   Für ungerade Zahlen n ist die Gleichung etwas komplizierter. Man erhält jedoch das gleiche Ergebnis.

$$T(Maximum; n) = 2 * T(Maximum; n/2) + c,$$

denn bei der Zerlegung entstehen 2 Teilprobleme der Größe n/2. Die Zahl c bezeichnet den konstanten Aufwand (unabhängig von n) für die Zerlegung in Teilprobleme und für das Zusammenfassen der Teillösungen. Eine Auflösung dieser Gleichung liefert: $T(Maximum; n) \in O(n)$. Somit benötigt der Algorithmus größenordnungsmäßig genausoviel Zeit, wie auch ein naiver Algorithmus brauchen würde, der sequentiell alle Elemente der Menge M durchläuft (systematisches Probieren).   ∎

Die Divide and Conquer-Technik ist besonders dann gut verwendbar, wenn die Summe des Zeitaufwandes für das Lösen der Einzelprobleme und für das Zusammensetzen der Teillösungen kleiner ist als der Zeitaufwand für die Lösung des gesamten Problems. Im folgenden Beispiel erhält man eine echte Verbesserung der Effizienz im Vergleich zu einem naiven Algorithmus:

(2.53) Beispiel: x hoch n

Es soll die n-te Potenz eine positiven reellen Zahl x berechnet werden.

Eingabe: x, mit x > 0, $n \in \mathbb{IN}$.

Ausgabe: x^n.

Als elementare Operationen stehen für die Berechnung die Multiplikation und die Addition, nicht jedoch die Potenzierung zur Verfügung.

Der folgende Algorithmus löst das Problem auf naive Weise:

```
ALGORITHMUS XH1;
BEGIN
    Eingabe: x, n;
    q := 1;
    FOR i := 1 TO n DO
        q := q * x;
    END; (* FOR *)
    Ausgabe: q;
END.
```

Offensichtlich gilt für die Komplexität (im besten, durchschnittlichen und schlechtesten Fall): $T(XH1; n) \in O(n)$.

Eine andere, effizientere Variante ist der folgende Algorithmus XH2, der die *Divide-and-Conquer*-Technik ausnutzt. Dabei wird eine Zerlegung gemäß dem folgenden Muster durchgeführt:

$$x^n = \begin{cases} x^{n/2} * x^{n/2}, \text{ falls n gerade} \\ x * x^{(n-1)/2} * x^{(n-1)/2}, \text{ falls n ungerade} \end{cases}$$

```
ALGORITHMUS XH2 (x, n);
BEGIN
    q := 1;
    WHILE n > 0 DO
        k := n DIV 2; (* Zerlegung *)
        p := XH2(x, k);
        q := p * p; (* Zusammensetzen *)
        IF "n ungerade"
        THEN q := q * x;
        END; (* IF *)
    END; (* WHILE *)
    RETURN q
END.
```

Es handelt sich um einen rekursiven Algorithmus, der die Parameter x und n übergeben bekommt. Die Werte für x und n müssen bereits vor dem ersten Aufruf eingelesen worden sein. Bei der Zerlegung erhält man jeweils zwei identische Teilprobleme, die durch nur einen rekursiven Aufruf bearbeitet werden können. Deshalb gilt bezüglich der Komplexität die folgende Gleichung.

$$T(XH2; n) = T(XH2; n \text{ DIV } 2) + c,$$

wobei c ein konstanter Aufwand für die Zerlegung in Teilprobleme und für das Zusammensetzen der Teillösungen ist. Speziell betrachten wir den einfachsten Fall $n = 2^k$:

$$\begin{aligned} T(XH2; 2^k) &= T(XH2; 2^{k-1}) + c \\ &= T(XH2; 2^{k-2}) + 2c \\ &= \ldots \\ &= kc + c_0 \in O(k). \end{aligned}$$

Somit folgt:

$$T(XH2; n) \in O(\log_2 n).$$

Der Grund für diese deutliche Verbesserung gegenüber dem naiven Algorithmus XH1 ist also darin zu sehen, daß das Problem bei jeder Zerlegung in 2 völlig gleiche Teilprobleme zerlegt wird, welches nur einmal zu lösen ist.   ∎

Ein ähnliches Phänomen tritt beim binären Suchen in einer sortierten Folge auf (vgl. Beispiel 2.15 und Beispiel 2.21). Dabei wird ebenfalls die zu durchsuchende Folge in zwei gleich große Teilfolgen zerlegt, und es wird nur in einer der beiden Teilfolgen weitergesucht. Die Komplexität des Verfahrens liegt ebenfalls in $O(\log_2 n)$, wie Beispiel 2.44 gezeigt hat.

Wir wollen nun die Komplexität von Algorithmen, die die Divide-and-Conquer-Technik ausnutzen, etwas genauer betrachten.

Gegeben sei also ein Problem P der Größe $n \in$ IN. A sei ein rekursiver Algorithmus, der P im folgenden Sinne löst:

- falls $n = 1$: Direkte Lösung mit einem Algorithmus B, dabei gelte:

$$T(B; 1) = a \ (> 0).$$

- falls $n > 1$: Zerlegung von P in k (≥ 1) gleichartige Teilprobleme P_i der Größe $n_i = n/c$ ($c > 0$). Alle Teilprobleme P_i werden wiederum mit dem Algorithmus A gelöst, und anschließend werden die Teillösungen zu einer Gesamtlösung zusammengesetzt. Der Aufwand für die Zerlegung des Problems und das Zusammensetzen der Teillösungen sei d(n).

Dann gilt die rekursive Gleichung:

$$T(A; n) = \begin{cases} a, \text{ falls } n = 1 \\ k * T(A; n/c) + d(n), \text{ falls } n > 1 \end{cases}$$

Für $n = c^m$ folgt unmittelbar (ein Beweis durch vollständige Induktion ist leicht möglich):

$$T(A; n) = T(A; c^m) = a * k^m + \sum_{j=0}^{m-1} (k^j * d(c^{m-j})).$$

Aufgrund ihrer einfachen Bauart sind die beiden folgenden Fälle von besonderem Interesse. Im ersten Fall ist der Aufwand d(n) konstant, d.h. unabhängig von n, im zweiten Fall hängt er linear von n ab. Es gilt:

- falls $d(n) = d$:

$$T(A; n) \in \begin{cases} O(\log_2 n), \text{ falls } k = 1 \\ O(n^{\log_c k}), \text{ falls } k > 1 \end{cases}$$

- falls $d(n) = d * n$:

$$T(A; n) \in \begin{cases} O(n), \text{ falls } k < c \\ O(n * \log_2 n), \text{ falls } k = c \\ O(n^{\log_c k}), \text{ falls } k > c. \end{cases}$$

(2.54) Beispiel: Im Fall der Maximumbestimmung (Beispiel 2.52) trifft $d(n)$ = d und k = c = 2 zu. Deshalb gilt $T(\text{Maximum}; n) \in O(n)$.

Für den Potenzierungsalgorithmus (Beispiel 2.53) gilt ebenfalls $d(n)$ = d, allerdings in Kombination mit k = 1, und es folgt $T(\text{XH2}; n) \in O(\log_2 n)$. ∎

Zusammenfassend halten wir fest, daß die Zeitkomplexität von Divide-and-Conquer-Algorithmen abhängig ist von:

- Anzahl k der Teilprobleme bei der Zerlegung,

- Größe n/c der einzelnen Teilprobleme,

- Komplexität d(n) für die Zerlegung in Teilprobleme und das Zusammensetzen der Lösung,

- Komplexität a für die direkte Lösung bei Abbruch der Rekursion.

2.5.3.3 Problemtransformation

In vielen Fällen läßt sich ein Problem dadurch recht einfach lösen, daß man es auf ein anderes, bereits gelöstes Problem transformiert bzw. reduziert. Wir gehen also von der folgenden Situation aus:

- Gegeben ist ein Problem P.

- Gesucht ist ein Algorithmus A, der P löst.

- Bekannt ist ein Algorithmus B, der ein zu P ähnliches / verwandtes Problem Q löst.

Oft kann man dann P lösen, indem man den Algorithmus B gezielt ausnutzt. Dazu ist erforderlich:

- Durchführung einer Transformation $P \rightarrow Q$ (Umformulierung).

- Entwurf eines Algorithmus TPQ zur Transformation der Eingabedaten $E(P) \rightarrow E(Q)$.

- Entwurf eines Algorithmus TQP zur Transformation der Ausgabedaten $A(Q) \rightarrow A(P)$.

Ein Gesamtalgorithmus A arbeitet dann nach dem Schema (s. auch Bild 2.30):

(1) Anwendung von TPQ, d.h. Abbildung der Eingabedaten $E(P) \rightarrow E(Q)$;

(2) Anwendung von Algorithmus B;

(3) Anwendung von TQP, d.h. Abbildung der Ausgabedaten $A(Q) \rightarrow A(P)$.

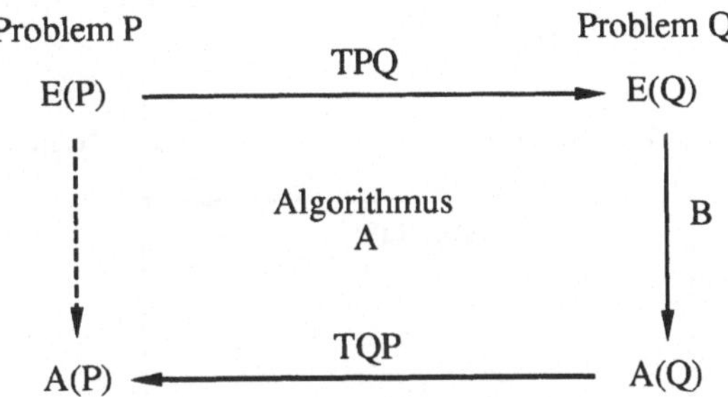

Bild 2.30: Problemtransformation

Für die Komplexität eines solchen Verfahrens gilt – sofern sich die Problemgröße n durch die Transformation TPQ nicht verändert:

$$T(A; n) = T(TPQ; n) + T(B; n) + T(TQP, n).$$

Das folgende, aus der Mathematik stammende Beispiel illustriert die Idee der Problemtransformation:

(2.55) Beispiel: Extremwertberechnung

Es sollen die lokalen Extremwerte einer reellwertigen Funktion f (mit einer Veränderlichen) bestimmt werden. Zunächst werden die Nullstellen der ersten Ableitung berechnet (notwendige Bedingung für einen Extremwert), und daraufhin werden diese in die zweite Ableitung eingesetzt. Die zweite Ableitung muß an den entsprechenden Stellen ungleich 0 sein. Falls dies nicht zutrifft, ist eventuell noch die dritte bzw. vierte Ableitung, etc. zu betrachten (hinreichende Bedingung).

Wir gehen davon aus, daß ein Algorithmus B zur Nullstellenbestimmung zur

Verfügung steht. Dann können wir identifizieren:

- *Problem* P: Extremwertberechnung
  Eingabe: Funktion f; *Ausgabe*: lokale Extremwerte von f.

- *Problem* Q: Nullstellenberechnung
  Eingabe: Funktion f′; *Ausgabe*: Nullstellen von f′.

- Algorithmus TPQ: Liefert zu einer Funktion f die Ableitung f′.

- Algorithmus TQP: Prüft hinreichende Bedingungen für die Menge der Nullstellen, d.h. setzt berechnete Nullstellen in die zweite Ableitung ein, etc. Gibt alle Nullstellen aus, die die hinreichenden Bedingungen erfüllen.

Man erhält das Schema in Bild 2.31.

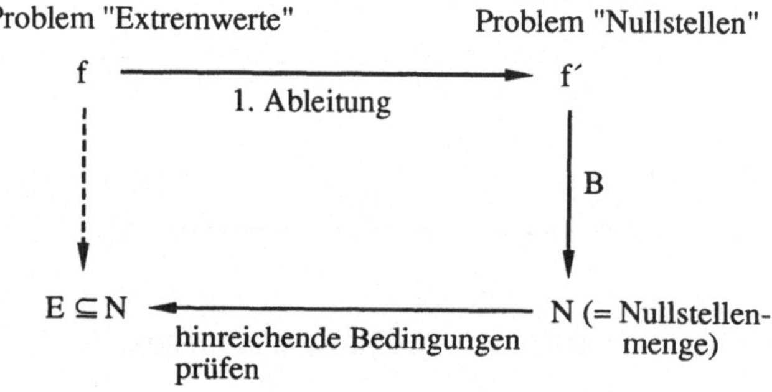

Bild 2.31: Transformation zur Extremwertberechnung

Aufgaben zu 2.5:

1. Entwerfen Sie eine Modularisierung für einen Algorithmus, der die Aus-
   zahlung von Geld durch einen Geldautomaten ermöglicht. Folgendes soll
   realisiert werden:

   - Es wird als DM-Betrag ein Vielfaches von 50 DM "von außen" einge-
     geben. Inkorrekte Eingaben sind geeignet abzufangen.

   - Der Benutzer wird gefragt, wie er den Betrag ausgezahlt haben möch-
     te. Folgende Alternativen sind möglich:

     – in großen Scheinen (Eingabe "G")

     – in kleinen Scheinen (Eingabe "K")

     – beliebig (Eingabe "B")

   Es stehen Scheine der Größenordnung 200, 100, 50, 20, 10 und 5 zur Verfügung. Abhängig von der Eingabe G, K oder B soll eine entsprechende
   Zerlegung berechnet werden. Im Fall der Eingabe B soll diese "zufällig"
   bestimmt werden. Dafür steht ein Algorithmus "random" zur Verfügung,
   der, wenn er aufgerufen wird, eine Zufallszahl zwischen 0 und 1 liefert.

   Nach der Berechnung soll die Zerlegung ausgegeben werden.

   Begründen Sie ihre Einteilung in Module, und überlegen Sie sich, wie man
   die Funktionalität eines solchen Auszahlungsprogramms weiter erhöhen
   könnte (z.B.: von außen kann eine gewünschte Zerlegung eingegeben werden; diese ist auf Korrektheit zu überprüfen), und welche weiteren Module
   dann erforderlich sind.

2. Formulieren Sie einen rekursiven Algorithmus, der nacheinander alle Permutationen der Zahlen {1,...,n} in ein Feld der Länge n schreibt und
   ausgibt. Benutzen Sie die Backtracking-Technik, um das Feld schrittweise
   aufzubauen, und vergegenwärtigen Sie sich die rekursive Abarbeitung.
   Implementieren Sie ihre Lösung in Modula-2 oder Pascal, und prüfen Sie
   die Laufzeit in Abhängigkeit von n (n = 3, 5, 10, 15).

3. Gegeben sind 2 Wasserkrüge mit 4 bzw. 3 Litern Fassungsvermögen. Es
   können folgende Aktionen ausgeführt werden:

- Jeder Krug kann durch eine Pumpe gefüllt werden.

- Jeder Krug kann entleert werden (durch Ausschütten).

- Jeder Krug kann in den anderen umgeschüttet werden. Dabei tragen die Krüge keine Markierungen, und es wird so weit umgeschüttet, bis der schüttende Krug leer oder der andere voll ist.

Zu Anfang sind beide Krüge leer. Entwerfen Sie einen Algorithmus, der zu "von außen" eingegebenen Zahlen n und m, mit $1 \leq n \leq 4$ und $1 \leq m \leq 3$, entscheidet, ob es eine Folge von Aktionen gibt, so daß nach Ausführung der Aktionen die Krüge genau n bzw. m Liter beinhalten. Falls es so eine Folge von Aktionen gibt, soll diese ausgegeben werden.

Verwenden Sie die Technik des systematischen Probierens!

4. Gegeben ist eine Menge von Flugverbindungen, die durch gerichtete Kanten in der folgenden Skizze dargestellt sind:

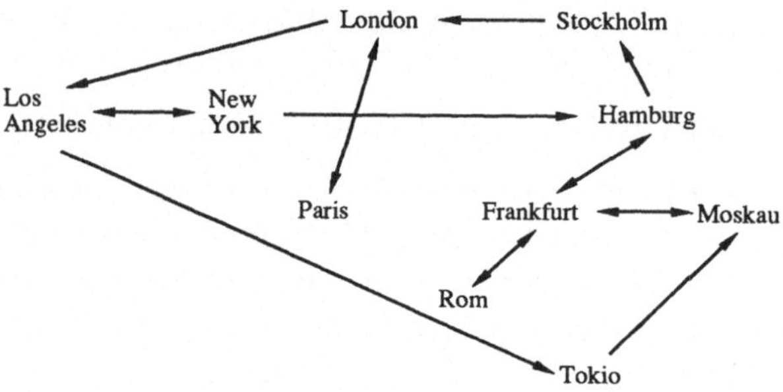

Lassen Sie durch einen geeigneten Algorithmus alle Verbindungen berechnen, die sich direkt oder durch maximal 2-mal umsteigen ergeben.

Hinweis: Stellen Sie eine Adjazenzmatrix $(a_{ij})_{i,j = 1,...,10}$ auf, mit:

$$a_{ij} = \begin{cases} 1, \text{ es existiert eine gerichtete Kante von Stadt i nach Stadt j} \\ 0, \text{ sonst.} \end{cases}$$

Transformieren Sie das Problem auf die Multiplikation von Adjazenzmatrizen.

2.6 Spezielle Algorithmen: Sortieren

Das Sortierproblem ist uns bereits in Abschnitt 2.2 und in Beispiel 2.46 begegnet. Das Sortieren von Datenbeständen ist eine sehr häufig ausgeführte und zugleich nützliche Operation. Sie vereinfacht, wie bereits gesehen, den Aufwand für die Suche von Daten erheblich. Wir gehen wieder von der Situation in Abschnitt 2.2 aus, d.h. jeder Datensatz ist in eindeutiger Weise über einen Schlüsselwert referenziert, und er kann über diesen gefunden werden. Das Problem besteht darin, eine Folge k_1, k_2, ..., k_n von Schlüsselwerten entsprechend einer vorgegebenen Ordnung $\prec$ anzuordnen. Die Spezifikation lautet (s. Beispiel 2.9).

Eingabe: Folge k_1, k_2, ..., $k_n \in M^+$, mit $n \in$ IN,
Ordnung $\prec$.

Ausgabe: Folge $k_{\pi(1)}$, $k_{\pi(2)}$, ..., $k_{\pi(n)} \in M^+$, mit einer Permutation
$\pi : \{1,...,n\} \rightarrow \{1,...,n\}$, so daß $k_{\pi(1)} \prec k_{\pi(2)} \prec ... \prec k_{\pi(n)}$ gilt.

Es stellt sich zunächst die Frage, welche Elementaroperationen zulässig sind – beispielsweise für den Zugriff auf Schlüsselwerte bzw. das Verschieben von Schlüsselwerten. Zu diesem Zweck sind einige Annahmen zu treffen. Man kann Sortierverfahren in der folgenden Weise klassifizieren:

- *Internes Sortieren:* Man hat direkten (wahlfreien) Zugriff auf jedes einzelne Folgenelement, beispielsweise im Hauptspeicher einer Rechenanlage.

- *Externes Sortieren:* Man hat nur sequentiellen Zugriff auf Folgenelemente, d.h. um auf das i-te Folgenelement zugreifen zu können, müssen die ersten i - 1 Elemente durchlaufen werden.

Ein sequentieller Zugriff trifft zum Beispiel für Dateien auf Sekundärspeichermedien zu. Wir beschränken uns auf interne Sortierverfahren und gehen davon aus, daß wir direkten Zugriff auf Folgenelemente haben, indem wir die Elemente über ihre relative Position zum Folgenanfang ansprechen können. Die Positionen sind von 1 bis n durchnumeriert. Da sich die Position eines Elements beim Sortieren i.a. verändert, muß streng zwischen der Position und dem an dieser Position stehenden Element unterschieden werden. Es bezeichne deshalb a[i] das Folgenelement an Position i. (Zu Anfang gilt a[1] = k_1, ..., a[n] = k_n). Diese Notation ist auch bereits in Beispiel 2.46 benutzt worden.

Zudem muß natürlich erlaubt sein, daß Folgenelemente von einer Position auf eine andere verschoben werden können. Dies kann durch eine Zuweisung der

Form a[i] := a[j] geschehen, mit der Bedeutung, daß das Element von Position j
an die Position i geschrieben wird. Ferner kann man Folgenelemente
miteinander vergleichen. Sie können auf Gleichheit getestet werden, und sie
können bezüglich der Ordnungsrelation $\prec$ verglichen werden.

Da das Sortieren eine recht zeitintensive Operation ist, hat man in der
Informatik-Forschung viel Aufwand getrieben, um möglichst effiziente Sortier-
algorithmen zu entwickeln. Es gibt inzwischen eine ganze Reihe von Algorithmen, die sich in der Laufzeit zum Teil beträchtlich unterscheiden.

Wir werden in den einzelnen Abschnitten dieses Kapitels einige wichtige – teils
elementare, teils auch kompliziertere – Sortierverfahren vorstellen. Im einzelnen betrachten wir:

- Sortieren durch direktes Einfügen

- Sortieren durch Auswahl

- Quicksort

- Heapsort

Eine größere Auswahl findet der interessierte Leser zum Beispiel in den
weiterführenden Lehrbüchern [Meh88] oder [OtW90]. Dort werden auch
externe Sortierverfahren behandelt, auf die wir hier nicht eingehen können.

2.6.1 Sortieren durch direktes Einfügen

Dieses Sortierverfahren ist bereits in Beispiel 2.46 diskutiert worden. Es arbeitet nach dem Prinzip, daß nacheinander die Elemente a[2], ..., a[n] betrachtet
werden. Dabei wird jedes Element a[i] in die bereits sortierte Teilfolge a[1], ...,
a[i-1] an der richtigen Stelle eingefügt, indem zunächst die bereits sortierte
Teilfolge a[1], ..., a[i-1] rückwärts durchlaufen wird. Dieses Durchlaufen endet
entweder an einer Position j, für die gilt, daß a[i] größer als a[j] ist, oder aber
an der Position 0, falls a[i] kleiner ist als alle anderen Elemente der Teilfolge.
In jedem Fall ist a[i] anschließend an der Position j + 1 einzufügen. Dies wird
dadurch ermöglicht, daß die Schlüsselwerte a[j+1], ..., a[i-1] jeweils um eine
Position nach rechts verschoben werden.

```
ALGORITHMUS EinfügeSort;
BEGIN
    Eingabe: k₁,..., kₙ;
    (* Es gilt jetzt: a[1] = k₁,...,a[n] = kₙ *)
    FOR i := 2 TO n DO
        j := i - 1;
        k := a[i];
        WHILE (j ≠ 0) AND (k < a[j]) DO
            a[j+1] := a[j];
            j := j - 1
        END (* WHILE *);
        a[j+1] := k;
    END (* FOR *);
    Ausgabe: a[1],...,a[n];
END.
```

Der Algorithmus beinhaltet eine hohe Anzahl von Schlüsselvergleichen und
Verschiebungen. Es handelt sich um ein recht elementares Verfahren, das im Vergleich zu den komplizierteren Verfahren der Abschnitte 2.6.3 und 2.6.4
vergleichsweise viel Zeit benötigt. Man kann nachweisen, daß die Zeitkomplexität von EinfügeSort sowohl im schlechtesten Fall als auch im Durchschnitt
in $O(n^2)$ liegt.

2.6.2 Sortieren durch Auswahl

Mit diesem Verfahren soll die hohe Anzahl von Verschiebungen gegenüber dem
Algorithmus "EinfügeSort" reduziert werden. Beim EinfügeSort wurde immer
eine ganze Teilfolge verschoben, um das aktuelle Element an die richtige
Position schreiben zu können. Dafür mußte jedes Element der Teilfolge um
genau eine Position nach rechts verschoben werden. Jetzt soll das Vertauschen
von Elementen über größere Distanzen erfolgen, dafür die Anzahl der Vertauschungen aber reduziert werden..

Die Idee ist folgende: Die Teilfolge a[1], ..., a[i-1] sei bereits sortiert, und sie
enthalte die i - 1 kleinsten Elemente der Folge. Dann wird das Minimum der
Restfolge a[i], ..., a[n] ermittelt und mit a[i] vertauscht. Anschließend ist a[1] ,...,
a[i] sortiert und enthält die i kleinsten Elemente. Dieses Verfahren wird für jedes
i zwischen 1 und n - 1 durchgeführt.

(2.56) Beispiel: Wir betrachten die Folge:

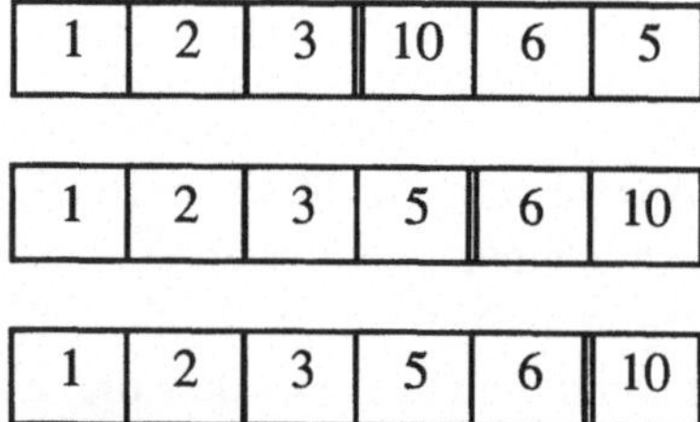

Zuerst wird das erste Element mit dem kleinsten Element der Folge vertauscht, und man erhält:

1	5	10	3	6	2

Links von den Doppelstrichen steht die bereits sortierte Teilfolge. Jetzt wird das zweite Element mit dem Minimum der Restfolge vertauscht.

1	2	10	3	6	5

Man fährt so fort und erhält sukzessive:

1	2	3	10	6	5

1	2	3	5	6	10

1	2	3	5	6	10

Da in der Restfolge nur noch ein Element vorhanden ist, muß dieses notwendigerweise das größte Element sein, und somit ist die gesamte Folge sortiert. ∎

Der folgende Algorithmus beschreibt dieses Vorgehen im Detail:

```
ALGORITHMUS AuswahlSort;
BEGIN
    Eingabe: k_1,..., k_n;
    FOR i := 1 TO n - 1 DO
        m := i;
        FOR j := i + 1 TO n DO
            IF a[j] < a[m]
            THEN m := j
            END (* IF *);
        END (* FOR *);
        "vertausche a[i] und a[m]";
    END (* FOR *);
    Ausgabe: a[1],...,a[n];
END.
```

Die Anzahl der Vertauschungen ist bei AuswahlSort zwar stark reduziert gegenüber EinfügeSort – sie liegt größenordnungsmäßig in $O(n)$ – , aber die Anzahl der Schlüsselvergleiche ist immer noch von quadratischer Komplexität.

In etwas modifizierter Form tritt der Algorithmus auch in Aufgabe 5 des Aufgabenteils zu Abschnitt 2.5 auf. Dort wird die Komplexität genau untersucht, und es stellt sich heraus, daß die Zeitkomplexität im besten und im schlechtesten Fall (und damit auch im Durchschnitt) in $O(n^2)$ liegt. Somit ergibt sich für große Folgen keine wesentliche Verbesserung gegenüber EinfügeSort.

2.6.3 Quicksort

Von allen internen Sortierverfahren, die allein auf Vergleichen von Schlüsselwerten und dem Verschieben von Schlüsselwerten basieren, ist Quicksort im Mittel eines der schnellsten, wenn nicht gar *das* schnellste. Dieses Verfahren wurde 1962 von C. A. R. Hoare vorgeschlagen [Hoa62]. Es basiert auf der in Abschnitt 2.5 diskutierten Divide-and-Conquer-Technik und verläuft ganz grob in der folgenden Weise:

* Zerlege die Folge $F = a[1]$, ..., $a[n]$ in zwei Folgen F_1 und F_2, so daß gilt:

  Für jeden Schlüsselwert k_{i_1} der Folge F_1 und jeden Schlüsselwert k_{i_2} der Folge F_2 gilt die Beziehung $k_{i_1} \prec k_{i_2}$, d.h. jedes Element der ersten Teilfolge ist kleiner als jedes Element der zweiten Teilfolge.

* Führe diese Zerlegung wiederum für beide Folgen F_1 und F_2 durch, etc.

* Das Verfahren bricht für eine Teilfolge ab, wenn diese einelementig ist.

Nach dem Abbruch des Verfahrens ist dann die gesamte Folge sortiert. Wir Beschreiben den Vorgang des Zerlegens und Zusammensetzens etwas genauer:

Zerlegung:

(i)   Wähle ein Element x aus der Folge $a[1]$, ..., $a[n]$, etwa $x := a[1]$;

(ii) Durchsuche die Folge von links, bis ein Element $a[i]$ mit $x \prec a[i]$ gefunden wurde.

(iii) Durchsuche die Folge von rechts, bis ein Element $a[j]$ mit $a[j] \prec x$ gefunden wurde.

(iv) Vertausche beide Elemente.

(v)   Wiederhole (ii), (iii) und (iv) so lange, bis $i \geq j$ gilt.

Anschließend wird das Element $x = a[1]$ mit $a[j]$ vertauscht, und es gilt für die neue Folge a[1], ..., a[j-1], x, a[j+1], ..., a[n]:

$$a[i_1] \preceq x \preceq a[i_2], \text{ für alle } i_1 \in \{1,...,j-1\}, i_2 \in \{j+1,...,n\}.$$

Daraufhin wird der gesamte Prozeß für die Teilfolgen a[1], ..., a[j-1] und a[j+1], ..., a[n] durchgeführt, und es ist kein Zusammensetzen der Ergebnisse mehr erforderlich.

(2.57) Beispiel: Wir betrachten die Folge

	i				j		
44	55	12	42	94	6	18	67

und sortieren sie bezüglich der Ordnung $\leq$. Zuerst haben wir das Vergleichselement x = a[1] = 44 gewählt. Mit der Variablen i sind wir von links so weit gelaufen, bis wir auf ein Element gestoßen sind, das größer ist als 44. Das gleiche geschah von rechts mit der Variablen j, bis ein Element gefunden wurde, das kleiner ist als x. a[i] und a[j] werden nun vertauscht, und wir erhalten:

			i	j			
44	18	12	42	94	6	55	67

Mit i sind wir anschließend auf das Element a[5] = 94 und mit j auf a[6] = 6 gestoßen. Wiederum werden beide vertauscht:

				j	i		
44	18	12	42	6	94	55	67

Nachdem wir mit Hilfe von i und j die Folge weiter durchsucht haben, gilt jetzt $i \geq j$, und damit ist das Abbruchkriterium der Zerlegung erreicht. Jetzt werden a[1] und a[j] vertauscht, und wir erhalten:

6	18	12	42	44	94	55	67

Jetzt gilt: Alle Elemente der linken Teilfolge sind kleiner oder gleich x, und jedes Element der rechten Teilfolge ist größer oder gleich x.

Das Verfahren wird nun auf beide Teilfolgen

6	18	12	42

und

94	55	67

angewendet. ∎

Nach diesem Beispiel können wir den vollständigen Algorithmus angeben. Dazu wird angenommen, daß die Folge der Schlüsselwerte durch die Variablen a[1], ..., a[n] repräsentiert wird. Um zu vermeiden, daß Bereichsgrenzen zu prüfen sind, werden zwei künstliche Elemente a[0] und a[n+1] eingeführt, für die gilt:

$$\forall i \in \{1,...,n\}: a[0] \preceq a[i] \preceq a[n+1].$$

Dem Algorithmus werden zwei Parameter Li und Re übergeben, die anzeigen, daß die Teilfolge a[Li], ..., a[Re] sortiert werden soll. Der erste Aufruf muß lauten: Quicksort(1, n).

```
ALGORITHMUS Quicksort (Li, Re);
BEGIN
    i := Li;
    j := Re + 1;
    x := a[Li];
    WHILE i < j DO
        REPEAT
            i := i + 1
        UNTIL x ≼ a[i];
        REPEAT
            j := j - 1
        UNTIL a[j] ≼ x;
        IF j > i
        THEN "vertausche a[j] und a[i]"
        END (* IF *)
    END; (* WHILE *)
    "vertausche a[Li] und a[j]";
    IF Li < j - 1 THEN Quicksort(Li, j - 1) END; (* IF *)
    IF j + 1 < Re THEN Quicksort(j + 1, Re) END; (* IF *)
END.
```

Wir wollen kurz die Komplexität dieses Verfahrens betrachten, ohne sie jedoch im Detail zu analysieren. Eine ausführliche Darstellung enthält zum Beispiel [Meh88] oder [OtW90]. Es gilt:

- Im schlechtesten Fall liegt die Laufzeit bzw. die Anzahl der Vergleiche und Verschiebungen von Schlüsselwerten in $O(n^2)$. Dies leuchtet unmittelbar ein. Als Beispiel kann man eine bereits sortierte Folge betrachten:

1	2	3	4	5	6	7	8

Als Vergleichselement wird a[1] = 1 gewählt. Nach der Ausführung der while-Schleife gilt dann i = 2 und j = 1, d.h. j durchläuft von rechts alle Positionen der Folge. Bei jeder Position wird ein Vergleich von Schlüsselwerten ausgeführt. Vertauschungen finden nicht statt, außer daß a[1] mit sich selbst vertauscht wird.

Anschließend wird das Verfahren für die Folgenelemente a[2], ..., a[n] erneut durchgeführt. Die Aufteilung der Folge ist also sehr ungleichmäßig. Für die Anzahl der Schlüsselvergleiche SV(n) gilt in Abhängigkeit von der Folgenlänge n:

$$SV(n) = (n+1) + n + (n-1) + \ldots + 4 + 3$$

$$= \left(\sum_{i=3}^{n+1} i \right) = \left(\sum_{i=1}^{n} i \right) + (n+1) - 1 - 2$$

$$= \frac{n * (n+1)}{2} + (n-2) \in O(n^2).$$

- Im besten Fall und im Durchschnitt liegt die Komplexität des Verfahrens in der Klasse $O(n \log_2 n)$. Die benötigte Zeit wächst also etwas stärker als linear in Abhängigkeit von der Größe der Folge.

  Dies ist der Fall, wenn die betrachtete Folge immer "ungefähr in der Mitte" aufgeteilt wird. Das sukzessive Aufteilen kann man durch einen Binärbaum veranschaulichen, bei dem jeder Knoten eine Folge darstellt. Die Nachfolger eines Knotens sind gerade die durch Aufteilung entstandenen Teilfolgen. Ein solcher Baum hat eine Höhe der Größenordnung $O(\log_2 n)$. Auf jeder Ebene des Baumes benötigt man für die Berechnung aller Zerlegungen größenordnungsmäßig $O(n)$ Schritte. Dies ergibt insgesamt $O(n \log_2 n)$ Schritte.

Es bleibt festzustellen, daß sich Quicksort im durchschnittlichen Fall wesentlich besser verhält als die bisher in den Abschnitten 2.6.1 und 2.6.2 betrachteten Sortierverfahren. Praktische Untersuchungen und Tests untermauern dies.

Es gibt eine Reihe von Varianten dieses Verfahrens. Ein wesentlicher Parameter der unterschiedlichen Varianten ist die Wahl des Vergleichsschlüsselwertes. Wir haben für den obigen Algorithmus das erste Element ausgewählt. Dies ist willkürlich festgelegt worden. Ebenso ist es denkbar, ein anderes, festes Element zu benutzen (z.B. das Letzte, Mittlere oder i-te). Oder man kann einen fiktiven Wert nehmen, der nicht in der Folge vorzukommen braucht. Naheliegend ist zum Beispiel, das arithmetische Mittel der Folgenglieder auszuwählen, was allerdings zusätzlichen Berechnungsaufwand verursacht. Eine andere Möglichkeit ist, ein Folgenelement zufällig zu bestimmen, oder auch, drei beliebige Elemente auszuwählen und davon das (der Größe nach) mittlere Element als Vergleichsschlüsselwert zu nehmen.

Prinzipiell kann man aber die Grenze n $\log_2$ n für die mittlere Laufzeit nicht unterschreiten, so daß die Vorteile, die man durch die geschickte Auswahl des Vergleichsschlüsselwertes hat, nicht allzu groß sind.

2.6.4 Heapsort

Hinter dem Namen *Heapsort* verbirgt sich ein Sortierverfahren, das die Sortierung unter Verwendung einer geschickt gewählten Datenstruktur, einem *Heap*, realisiert. Im Gegensatz zu allen anderen in diesem Buch betrachteten Verfahren hat man beim Heapsort auch im schlechtesten Fall eine Laufzeit der Größenordnung n $\log_2$ n.

(2.58) Definition: (Heap)

Eine Folge von Schlüsselwerten k_{Li}, ...,k_{Re}, mit Li, Re $\in$ IN und Li $\le$ Re, auf der eine totale Ordnung $\prec$ erklärt ist, heißt ein *Heap*, falls für alle i $\in$ {Li, ..., Re} gilt:

- $k_{2i} \prec k_i$, falls $2i \le Re$, und

- $k_{2i+1} \prec k_i$, falls $2i + 1 \le Re$. ∎

Wir veranschaulichen diese Bedingungen zunächst anhand eines recht einfachen Falles und betrachten eine Folge k_1, ..., k_8. Dann besagen die obigen Heap-Bedingungen, daß folgende Beziehungen gelten müssen:

$$k_2 \prec k_1, \quad k_3 \prec k_1, \quad k_4 \prec k_2, \quad k_5 \prec k_2, \quad k_6 \prec k_3, \quad k_7 \prec k_3 \text{ und } k_8 \prec k_4.$$

Diese Beziehungen lassen sich sehr anschaulich durch einen Baum darstellen:

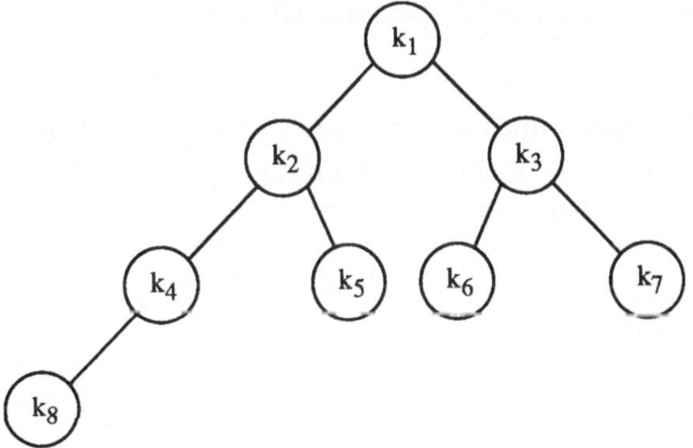

Die Heap-Eigenschaft wird durch die Kanten des Baumes widergespiegelt. Jede Kante bedeutet, daß der untere Knoten kleiner ist (bzgl. $\prec$) als der obere Knoten.

(2.59) Beispiel: Die Folge $k_1, ..., k_8$ mit den Elementen

21	18	11	17	3	7	10	14

ist ein Heap bzgl. der totalen Ordnung "≤". Die entsprechende Baumdarstellung lautet:

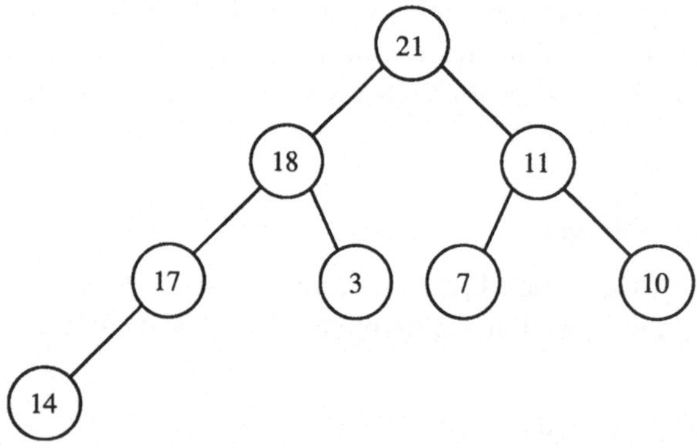

Die Eigenschaft einer Folge, ein Heap zu sein, hängt nicht nur von der Folge selbst, sondern auch von den Indizes der Folgenglieder ab. Beispielsweise ist eine Folge der Gestalt $k_{n+1}, ..., k_{2n}$ immer ein Heap, da keine Heap-Bedingung zu überprüfen ist. Ein Heap dieser Art läßt sich auch nicht als Baum veranschaulichen.

Für einen Heap der Form $k_1, ..., k_n$, der also eine Baumdarstellung besitzt, gilt (wie man unmittelbar anhand des Baumes einsieht):

$$k_1 = \max\{ k_i \mid i \in \{1,...,n\}\}.$$

Dabei soll "max" das Maximum bezüglich der Ordnung $\prec$ bedeuten. Aufgrund dieser Beobachtung kann man bereits einen sehr groben Algorithmus zum Sortieren von Folgen angeben:

```
ALGORITHMUS Heapsort; (* erste, grobe Version *)
BEGIN
    Eingabe: k_1,..., k_n;
    "wandle k_1,..., k_n in einen Heap um
    mit dem Resultat a[1],...,a[n]";
    WHILE "Folge nicht leer" DO
        "Entferne a[1] und stelle es nach hinten an den
        Anfang einer bereits sortierten Teilfolge";
        "Wandle Restfolge in Heap um";
    END (* WHILE *);
END.
```

Durch die Umwandlung in einen Heap wird also das Maximum der Folge bestimmt. Dieses Element stellt man "nach hinten" an den Anfang einer bereits sortierten Teilfolge. Für die Restfolge fährt man genauso fort.

Um den Algorithmus genauer anzugeben, sind zwei Fragen zu klären:

- Wie macht man aus der Restfolge $a[2]$, ..., $a[i]$ eines Heaps – nachdem das erste Element $a[1]$ entfernt wurde – wieder einen Heap $a[1]$, ...,$a[i-1]$?

- Wie stellt man den Ausgangsheap $a[1]$, ..., $a[n]$ her ?

Wir beantworten zunächst die erste Frage und untersuchen die Folge des letzten Beispiels. Wir betrachten also den folgenden Heap (als Baum dargestellt):

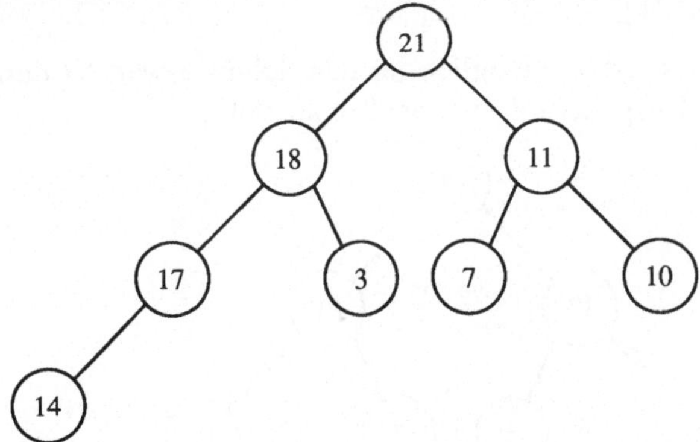

Nachdem das erste Element $a[1] = 21$ entfernt wurde, ist die erste Position der Folge leer, und man hat lediglich zwei einzelne Heaps:

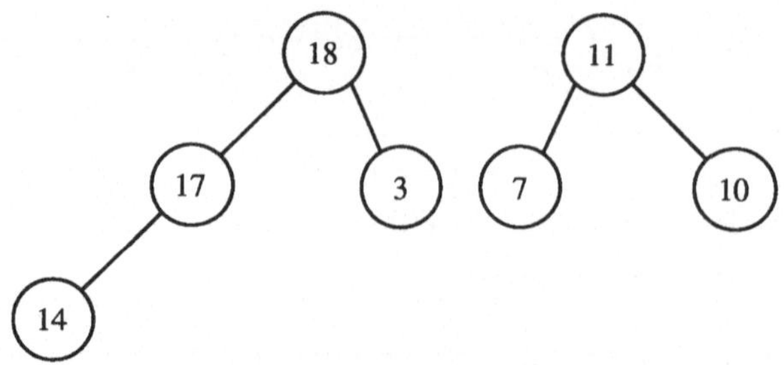

Um wieder einen Heap zu erhalten, verfährt man wie folgt:

1. Schritt: Wir setzen das letzte Element a[8] = 14 an die erste Stelle und erhalten:

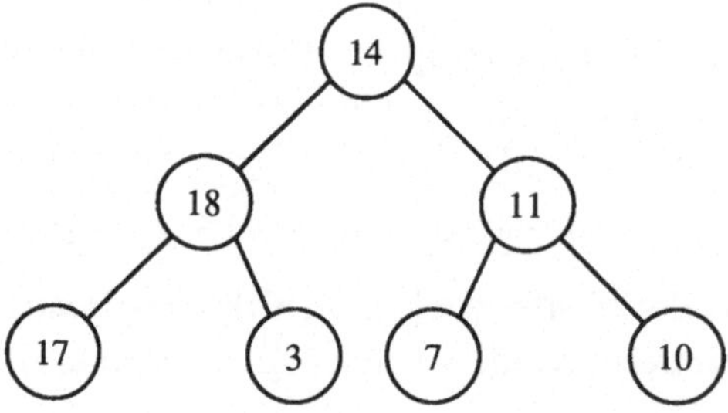

2. Schritt: Wir lassen den Schlüsselwert a[1] = 14 im Baum *versickern*, d.h. er wird mit dem größeren seiner Nachfolger a[2] oder a[3] vertauscht, falls dieser größer ist als a[1].

Dieser Schritt wird so oft wie möglich für den Schlüsselwert 14 durchgeführt. Das Resultat ist ein Heap, der folgendermaßen aussieht:

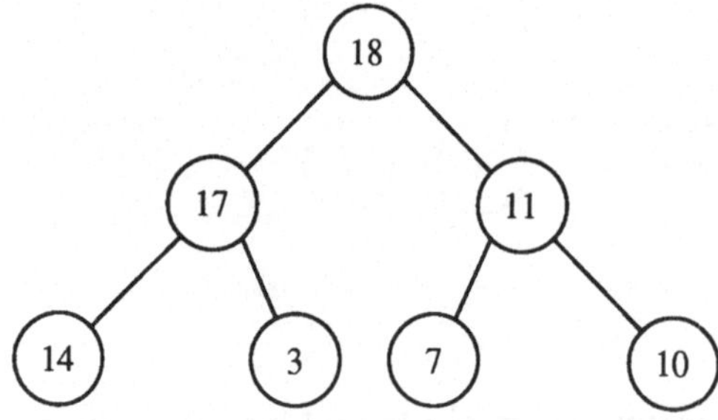

Dieses Verfahren funktioniert für jeden Heap, bei dem man das erste Element entfernt hat und den man anschließend wieder zu einem Heap reorganisieren will.

Nun wenden wir uns der zweiten, oben erwähnten Frage zu: Wie stellt man den Ausgangsheap a[1], ..., a[n] her ?

Die Idee lautet wie folgt: Für eine beliebige Folge a[1], ..., a[n] stellt die Teilfolge a[(n DIV 2) + 1], ..., a[n] bereits einen Heap dar, da keine Heap-Bedingung zu überprüfen ist. Deshalb ist nur erforderlich, darin in "Rückwärtsreihenfolge" nacheinander die Elemente a[n DIV 2], ..., a[2], a[1] versickern zu lassen.

(2.60) Beispiel: Wir betrachten die Folge:

10	14	7	17	3	21	11	18

Heap →

Die zweite Hälfte erfüllt die Heap-Bedingung. Wir lassen nun das Element a[4] = 17 versickern und erhalten:

10	14	7	18	3	21	11	17

Heap →

Jetzt erfüllt die Teilfolge a[4], ..., a[8] die Heap-Bedingung, und wir lassen jetzt das Element a[3] = 7 versickern:

10	14	21	18	3	7	11	17

Heap →

Nach dem Versickern von a[2] = 14 erhalten wir:

10	18	21	17	3	7	11	14

Heap →

Schließlich stellt die gesamte Folge einen Heap dar, nachdem das erste Element a[1] = 10 im Heap versickert ist:

21	18	11	17	3	7	10	14

Heap →

Damit haben wir den Ausgangsheap des letzten Beispiels erhalten.   ■

Der folgende Algorithmus realisiert das Heapsort-Verfahren in gewünschter Weise:

```
ALGORITHMUS Heapsort;
BEGIN
    Eingabe: k_1,..., k_n;(* mit Positionen a[1],...,a[n] *)
    FOR i := n DIV 2 DOWNTO 1 DO
        "versickere a[i] in a[i+1],...,a[n]"                    (+)
    END(* FOR *);
    FOR i := n DOWNTO 2 DO
        "vertausche a[1] und a[i]";
        "versickere a[1] in a[2],...,a[i-1]";                  (++)
    END (* FOR *);
END.
```

Es muß nur noch der Vorgang des Versickerns formuliert werden, um einen vollständigen Algorithmus zu erhalten. Der nachfolgende Algorithmus "Versickere" hat zwei Parameter i und m, die so zu interpretieren sind: "Versickere den Schlüsselwert a[i] in der Teilfolge a[i+1], ..., a[m]".

Im obigen Algorithmus Heapsort sind die entsprechenden Zeilen (+) und (++) also durch die Aufrufe

versickere(i,n) **bzw.** versickere(1,i-1)

zu ersetzen.

```
ALGORITHMUS Versickere(i,m);
BEGIN
    WHILE 2 * i ≤ m DO
        j := 2 * i;                 (* a[j] ist linker Sohn *)
        IF j + 1 ≤ m                (* a[j+1] ist rechter Sohn *)
        THEN IF a[j] < a[j+1]
            THEN j := j + 1
            END(* IF *)
        END(* IF *);
        IF a[i] < a[j]
        THEN "vertausche a[i] und a[j]";
            i := j
        ELSE i := m                 (* Verlassen der Schleife *)
        END(* IF *)
    END(* WHILE *)
END.
```

Eine genaue Analyse von Heapsort ergibt, daß der Algorithmus sowohl im Mittel als auch im schlechtesten Fall eine Laufzeit benötigt, die größenordnungsmäßig in $O(n \log_2 n)$ liegt. Somit handelt es sich um ein Verfahren, das bezüglich des asymptotischen Laufzeitverhaltens *optimal* ist. Es kann nämlich gezeigt werden, daß jedes Sortierverfahren, das ausschließlich auf dem Vergleich und dem Vertauschen von Schlüsselwerten beruht, mindestens eine Laufzeit von dieser Größenordnung benötigt.

Aufgaben zu 2.6:

1. Gegeben ist eine 10-elementige Folge natürlicher Zahlen:

13	25	2	51	1	2	49	36	4	27

Sortieren Sie diese Folge bzgl. ihrer natürlichen Ordnung unter Verwendung der Sortierverfahren:

(a) Quicksort

(b) Heapsort

Notieren Sie dabei - möglichst genau - alle erforderlichen Vergleiche und Vertauschungen!

2. (a) Skizzieren Sie in wenigen Sätzen die Grundidee des Heapsort.

(b) Wenden Sie das Verfahren auf die Folge

3	5	1	12	2	7

an. Erläutern Sie jeden einzelnen Schritt, insbesondere jede Vertauschung.

3. Betrachten Sie die folgende Quicksort-Variante Hypsort, die das Vergleichselement zum Aufteilen der Folge a[Li], ..., a[Re] aus dem ersten und dem letzten Element berechnet.

```
ALGORITHMUS Hypsort(Li, Re);
BEGIN
     i := Li - 1;   j := Re + 1;
     x := (a[Li] + a[Re]) DIV 2;
     WHILE i < j DO
        REPEAT i := i + 1 UNTIL x ≼ a[i];
        REPEAT j := j - 1 UNTIL a[j] ≼ x;
        IF i < j
        THEN "vertausche a[i] und a[j]";
        END (* IF *)
     END; (* WHILE *)
     IF Li < i - 1 THEN Hypsort(Li, i - 1) END; (* IF *)
     IF j + 1 < Re THEN Hypsort(j + 1,Re) END; (* IF *)
END Hypsort;
```

(a) Geben Sie alle Vertauschungen innerhalb der Folge an, wenn der erste
   Aufruf Hypsort(1, 6) lautet und die Folge so aussieht:

20	12	3	12	15	10

(b) Wieviele Schlüsselvergleiche werden größenordnungsmäßig im schlechtesten Fall für das Sortieren von n Schlüsselwerten mit Hypsort benötigt ?

(c) Geben Sie eine Folge von 6 Schlüsselwerten an, bei der der in (b) ange-
   sprochene schlechteste Fall eintritt.

(d) Ein Sortierverfahren heißt *stabil*, wenn bei gleichen Schlüsselwerten die
   relative Position zueinander nicht verändert wird. Ist Hypsort stabil ?

3 Vom Algorithmus zum Programm – Konzepte imperativer Programmiersprachen

Bei der Übertragung eines Algorithmus in eine konkrete Programmiersprache müssen die im Algorithmus verwendeten Daten und Abläufe mit Hilfe der angebotenen Konstrukte der Sprache formuliert werden. Im Mittelpunkt dieses Kapitels stehen deshalb Datentypen und Programmbausteine.

Wir betrachten zunächst Datentypen, die in Modula-2-ähnlichen (imperativen) Sprachen in der Regel schon vordefiniert sind. Danach besprechen wir einige spezielle und zum Teil komplexere Datentypen, die in vielen Sprachen nicht von vornherein gegeben sind, aber konstruiert werden können. Anschließend wollen wir unser Augenmerk auf abstrakte Eigenschaften von Datentypen richten und uns mit einer Methode zur Spezifikation sogenannter abstrakter Datentypen befassen. Schließlich betrachten wir Programmbausteine, mit deren Hilfe Teile eines Programms als eine Einheit behandelt und außerdem die Teile zu einem größeren Ganzen organisiert werden können.

3.1 Vorbemerkungen

Bei Programmiersprachen wird der Wertebereich einer Variablen als deren *Typ* bezeichnet; die einzelnen Werte des Bereichs nennt man *Konstanten* des Typs. Ist von einer Variablen ihr Typ bekannt, so kann ein Compiler den benötigten Speicherplatz berechnen sowie die Zulässigkeit der Verarbeitung der Variablen überprüfen. Des weiteren tragen Typangaben zur Verständlichkeit eines (Quell-)Programms bei.

Ein Typ heißt *skalar*, wenn erstens alle zugehörigen Konstanten unteilbare Einheiten darstellen und zweitens auf dem Wertebereich eine totale Ordnung erklärt ist. Demgegenüber kann eine Zusammenfassung von Werten $w_1, ..., w_n$ aus beliebigen Typen als Wert w eines neuen Typs aufgefaßt werden. In einem solchen Fall bezeichnet man $w_1, ..., w_n$ als *Komponenten* von w; w nennt man *strukturiert*, und der zugehörige Typ heißt entsprechend *strukturierter Typ*.

Somit ist ein strukturierter Typ eine Wertemenge, bei der jedes Element aus Werten anderer (ggf. ebenfalls strukturierter) Typen zusammengesetzt ist. Die Art und Weise der Zusammensetzung bezeichnet man als *Datenstruktur*.

Ein *Datentyp* besteht aus einem (ggf. strukturierten) Typ zusammen mit einer Menge von Operationen auf dem Typ. Hierbei ist es unerheblich, ob es sich um vordefinierte oder benutzerdefinierte Operationen handelt. Ein Datentyp heißt *dynamisch*, wenn während der Laufzeit eines Programms eine Variable des Typs neu erzeugt werden kann. Ist dies nicht möglich, so heißt der Datentyp *statisch*.

3.2 Datentypen in Modula-2-ähnlichen Sprachen

Wir wollen im folgenden Datentypen angeben, wie sie von Modula-2-ähnlichen Sprachen bereitgestellt werden. (Für ausführliche Erläuterungen und Beispiele dazu verweisen wir auf Band I der vorliegenden Reihe.) Betrachten wir zunächst überblickartig skalare Datentypen.

3.2.1 Skalare Datentypen

3.2.1.1 Der Datentyp BOOLEAN

Bemerkung: Der Name des Datentyps erinnert an den englischen Mathematiker George Boole (1815-1864), Begründer des aussagenlogischen Kalküls.

Wertebereich:	{falsch, wahr}	
Ordnung:	falsch < wahr	
Operatoren u.a.:	TRUE	0-stellige Operatoren, d.h. Konstanten mit
	FALSE	Namen TRUE bzw. FALSE
	NOT	logisches NICHT ($\neg$)
	AND	logisches UND ($\wedge$)
	OR	logisches ODER ($\vee$)
	=	logisch äquivalent ($\Leftrightarrow$)

In Modula-2:

Definition: nicht notwendig (vordefinierter Datentyp)

Beispiel: VAR   Zaehler, Nenner : CARDINAL;

                           ok : BOOLEAN;

                     BEGIN... ok := NOT (Nenner = 0); ...END;

3.2.1.2 Die Datentypen CARDINAL und INTEGER

Wertebereich: Maschinenabhängige, endliche Teilmengen der
                     mathematischen Wertebereiche

- $\mathbb{N}_0$ (CARDINAL) und
- $\mathbb{Z}$ (INTEGER)

Ordnung: natürliche Ordnung

Operatoren   +   Addition
u.a.:   -   Subtraktion
                     *   Multiplikation
                     =, <, >   Test auf gleich, kleiner, größer
                     DIV   Ganzzahlige Division
                     MOD   Rest bei ganzzahliger Division

In Modula-2:

Definition: nicht notwendig (vordefinierter Datentyp)

Beispiel: VAR   n, m : INTEGER;

                     BEGIN... n := (m+17) MOD 10; ...END;

3.2.1.3 Der Datentyp REAL

Wertebereich: Maschinenabhängige, endliche Teilmenge der
                     reellen Zahlen $\mathbb{R}$

Ordnung: natürliche Ordnung

Operatoren   +   Addition
u.a.:   -   Subtraktion
                     *   Multiplikation

```
/          Division
=, <, >    Test auf gleich, kleiner, größer
TRUNC      Abschneiden der Stellen nach Dezimalpunkt
ROUND      Runden
SQRT       Quadratwurzel
```

In Modula-2:

Definition: nicht notwendig (vordefinierter Datentyp)

Beispiel:
```
VAR   x, y : REAL;

BEGIN... x := (x+y)/2.;  ...END;
```

3.2.1.4 Der Datentyp CHAR

Wertebereich: Zeichenvorrat des verwendeten Codes (siehe Band III);
meist Zeichen des ASCII- oder EBCDIC-Codes

Ordnung: abhängig vom verwendeten Code; dabei gilt immer:

- "a" < ... < "z", "A" < ... < "Z", "0" < ... < "9"

- diese Bereiche durchdringen sich nicht

Operatoren u.a.:

ORD(c)   liefert die Ordinalzahl des Zeichens c;
ORD: $CHAR \rightarrow CARDINAL$

CHR(i)   liefert das Zeichen mit Ordinalzahl i;
CHR: $CARDINAL \rightarrow CHAR$

In Modula-2:

Definition: nicht notwendig (vordefinierter Datentyp)

Beispiel:
```
VAR   c : CHAR;

BEGIN... c := CHR(99);  ...END;
```

3.2.1.5 Aufzählungstypen

Ein Aufzählungstyp ist eine geordnete Menge von Werten, die vom Programmierer durch Hintereinanderschreiben der Werte definiert wird.

Wertebereich: Menge der aufgeschriebenen Werte

Ordnung: gemäß Reihenfolge der Aufführung, d.h. $Wert_i$ kommt vor $Wert_{i+1}$

Operatoren	<, >, ≠ "vor", "nach", "ungleich"
u.a.:	INC(x) liefert den Wert, der in der Definition nach
	dem Wert x aufgeschrieben wurde
	DEC(x) liefert entsprechend den Wert "vor" x

In Modula-2:

Definition:	mittels Konstruktoren "(" und ")", d.h. durch
	Einschluß der Wertefolge in runde Klammern

Beispiel:

```
TYPE  WoTag = (Mo, Di, Mi, Do, Fr, Sa, So);

VAR   Tag  : WoTag;

      frei : BOOLEAN;

BEGIN... frei := (Tag > Fr);  ...END;
```

3.2.2 Statische strukturierte Datentypen

Bei einem statischen strukturierten Datentyp ist jedes Element aus Werten anderer Typen zusammengesetzt. Außerdem ist die Struktur aller Elemente bereits zur Übersetzungszeit angebbar, weshalb man bereits zu diesem Zeitpunkt (d.h. statisch) Speicherplatz für Variablen des Typs reservieren kann – und nicht erst während der Programmlaufzeit (d.h. dynamisch).

Statische strukturierte Datentypen kann man hinsichtlich des Typs ihrer Komponenten unterscheiden: Müssen alle Komponenten vom selben Typ sein, so spricht man von einem *homogenen*, andernfalls von einem *inhomogenen* strukturierten Datentyp. Verteter der ersten Art sind ARRAYS und SETS; RECORDS gehören zur zweiten Art. Ein anderes Unterscheidungsmerkmal ist die Art des Zugriffs auf die Komponenten einer Datenstruktur. Hierbei gibt es im wesentlichen den

- sequentiellen Zugriff ("entlang" einer vorgegebenen Reihenfolge)
- direkten Zugriff (über einen Indexwert oder über einen Namen)
- Zugriff über einen "Test auf Enthaltensein".

3.2.2.1 Der Datentyp ARRAY

Ein ARRAY besteht aus einer geordneten Folge von Komponenten desselben Typs. Bei statischen ARRAYs liegt die Anzahl der Komponenten vor der Übersetzung eines Programms fest; einige Programmiersprachen stellen auch dynamische ARRAYs zur Verfügung.

Mathematische
Entsprechung: homogenes kartesisches Produkt

Wertebereich: T x T x ... x T (n mal; T: Typ)

In Modula-2:

Definition: mittels Konstruktor "ARRAY [IndexTyp] OF T"

Zugriff auf eine   über ihren Indexwert im ARRAY (direkter Zugriff):
Komponente: "ArrayName [IndexWert]"

Beispiel:
```
TYPE Vektor10 = ARRAY[1..10] OF CARDINAL;

VAR  v : Vektor10;

BEGIN... v[5] := 88; ...END;
```

3.2.2.2 Der Datentyp RECORD

Ein RECORD besteht aus einer endlichen Folge von Komponenten, deren
Typen verschieden sein können.

Mathematische
Entsprechung: inhomogenes kartesisches Produkt

Wertebereich: bei festgelegter Reihenfolge: T_1 x T_2 x ... x T_n
                     $(T_1, T_2, ..., T_n$: Typen)

In Modula-2:

Definition: Mittels Konstruktor "RECORD KomponentDef END"

Zugriff auf eine   Über ihren Namen (direkter Zugriff):
Komponente: "RecordName.KomponentenName"

Beispiel:
```
TYPE  AdressTyp = RECORD
            Stadt,
            Straße : ARRAY[1..20] OF CHAR;
            PLZ,
            Hausnr : CARDINAL;
        END;

VAR  Adr : AdressTyp;

BEGIN... Adr.Stadt := "Karlsruhe" ...END;
```

3.2.2.3 Der Datentyp SET

Ein Set-Typ enthält als Werte alle Teilmengen einer gegebenen Grundmenge,
des sogenannten Grundtyps.

*Mathematische
Entsprechung:*   Potenzmenge

Wertebereich: $P(T) = \{X \mid X \subseteq T\}$ (Potenzmenge eines Grundtyps T)

In Modula-2:

Definition: mittels Konstruktor "SET OF GrundTyp"

Operationen auf   *   Mengen-Durchschnitt ($\cap$)
Set-Typen: +   Mengen-Vereinigung ($\cup$)
                    -    Mengen-Differenz ($\setminus$)
                    IN   Mengen-Einschluß (Test: $\in$?)

Beispiel:
```
TYPE  GrundTyp = [1..3];
      MengenTyp = SET OF GrundTyp;

VAR   m : MengenTyp;

BEGIN... m := {1, 2, 3} * {1}; ...END;
```

m kann die folgenden Werte annehmen:
{ }, {1}, {2}, {3}, {1, 2}, {1, 3}, {2, 3}, {1, 2, 3}

3.2.3 Dynamische strukturierte Datentypen

Bei dynamischen strukturierten Datentypen wird die Datenstruktur während
der Programmlaufzeit erzeugt. Dabei kann man zwei verschiedene Grund-
formen der Unterstützung seitens einer Programmiersprache unterscheiden: auf
der einen Seite eine Art starre Strukturschablone, die lediglich eine Änderung
der Anzahl der Komponenten als Strukturveränderung erlaubt; auf der anderen
Seite ein Konzept, mit dessen Hilfe ein Programmierer nahezu beliebige Strukturen aufbauen kann.

Eine Datenstruktur der ersten Art ist die sogenannte Sequenz-Struktur; ein
Konzept zum Aufbau nahezu beliebiger benutzerdefinierter Strukturen sind
Pointer. Wir besprechen zunächst die Sequenz-Struktur und die darauf übli-

cherweise definierten Operationen. Anschließend gehen wir auf das Pointer-Konzept ein.

3.2.3.1 Der Datentyp SEQUENZ

Eine Sequenz ist eine geordnete Folge von Komponenten desselbenTyps. Die Anzahl der Komponenten einer Sequenz ist

- nicht beschränkt (obwohl stets endlich),
- während der Ausführung eines Programms veränderbar.

Mathematische
Entsprechung: endliche, aber unbeschränkte Folge

Wertebereich: $M^+ = \bigcup_{i=0}^{\infty} M^i$ (M^i : Folge mit Länge i $\in$ IN)

Eine Sequenz kann man sich als ein Magnetband vorstellen, das in einzelne Zellen unterteilt ist. Dabei kann jede Zelle genau eine Komponente aufnehmen und nur dann bearbeitet werden, wenn sie sich gerade unter dem Lese-/Schreib-kopf (dem "Sichtfenster") des Magnetbandes befindet. Wie wir von Bändern außerdem gewohnt sind, kann das Sichtfenster immer nur von einer Zelle zur anderen weiterbewegt werden ("Abspielen" des Bandes). Bild 3.1 skizziert diese Modellvorstellung einer Sequenz.

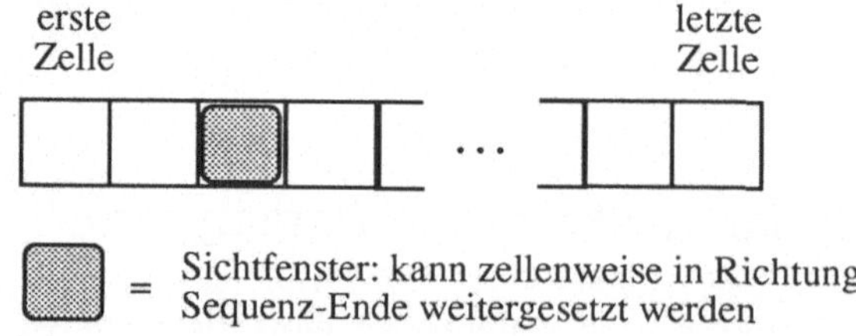

Bild 3.1: Modellvorstellung einer Sequenz

Verwendet wird der Sequenz-Typ vor allem für die Ein- und Ausgabe von Daten, die auf einem Sekundärspeicher abgespeichert sind. Dort wird die "Aufbewahrungseinheit" für eine Sequenz *sequentielle Datei* oder *sequentielles FILE* genannt. Der Sequenz-Typ steht in Modula-2 nicht zur Verfügung; er wird jedoch in Pascal unter der Bezeichnung *FILE* angeboten und kann folgen-dermaßen vereinbart werden:

Definition in Pascal:	mittels Konstruktor "FILE OF GrundTyp"
Beispiel:	`TYPE IntegerFile = FILE OF INTEGER;`
	`VAR f : IntegerFile;`

Zu jeder vereinbarten FILE-Variablen f wird automatisch eine *Puffervariable* f^ angelegt. Sie hat den selben Typ wie die Komponenten von f und stellt beim Lesen und Schreiben das Bindeglied zwischen dem FILE und anderen Variablen dar: Beim Lesen erhält f^ den Wert der Komponente, die sich gerade unter dem Sichtfenster befindet, beim Schreiben ist es umgekehrt. Im einzelnen wird dies klarer, wenn wir die Grundoperationen für FILEs näher anschauen. Dazu sei f wie oben vereinbart (als Variable vom Typ IntegerFile).

Grundoperation EOF

Mit der Funktion EOF (**End Of File**) kann geprüft werden, ob das FILE-Ende erreicht ist. Es gilt:

$$EOF(f) = \begin{cases} TRUE, & \text{Sichtfenster steht hinter der letzten Komponente von f} \\ FALSE, & \text{sonst} \end{cases}$$

Beispiel:

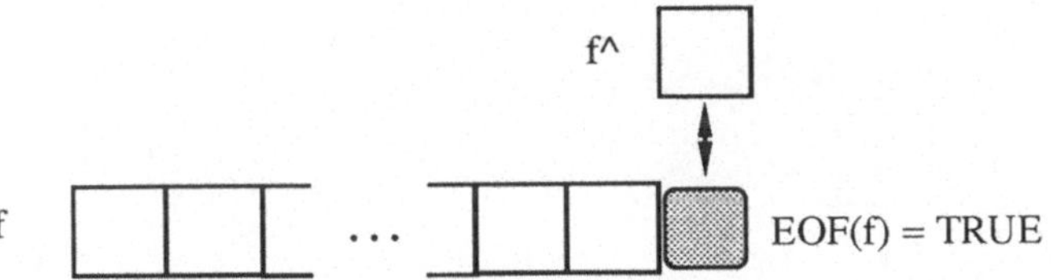

Grundoperation RESET

Bei dieser Grundoperation werden zwei Fälle unterschieden:

Fall 1: FILE ist nicht leer. In diesem Fall bewirkt RESET(f):

- Das Sichtfenster steht über der ersten Zelle von f
- f^ hat als Wert den Inhalt der ersten Zelle
- EOF(f) = FALSE

Beispiel:

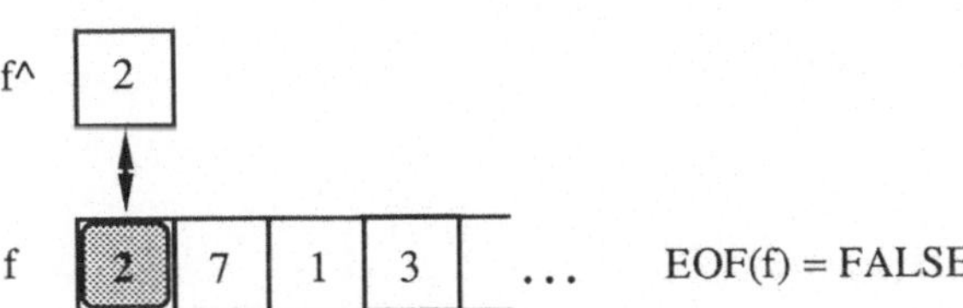

Fall 2: FILE ist leer. In diesem Fall bewirkt RESET(f):

- Das Sichtfenster steht hinter dem leeren FILE
- Der Wert von f^ ist undefiniert
- EOF(f) = TRUE

Beispiel:

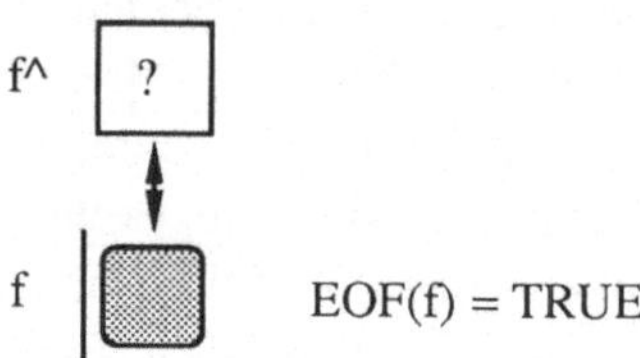

Grundoperation GET

Voraussetzung: EOF(f) = FALSE. Ist die Voraussetzung erfüllt, so verschiebt GET(f) das Sichtfenster um eine Zelle nach rechts und weist f^ den Inhalt der Zelle zu.

Beispiel:

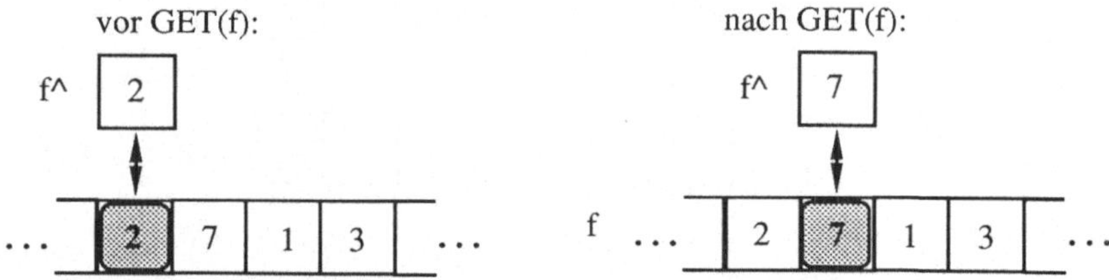

Grundoperation REWRITE

REWRITE(f) löscht den Inhalt von f; anschließend liegt der gleiche Zustand vor wie bei der RESET-Operation auf einem leeren FILE, d. h.

- Das Sichtfenster steht hinter dem leeren FILE
- Der Wert von f^ ist undefiniert
- EOF(f) = TRUE

Grundoperation PUT

Voraussetzung: EOF(f) = TRUE. Ist die Voraussetzung erfüllt, so fügt PUT(f) eine neue Zelle an das FILE-Ende an und weist ihr den Wert der Puffervariablen f^ zu. Anschließend wird das Sichtfenster um eine Position nach rechts versetzt, und es gilt erneut EOF(f) = TRUE. Der Wert von f^ ist danach undefiniert.

Beispiel:

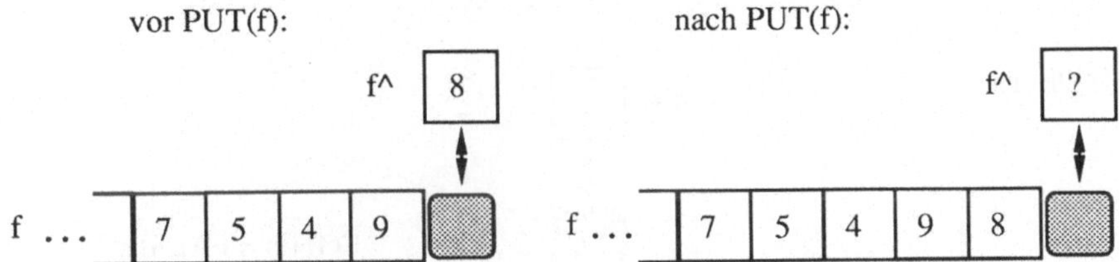

(3.1) Beispiel: Wirkung einiger FILE-Operationen

Es sei vereinbart:

```
VAR f : FILE OF INTEGER;
    x, y : INTEGER;
```

Operation   **Wirkung**

```
REWRITE(f);
```

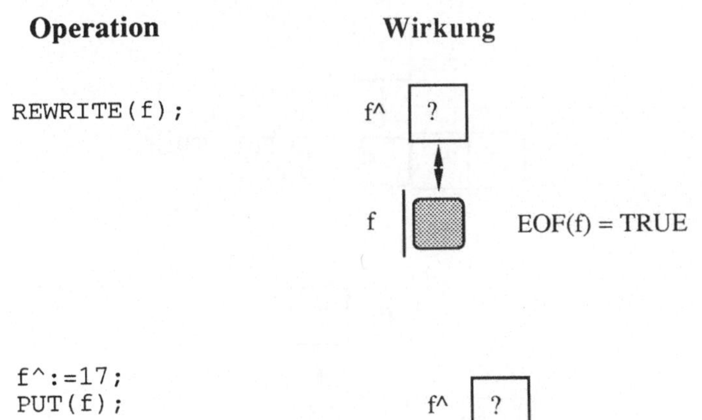

Operation   **Wirkung**

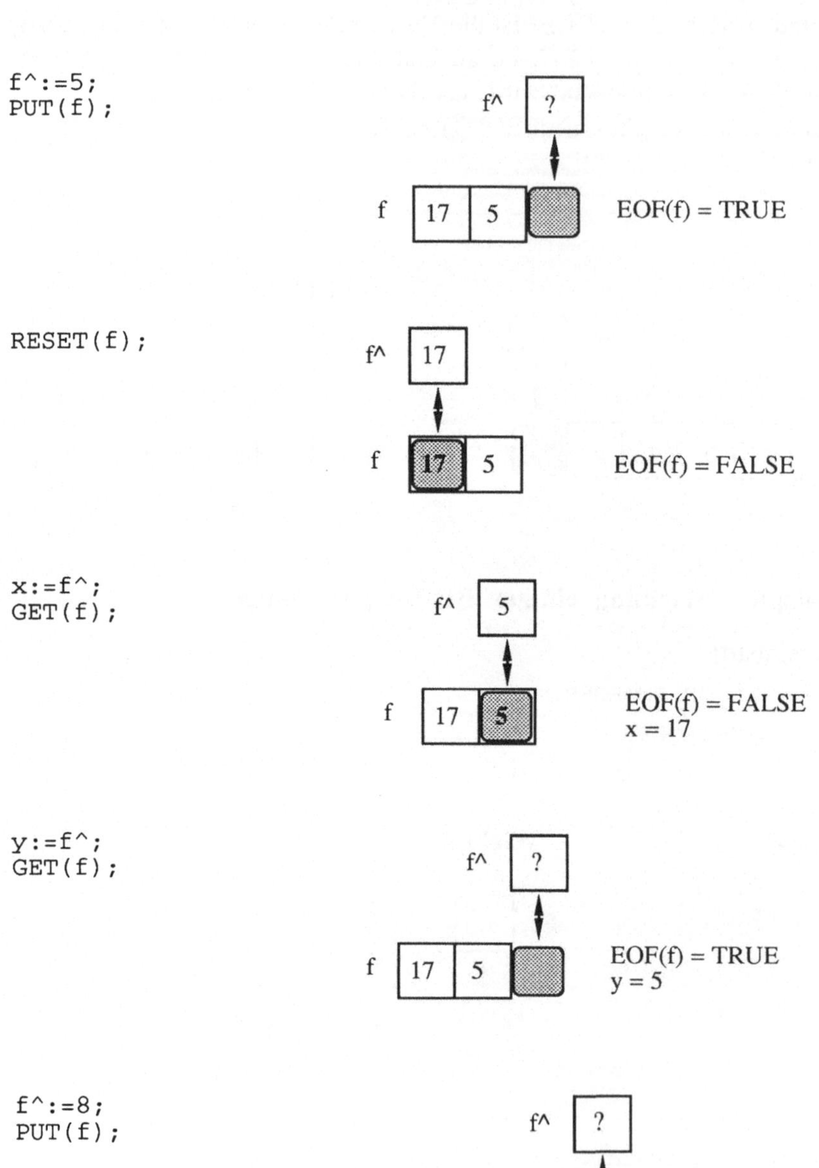

Die beiden Anweisungspaare

```
f^ := "Ausdruck";        "Variable" := f^
PUT(f);                  GET(f)
```

werden so häufig gebraucht, daß man sie im allgemeinen in den Prozeduren
WRITE(f, "Ausdruck") beziehungsweise READ(f, "Variable") zusammenfaßt.
Damit lautet die Befehlsfolge aus dem obigen Beispiel kürzer:

```
REWRITE(f);
WRITE(f, 17);
WRITE(f, 5);
RESET(f);
READ(f, x);
READ(f, y);.
```

(3.2) Beispiel: Verschmelzen sortierter FILES

Zwei sortierte INTEGER-FILES "f1" und "f2" sollen zu einem sortierten FILE
"fneu" zusammengefügt werden. Zu diesem Zweck werden die beiden ersten
Elemente der jeweiligen Restfolge von "f1" und "f2" verglichen und das kleinere von beiden "fneu" hinzugefügt. Wir möchten das Verfahren in Modula-2
implementieren und nehmen dafür an, daß ein Bibliotheksmodul "PascalFiles"
die Operationen RESET, REWRITE, GET, PUT und EOF sowie den Typ
FILE OF INTEGER zur Verfügung stellt.

```
MODULE Verschmelzen;

FROM PascalFiles IMPORT
   RESET, REWRITE, GET, PUT EOF, FILE OF INTEGER;


VAR f1, f2, fneu : FILE OF INTEGER;


BEGIN
    RESET(f1);
    RESET(f2);
    REWRITE(fneu)
    (* Jetzt: sortieren bis ein File leer ist *)
```

```
WHILE NOT (EOF(f1) OR EOF(f2)) DO
    IF f1^ <= f2^ THEN
        fneu^ := f1^;
        PUT(fneu^);
        GET(f1);
    ELSE
        fneu^ := f2^;
        PUT(fneu^);
        GET(f2)
    END; (* IF *)
END; (* WHILE *)
(* Jetzt ist entweder f1 leer oder f2 *)


(* Falls f1 noch nicht leer ist, f1 kopieren *)
WHILE NOT EOF(f1) DO
    fneu^ := f1^;
    PUT(fneu^);
    GET(f1);
END; (* WHILE *)


(* Falls f2 noch nicht leer ist, f2 kopieren *)
WHILE NOT EOF(f2) DO
    fneu^ := f2^;
    PUT(fneu^);
    GET(f2);
END; (* WHILE *)


END Verschmelzen.
```

■

An den zur Verfügung stehenden Operationen wird deutlich, daß die Struktur des Datentyps Sequenz lediglich durch das Anfügen neuer Elemente (PUT) oder durch ein vollständiges Löschen aller Elemente (REWRITE) verändert werden kann. Insbesondere kann kein Element in der Mitte der Folge verändert oder gar gelöscht werden. Das Gegenteil hierzu liegt vor, wenn jedes Element einer Struktur einzeln manipulierbar und löschbar ist. Solche Strukturen lassen sich mit sogenannten Pointern realisieren, die als Verkettungsglieder zwischen den einzelnen Elementen einer Struktur fungieren.

3.2.3.2 Das POINTER-Konzept

Ein *Pointer* ist eine Variable, die einen Verweis auf eine andere Variable als Wert hat.

- Unter einem Verweis auf eine Variable kann man sich die Speicherplatzadresse der Variablen vorstellen;

- die Variable, auf die verwiesen wird, nennt man *referenzierte Variable*;

- der Typ der referenzierten Variablen wird *Bezugstyp* genannt;

- die von einem Pointer p referenzierte Variable ist ansprechbar als p^.

Als Symbol für einen Pointer p und die referenzierte Variable verwenden wir:

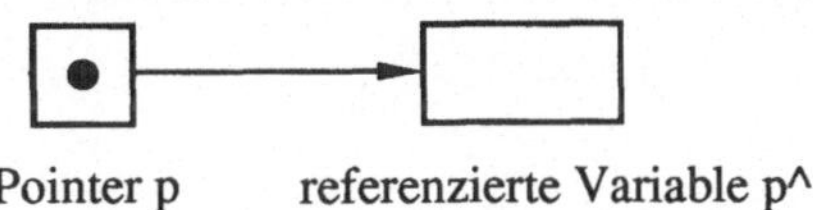

Pointer p   referenzierte Variable p^

Ein Pointer wie auch eine referenzierte Variable sind unterschiedliche Objekte, und nicht zu jedem Zeitpunkt muß eine referenzierte Variable existieren oder ein Pointer auf eine solche zeigen. Vielmehr ist der Wert einer Pointer-Variablen

- entweder undefiniert (beispielsweise direkt nach der Vereinbarung)

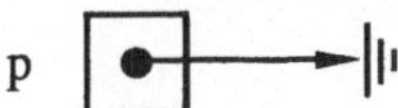

- oder definiert. In diesem Fall verweist p

  — entweder auf NIL (|l'; NIL unterscheidet sich von undefiniert dadurch, daß es in Bedingungen abgefragt werden kann)

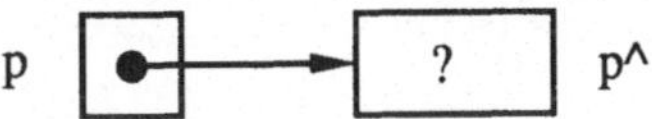

  — oder auf eine Variable p^ des Bezugstyps. Trifft dies zu, so kann der Wert von p^

    - entweder undefiniert sein (direkt nach der Erzeugung von p^)

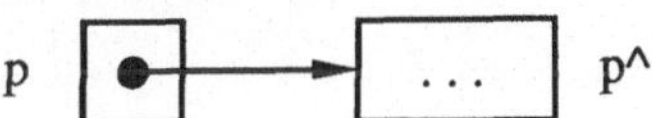

    - oder definiert

Das eigentlich interessierende Benutzerobjekt ist die referenzierte Variable p^, der Pointer p ist lediglich ein Hilfsmittel für den Zugriff darauf. Eine Veränderung von p^ ist nur über einen entsprechenden Pointer möglich, hat jedoch keine Auswirkungen auf diesen. Umgekehrt hat eine Änderung eines Pointers p keine Auswirkung auf "sein" p^; allerdings ist p^ anschließend von p aus nicht mehr zugreifbar. Betrachten wir nun Operationen für Pointer.

Erzeugung einer Pointer-Variablen

Eine Pointer-Variable wird aufgrund ihrer Vereinbarung (also statisch) erzeugt. In Modula-2 lautet die Vereinbarung:

```
TYPE      PointerTypName = POINTER TO BezugsTyp;

VAR       p : PointerTypName;
```

Erzeugung einer Variablen des Bezugstyps

Sei p eine Pointer-Variable. Dann erzeugt die Prozedur *NEW(p)* zur Laufzeit (also dynamisch) eine Variable des Bezugstyps und weist den entsprechenden Zeigerwert p zu. Der Wert von p^ ist unbestimmt.

Freigabe einer Variablen des Bezugstyps

Sei p eine Pointer-Variable und p^ eine Variable des Bezugstyps. Dann wird durch die Prozedur *DISPOSE(p)* der Speicherplatz von p^ dem Rechner zur Laufzeit zur weiteren Verwendung zurückgegeben; p hat anschließend den Wert NIL.

Wertzuweisung an eine Pointer-Variable p

* durch NEW,
* durch DISPOSE,
* durch die Zuweisung p := NIL,
* durch eine Zuweisung p := q, wobei p und q vom selben Typ sein müssen; anschließend gilt p^ = q^.

Betrachten wir zum besseren Verständnis der Operationen einige Beispiele.

(3.3) Beispiel: Operationen mit Pointern

Gegeben sei folgende Typvereinbarung:

```
TYPE    string  = ARRAY[0..9] OF CHAR;

        ptr     = POINTER TO Person;

        Person  = RECORD
            Name : string;
            next : ptr;
        END;
```

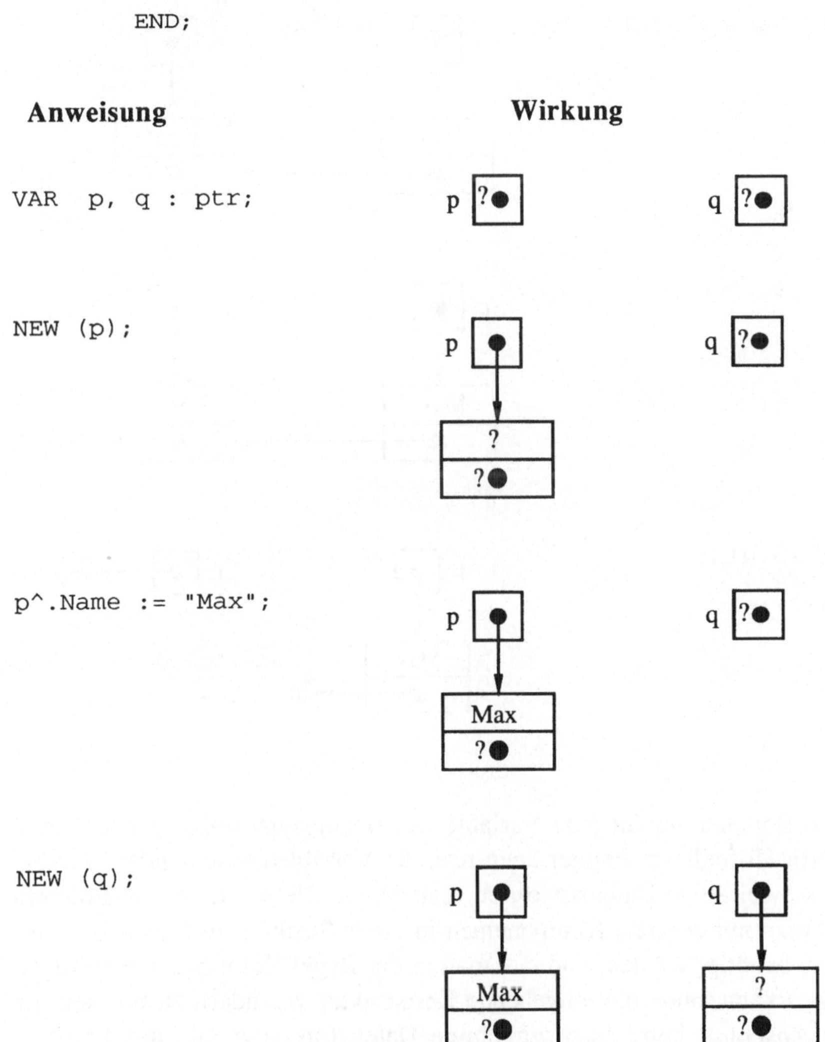

```
p^.next := q;
q^.next := NIL;
```

```
p^.next^.Name := "Lisa";
```

```
q^.Name := "Anne";
```

```
p^.next := NIL;
DISPOSE(q);
```

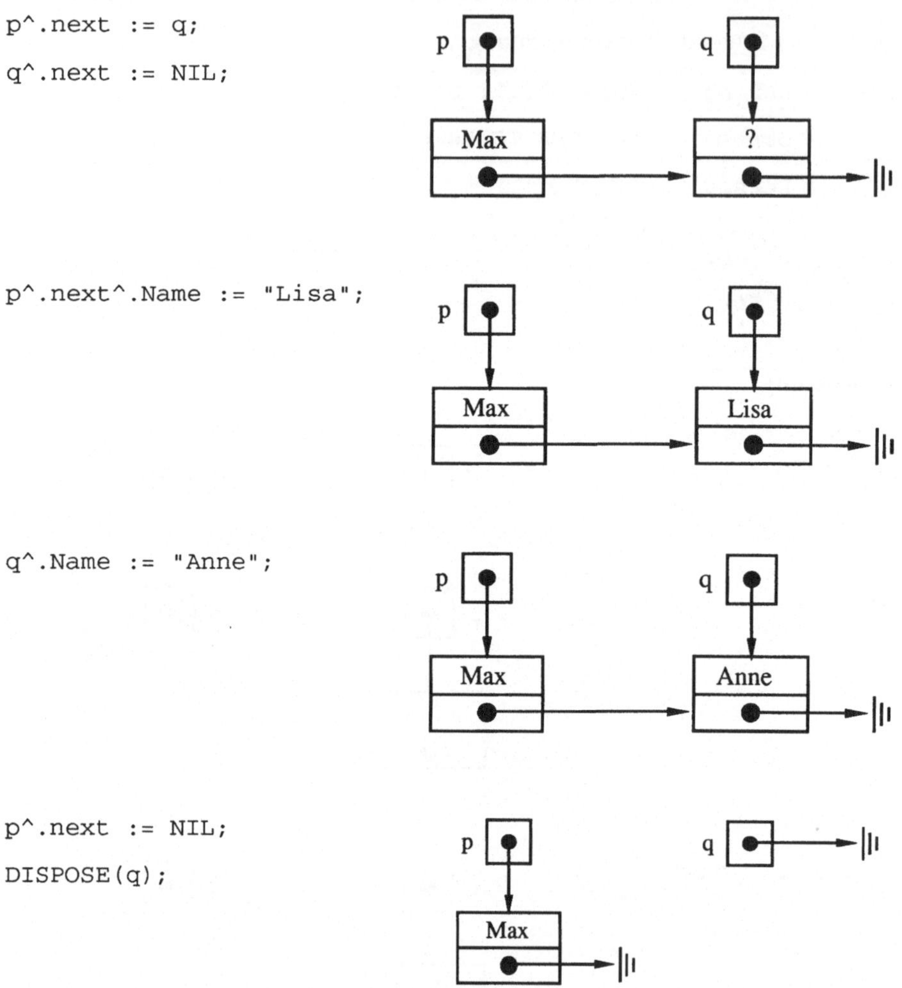

Im obigen Beispiel enthält jede Variable des Bezugstyps selbst wieder einen Pointer. Mit Hilfe dieser Pointer kann man die Variablen miteinander "verketten" und so vielfältige Datenstrukturen realisieren. Die Vorteile von Pointern sind, daß man nur so viele Komponenten in einer Struktur zu haben braucht, wie gerade benötigt werden, und daß man in der Regel Komponenten einfügen und löschen kann, ohne die umgebende Reststruktur verändern zu müssen. Im nächsten Abschnitt betrachten wir einige Datenstrukturen, die mit Pointern realisiert werden können und die diese Eigenschaften ausnutzen.

Aufgaben zu 3.1 - 3.2:

1. Schreiben Sie eine Prozedur FileAendern, die ein gegebenes FILE falt vom Typ FILE OF CARDINAL in ein entsprechendes neues FILE fneu kopiert und dabei jeden Wert 7500 durch den Wert 7612 ersetzt.

2. Schreiben Sie ein Programm zur Aufzeichnung der Ergebnisse und Tabellenstände einer Bundesligasaison. Benutzen Sie dafür ein FILE OF SpielTag, wobei SpielTag ein RECORD sei, der neben der Nummer eines Spieltags alle zugehörigen Einzelergebnisse sowie den neuen Tabellenstand enthält.

3. Geben Sie für die Variablen p und q vom Typ POINTER TO CARDINAL die Wirkung der folgenden Anweisungen an:

```
NEW(p);
p^ := 112;
NEW(q);
q^ := 37;
q^ := p^;
p^ := 99;
DISPOSE(q);
q := p;
p := NIL;
```

3.3 Andere Datentypen

3.3.1 Vorbemerkungen

In diesem Abschnitt betrachten wir Datentypen, die in Programmiersprachen oftmals nicht vordefiniert sind beziehungsweise nicht unterstützt werden. Das bedeutet insbesondere, daß für einen Datentyp

* kein Konstruktor für die Struktur existiert,

* kein Zerlegungsoperator für den Zugriff auf Komponenten existiert,

* eine Variable des Typs nicht ohne weiteres (z.B. alleine durch Nennung im Deklarationsteil) erzeugt werden kann.

Aus diesem Grund müssen alle entsprechenden Operationen algorithmisch, d.h. durch benutzerdefinierte Prozeduren, bereitgestellt werden. Dabei sind drei Fragen von Interesse:

(1)   Welche Datenstrukturen sollen überhaupt betrachtet werden?

(2)   Welche Operationen sollen jeweils bereitgestellt werden?

(3)   Wie können diese Operationen implementiert werden?

Die Punkte (2) und (3) betrachten wir später, im Zusammenhang mit der jeweiligen Datenstruktur. Hinsichtlich Punkt (1) haben sich Strukturen als wichtig erwiesen, die als ein- bzw. als zweidimensional bezeichnet werden können. Dabei wollen wir eine Datenstruktur *eindimensional* nennen, wenn eine Komponente höchstens einen Vorgänger und höchstens einen Nachfolger haben darf; wir sprechen von einer *zweidimensionalen* Struktur, wenn eine Komponente entweder höchstens einen Vorgänger und höchstens zwei Nachfolger oder aber höchstens zwei Vorgänger und höchstens zwei Nachfolger haben darf. Die eindimensionalen Strukturen stellen *Folgen* dar. Die zweidimensionalen Strukturen sind eine natürliche Verallgemeinerung davon und werden im ersten Fall als *Bäume* bezeichnet; im zweiten Fall können sie als *Matrizen* aufgefaßt werden.

Bei den genannten Strukturen ist weiter interessant, ob eine Komponente aufgrund ihres *Wertes* eine bestimmte Position in der Struktur einnimmt oder – wertunabhängig – aufgrund der *Reihenfolge* der Aufnahme von Komponenten.

Etliche wichtige Datenstrukturen können anhand der genannten Kriterien (ein-/zweidimensional, wert-/reihenfolgeabhängige Position) unterschieden werden. In Bild 3.2 haben wir das mit einigen Datenstrukturen getan.

Position einer Komponente ist	Struktur eindimensional: Folge	Struktur zweidimensional: Baum, Matrix
wertabhängig	Lineare Liste (ggf. sortiert)	Suchbaum Entscheidungsbaum
reihenfolgeabhängig	Keller Schlange	Operatorbaum Matrix

Bild 3.2: Eine Klassifizierung wichtiger Datenstrukturen

Wir gehen im folgenden zunächst auf die eindimensionalen Strukturen ein. Im Anschluß daran betrachten wir Bäume.

3.3.2 Lineare Listen

3.3.2.1 Unterschiedliche Arten linearer Listen

(3.4) Definition: Einfach verkettete lineare Liste (EVL)

Eine *nichtleere EVL* ist eine durch Pointer verkettete Folge von Elementen desselben Typs, wobei gilt:

- es gibt genau ein Listenelement ohne Vorgänger (erstes Listenelement),
- es gibt genau ein Listenelement ohne Nachfolger (letztes Listenelement),
- alle übrigen Listenelemente haben genau einen Vorgänger und genau einen Nachfolger.

Eine *leere EVL* enthält kein Listenelement und kann durch Hinzunahme eines Elements in eine nichtleere EVL überführt werden.   ∎

Bild 3.3 veranschaulicht den prinzipiellen Aufbau einer einfach verketteten linearen Liste.

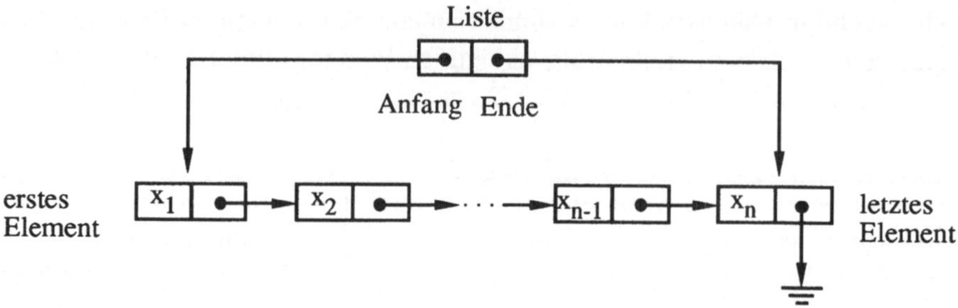

Bild 3.3: Eine einfach verkettete lineare Liste mit n Elementen

Verkettet man die Elemente einer EVL zusätzlich auch noch "rückwärts" (d.h. jedes Element verweist auch auf seinen Vorgänger), so spricht man von einer *doppelt verketteten linearen Liste*. Anschaulich:

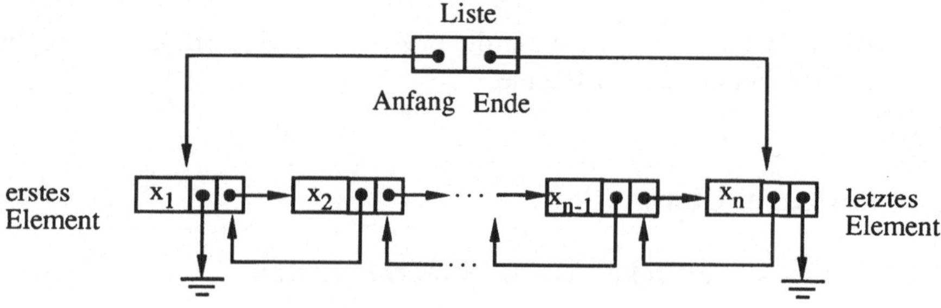

Bild 3.4: Eine doppelt verkettete lineare Liste

Eine einfach verkettete lineare Liste heißt *zyklisch*, wenn das letzte Element auf das erste verweist (für zyklische doppelt verkettete lineare Liste entsprechend). Anschaulich:

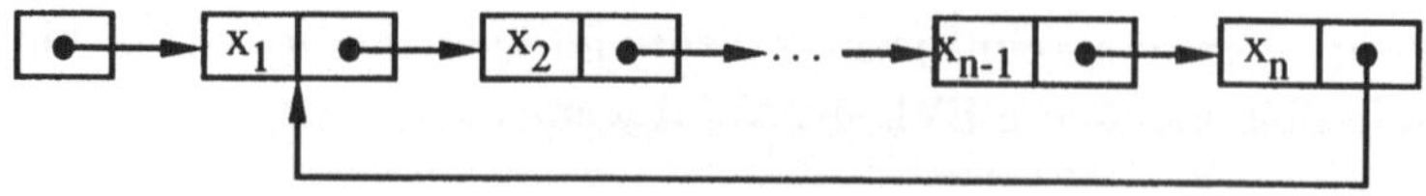

Bild 3.5: Eine zyklische einfach verkettete lineare Liste

Lineare Listen werden vor allem angewendet, wenn die Anzahl der Listenelemente nicht vorhersagbar ist oder wenn häufig Elemente an einer bestimmten Stelle eingefügt oder gelöscht werden müssen (beispielsweise bei sortierten Listen). Wie eingangs angekündigt, wollen wir uns nun überlegen, welche Operationen für Listen bereitgestellt werden sollten und wie diese Operationen implementiert werden können.

3.3.2.2 Grundoperationen für einfach verkettete lineare Listen

(A) Welche Operationen sollen bereitgestellt werden?

Für die meisten dynamischen Datenstrukturen sind folgende Arten von Operationen wesentlich:

* die *Struktur* betreffend: initialisieren / durchlaufen / löschen

* ein *Element* betreffend: einfügen / suchen / löschen

Hier eine Auswahl an Grundoperationen für EVLs, die für die Verarbeitung solcher Liste meist ausreichen, oder mit deren Hilfe weitere Operationen leicht implementiert werden können.

EVL 1:   Liste initialisieren

EVL 2:   Neues Listenelement einfügen
  (a)   am Anfang
  (b)   am Ende
  (c)   nach einem gegebenen Listenelement
  (d)   vor einem gegebenen Listenelement

EVL 3:   Listenelement löschen
  (a)   am Anfang
  (b)   nach einem gegebenen Listenelement
  (c)   am Ende

EVL 4:   Liste durchlaufen

EVL 5:   Listenelement suchen
  (a)   Listenelement selbst
  (b)   Vorgänger eines Listenelements

EVL 6:   Liste löschen

(B) Wie können diese Operationen implementiert werden?

Für eine Realisierung der Grundoperationen mit Modula-2 muß zunächst eine geeignete Repräsentation für die Listenelemente gewählt werden. Wir tun dies in Anlehnung an die oben verwendete Veranschaulichung und wählen folgende Vereinbarungen:

```
TYPE    Zeiger = POINTER TO Element;

        Element = RECORD
            Info : InfoTyp;
            next : Zeiger;
        END;

        EVListe = RECORD
            Anfang, Ende : Zeiger;
        END;
VAR     Liste : EVListe;
```

Zur Übung wollen wir eine Implementierung der Operationen EVL 2(c) und EVL 5(b) betrachten. Die Implementierungen der übrigen Operationen können Band I der vorliegenden Reihe entnommen werden.

Grundoperation EVL 2(c):
Neues Listenelement nach einem gegebenen Listenelement einfügen

```
PROCEDURE EVLeinfügenMn (x : InfoTyp; Vorgänger : Zeiger;
                         VAR  Liste : EVListe);
(*  fügt nach dem Listenelement Vorgänger^ von Liste     *)
(*  ein neues Listenelement ein und weist dessen         *)
(*  Info-Komponente den Wert von x zu.                   *)

VAR p : Zeiger;

BEGIN
    New(p);
    p^.Info := x;
    p^.next := Vorgänger^.next;
    Vorgänger^.next := p;
    IF Vorgänger = Liste.Ende THEN
      Liste.Ende := p
    END; (* IF *)
END EVLeinfügenMn;
```

Die Situation vor (—) sowie nach (...) EVLeinfügenMn anschaulich:

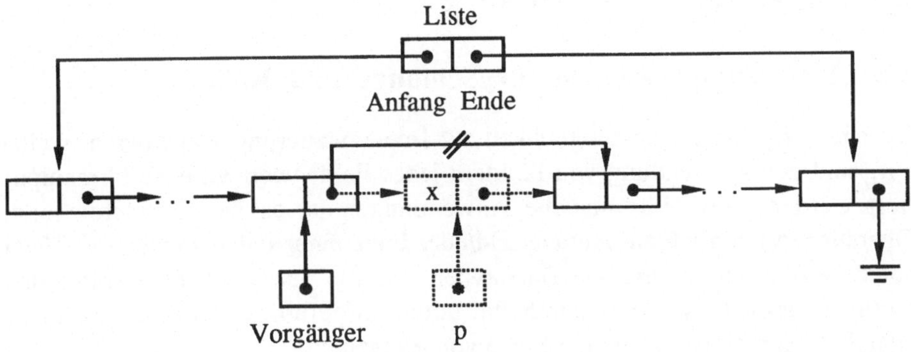

Grundoperation EVL 5(b): Vorgänger eines Listenelements suchen

(Wir nehmen an, daß die Liste nicht sortiert sei.)

```
PROCEDURE EVLsucheVorg (x:InfoTyp; Liste:EVListe) : Zeiger;

(*  liefert einen Verweis p auf das erste Listenelement  *)
(*  p^ von Liste mit p^.next^.Info = x,                   *)
(*  falls p^ so existiert, ansonsten NIL.                 *)

VAR p : Zeiger;

BEGIN
    IF Liste.Anfang = NIL THEN
        RETURN NIL
    ELSE
    (* Liste ist nicht leer *)
        p := Liste.Anfang;
        WHILE (p <> Liste.Ende) AND (p^.next^.Info <> x) DO
            p := p^.next
        END; (* WHILE *)
        (* Vorgänger nicht gefunden: RETURN NIL, sonst p *)
        IF (p = Liste.Ende) THEN
            RETURN NIL
        ELSE RETURN p
        END; (* IF *)
    END; (* IF *)
END EVLsucheVorg;
```

3.3.3 Schlange (queue) und Keller (stack)

3.3.3.1 Grundoperationen für Schlange und Keller

Lineare Listen sind eine Möglichkeit zur Implementierung von Folgen, wobei aufgrund der Verwendung von Pointern jedes Folgenelement einzeln manipuliert werden kann. Für manche Anwendungen ist es jedoch ausreichend, Operationen lediglich am Anfang und/oder Ende einer Folge zuzulassen. Zwei solchermaßen eingeschränkte Datentypen sind die *Schlange* (queue) und der *Keller* (stack). Beide sind durch die unten aufgeführten Grundoperationen charakterisiert (F ist dabei eine Folge von Elementen).

Beschreibung der Grundoperation	Name der Grundoperation bei ...	
	Schlange	Keller
Erzeugen einer leeren Folge F	qInit(F)	kInit(F)
Einfügen eines Elements x am Ende von F	enqueue(x, F)	push(x, F)

Entfernen des
  ersten
  letzten
Elements von F
	dequeue(F)
	—
		—
		pop(F)

Liefern des
  ersten
  letzten
Elements von F
	front(F)
	—
		—
		top(F)

Prüfung, ob F leer ist	qEmpty(F)	kEmpty(F)

Bild 3.6: Die Grundoperationen von Schlange und Keller

Der wesentliche Unterschied zwischen einer Schlange und einem Keller besteht darin, daß bei einer Schlange nur auf das erste und bei einem Keller nur auf das letzte Element zugegriffen werden kann. Dieser Unterschied bewirkt jedoch ein anderes Verhalten des Datentyps. Wir illustrieren dies an einem Beispiel.

(3.5) Beispiel: Operationen auf Schlange und Keller

Die Elemente der Schlange bzw. des Kellers seien natürliche Zahlen.

Operationen	Schlange q	Ausgabe
qInit	( )	-
enqueue (1, q)	(1)	-
enqueue (3, q)	(1, 3)	-
front (q)	(1, 3)	1
enqueue (7, q)	(1, 3, 7)	-
dequeue (q)	(3, 7)	-
front (q)	(3, 7)	3
dequeue (q)	(7)	-
front (q)	(7)	7

Operationen	Keller s	Ausgabe
kInit	( )	-
push (1, s)	(1)	-
push (3, s)	(1, 3)	-
top (s)	(1, 3)	3
push (7, s)	(1, 3, 7)	-
pop (s)	(1, 3)	-
top (s)	(1, 3)	3
pop (s)	(1)	-
top (s)	(1)	1

Offensichtlich lassen sich in Schlangen Elemente nach dem sogenannten FIFO-Prinzip (First-In-First-Out) speichern. Wichtige Anwendungsfälle für Schlangen sind deshalb *Warteschlangen* aller Art, beispielsweise Kunden vor Kassen, Druckaufträge an Druckern usw.

In Kellern lassen sich Elemente nach dem sogenannten LIFO-Prinzip (Last-In-First-Out) speichern. Wichtige Anwendungsfälle für Keller sind das Erkennen von Klammerstrukturen (Typ-2-Sprachen; siehe Band IV dieser Reihe), die Realisierung von Unterprogrammaufrufen oder die Auflösung rekursiver Prozeduren.

3.3.3.2 Implementierung einer Schlange

Für die Implementierung einer Schlange wählen wir ein Array (man könnte aber ebenso eine "eingeschränkte" verkettete lineare Liste verwenden). Wir vereinbaren ferner, daß sich die Elemente der Schlange zwischen den Array-Komponenten "head" und "tail - 1" befinden sollen, wobei das erste (d.h. älteste) Element der Schlange an Position "head" abgelegt sein soll; "tail" gebe die Position nach dem letzten (d.h. neuesten) Element an. Wurde im Lauf der Zeit ein Element an der höchsten Array-Position gespeichert, so wird das darauffolgende an der niedrigsten Position abgelegt. Durch das Einfügen und Entfernen von Elementen entsteht auf diese Weise eine Art "zyklische Rückwärtsbewegung" der Schlange im Array. Man kann sich dies leicht an Bild 3.7 klar machen, das eine solche zyklische Array-Struktur bestehend aus N Elementen zeigt.

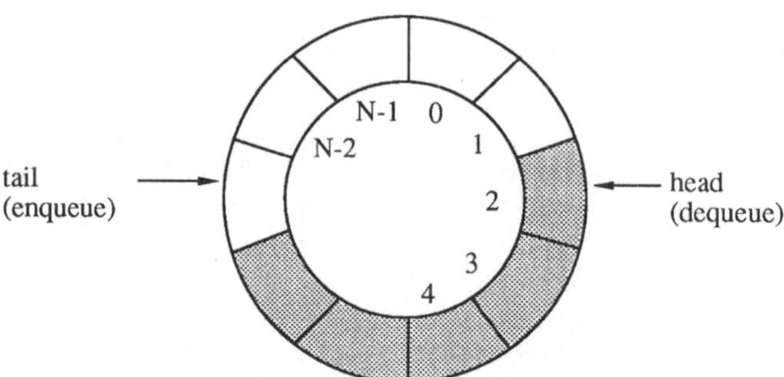

Bild 3.7: "Einbettung" einer Schlange in eine Array-Struktur

Wir wollen eine Schlange nun so bereitstellen, daß sie ähnlich wie ein vordefinierter Datentyp verwendet werden kann. Wir trennen deshalb die Verwendung der Schlange (das Benutzen ihrer Operationen) einerseits von ihrer Repräsentation sowie der Implementierung der Operationen andererseits. In Modula-2 kann man dies mittels eines Definitions- und eines Implementations-Moduls erreichen: Das erstgenannte enthält im wesentlichen die Köpfe der Prozeduren, welche den Operationen entsprechen; das zweitgenannte enthält Typvereinbarungen sowie die Implementierung der Operationen. Wir geben zunächst das Definitions-Modul an.

```
DEFINITION MODULE INTqueue;

TYPE INTqueue;

PROCEDURE qInit (VAR q : INTqueue);
(* initialisiert q als leere Schlange *)
```

```
PROCEDURE enqueue (x : INTEGER; VAR q : INTqueue);
(* fügt x am Ende von q ein *)

PROCEDURE dequeue (VAR q : INTqueue);
(* entfernt erstes Element von q, falls q nicht leer *)

PROCEDURE front (q : INTqueue) : INTEGER;
(* liefert das erste Element von q. Vorauss.: q ≠ leer *)

PROCEDURE qEmpty (q : INTqueue) : BOOLEAN;
(* liefert den Wert TRUE, falls q leer ist, FALSE sonst *)

END INTqueue.
```

Aus Anwendersicht ist unsere Schlange damit ähnlich handhabbar wie ein vordefinierter Datentyp, den wir ja auch benutzen, obwohl wir weder die Typvereinbarungen zur Repräsentation des Datentyps kennen noch die Implementierung der Operationen.

Es folgt nun das Implementations-Modul der Schlange. Dabei sollte man sich nicht daran stören, daß INTqueue als "POINTER TO..." vereinbart wurde – dies ist lediglich eine Eigenart von Modula-2 und soll uns nicht weiter stören. Die Schlange selbst wird durch einen Record vom Typ "queueTyp" repräsentiert, der neben dem Array zur Aufnahme der Elemente der Schlange auch noch die Variablen "head" und "tail" sowie eine Hilfsgröße "empty" enthält. Die Prozeduren selbst sind durchweg einfach und können ohne weitere Erläuterung nachvollzogen werden.

```
IMPLEMENTATION MODULE INTqueue;

FROM     ... (* Importliste *)

CONST    queuesize = ...; (* maximale Größe der Schlange *)

TYPE     INTqueue = POINTER TO queueTyp;

         queueTyp = RECORD
             empty : BOOLEAN;
             head, tail : [0..queuesize];
             val : ARRAY[0..queuesize-1] OF INTEGER;
         END;
```

```
PROCEDURE qInit (VAR q : INTqueue);
(* initialisiert q als leere Schlange *)

BEGIN
    NEW(q);
    WITH q^ DO
        empty := TRUE;
        head := 0;
        tail := 0;
    END (* WITH *)
END qInit;


PROCEDURE enqueue (x : INTEGER; VAR q : INTqueue);
(* fügt x am Ende von q ein *)

BEGIN
    WITH q^ DO
        val[tail] := x;
        tail := (tail + 1) MOD queuesize;
        empty := FALSE
    END (* WITH *)
END enqueue;


PROCEDURE dequeue (VAR q : INTqueue);
(*entfernt erstes Element von q, falls q nicht leer *)

BEGIN
    WITH q^ DO
        IF NOT empty THEN
            head := (head + 1) MOD queuesize;
            empty := (head = tail);
        END (* IF *)
    END (* WITH *)
END dequeue;


PROCEDURE front (q : INTqueue) : INTEGER;
(* liefert das erste Element von q. Vorauss.: q ≠ leer *)

BEGIN
    WITH q^ DO
        RETURN (val[head])
    END (* WITH *)
END front;
```

```
PROCEDURE qEmpty (q : INTqueue) : BOOLEAN;
(* liefert den Wert TRUE, falls q leer ist, FALSE sonst *)

BEGIN
    RETURN q^.empty
END qEmpty;

END INTqueue.
```

(3.6) Beispiel: Warteschlangen

In einer Bank sei der Betrieb in der Schalterhalle folgendermaßen organisiert:
Wenn ein Schalterbeamter frei ist, drückt er einen Frei-Knopf. Dies bewirkt,
daß seine Schalternummer in eine Warteschlange für freie Schalternummern,
die "Schalterschlange", aufgenommen wird. Auf der anderen Seite zieht jeder
neu angekommene Kunde eine Kundennummer. Dies bewirkt die Aufnahme
der Nummer in eine Warteschlange für Kundennummern, die "Kunden-
schlange".

Zur Verwaltung der beiden Warteschlangen soll eine Prozedur "Kundenbedie-
nung" geschrieben werden, welche die freien Schalter den wartenden Kunden
zuordnet. Unter Verwendung des Datentyps Schlange könnte diese Prozedur
grob so aussehen:

```
PROCEDURE Kundenbedienung;

(* ... Vereinbarungen *)

BEGIN
  REPEAT

    IF (NOT qEmpty(Schalterschlange)) AND
       (NOT qEmpty(Kundenschlange))
    THEN
      SNr := front(Schalterschlange);
      dequeue(Schalterschlange);
      KNr := front(Kundenschlange);
      dequeue(Schalterschlange);
      WRITE ("Kunde mit Nr.",KNr," bitte zu Schalter",SNr);
    END; (* IF *)

  UNTIL (Schalterschluß = TRUE);
END Kundenbedienung;
```

3.3.3.3 Implementierung eines Kellers

Ebenso wie bei der Schlange wählen wir für die Repräsentation eines Kellers ein Array. Wir vereinbaren ferner, daß sich die Elemente des Kellers zwischen den Array-Komponenten 1 (Anfang des Kellers, enthält ältestes Element) und "tail" (Ende des Kellers, enthält neuestes Element) befinden. Da Elemente nur am Kellerende angefügt und gelöscht werden dürfen, kann man sich das Verhalten eines Kellers wie das eines Tellerstapels vorstellen: ein sauberer Teller wird oben auf dem Stapel abgelegt; wird ein Teller gebraucht, nimmt man den obersten vom Stapel herunter. Bild 3.8 skizziert eine solche Struktur.

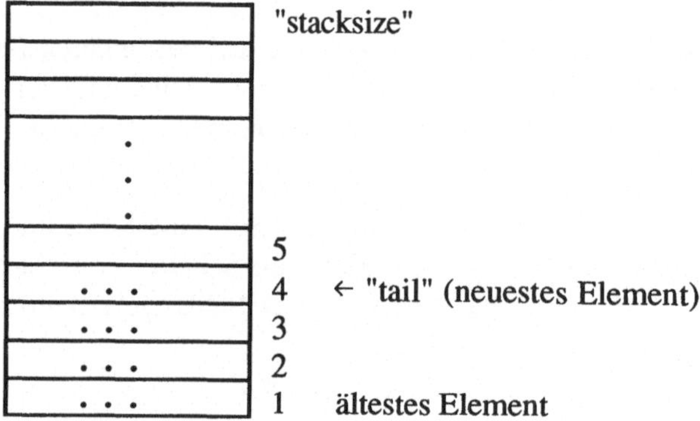

Bild 3.8: Struktur eines Kellers

Wir geben nun auch für den Keller (hier am Beispiel eines Kellers ganzer Zahlen — "INTstack") das Definitions- sowie das Implementations-Modul an.

```
DEFINITION MODULE INTstack;

TYPE INTstack;

PROCEDURE kInit (VAR s : INTstack);
(* initialisiert s als leeren Keller *)

PROCEDURE push (x : INTEGER; VAR s : INTstack);
(* fügt x am Ende von s ein *)

PROCEDURE pop (VAR s : INTstack);
(* entfernt das letzte Element von s, falls s nicht leer *)

PROCEDURE top (s : INTstack) : INTEGER;
(* liefert das letzte Element von s. Vorauss.: s ≠ leer *)
```

```
PROCEDURE kEmpty (s : INTstack) : BOOLEAN;
(* liefert den Wert TRUE, falls s leer, FALSE sonst *)

END INTstack.



IMPLEMENTATION MODULE INTstack;

FROM      ... (* Importliste *);

CONST     stacksize = ...; (* maximale Größe des Kellers *)

TYPE      INTstack = POINTER TO stackTyp;

          stackTyp = RECORD
              tail : [0..stacksize];
              val  : ARRAY[1..stacksize] OF INTEGER
          END;

PROCEDURE kInit (VAR s : INTstack);
(* initialisiert s als leeren Keller *)

BEGIN
    NEW(s);
    s^.tail := 0
END kInit;

PROCEDURE push (x : INTEGER; VAR s : INTstack);
(* fügt x am Ende von s ein *)

BEGIN
    WITH s^ DO
        tail := (tail + 1);
        val[tail] := x
    END (* WITH *)
END push;


PROCEDURE pop (VAR s : INTstack);
(* entfernt das letzte Element von s, falls s nicht leer *)

BEGIN
    WITH s^ DO
        IF tail > 0 THEN
          tail := tail - 1;
        END (* IF *)
    END (* WITH *)
END pop;
```

```
PROCEDURE top (s : INTstack) : INTEGER;
(* liefert das letzte Element von s. Vorauss.: s ≠ leer *)

BEGIN
    WITH s^ DO
      RETURN (val[tail])
    END (* WITH *)
END top;


PROCEDURE kEmpty (s : INTstack) : BOOLEAN;
(* liefert den Wert TRUE, falls s leer, FALSE sonst *)

BEGIN
    RETURN (s^.tail = 0)
END kEmpty;

END INTstack.
```

(3.7) Beispiel: Ein klassisches Beispiel für die Verwendung von Kellern ist das Erkennen wohlgeformter Klammerausdrücke (WKAs). Ein WKA ist folgendermaßen definiert:

(1)   ( ) ist ein WKA;

(2)   sind w1 und w2 WKAs, dann ist w1w2 ein WKA;

(3)   ist w ein WKA, dann ist auch (w) ein WKA;

(4)   nur die durch (1) - (3) gebildeten Ausdrücke sind WKAs.

Für eine Zeichenreihe bestehend aus öffnenden und schließenden Klammern soll nun festgestellt werden, ob sie ein WKA ist. Es ist leicht nachvollziehbar, daß die folgende Vorgehensweise dieses Problem löst.

*   Die Zeichenreihe wird zeichenweise gelesen;

*   wird eine öffnende Klammer gelesen, so wird sie auf einen Keller gelegt;

*   wird eine schließende Klammer gelesen, so wird die zuletzt abgelegte Klammer vom Keller entfernt;

*   eine Zeichenreihe ist ein WKA, wenn sie auf diese Weise vollständig gelesen werden kann und anschließend der Keller leer ist.

Ein entsprechender Programmausschnitt zum Erkennen wohlgeformter Klammerausdrücke könnte so aussehen:

```
...

TYPE Klammerauf = ´(´;

VAR  WKA : BOOLEAN;
     c    : CHAR;
     s    : "stack OF Klammerauf";

BEGIN
...

WKA := TRUE;
kInit(s);

WHILE  "noch nicht alle Zeichen gelesen"  AND  WKA  DO
    "lies nächstes Zeichen c";

    IF  c = ´(´ THEN
      push(c,s)
    ELSE
       (* c = ´)´ *)
      IF empty(s) THEN
        WKA := FALSE
      ELSE pop(s)
      END (* IF *)
    END (* IF *)
END; (* WHILE *)

WKA := WKA  AND  empty(s);

...

END
```

■

3.3.4 Bäume

Lineare Liste, Schlange und Keller sind eindimensionale Datenstrukturen in dem Sinn, daß jedes Element einer solchen Struktur nur einen Vorgänger/Nachfolger haben kann. Dadurch kann man von jedem Element aus höchstens ein neues direkt erreichen. Aus diesem Grund lassen sich keine "alternativen Wege" durch die Datenstruktur beschreiten. Eine solche (für etliche Anwendungen zu fordernde) Möglichkeit bieten sogenannte *Bäume*, eine der wichtigsten dynamischen Datenstrukturen in der Informatik. Wie später an Beispielen illustriert werden wird, eignen sich Bäume insbesondere zur Darstellung hierarchischer Beziehungen und rekursiver Strukturen. Wir führen zunächst jedoch die wichtigsten Begriffe im Zusammenhang mit Bäumen ein.

3.3.4.1 Vorbemerkungen

(3.8) Definition:

Es sei K eine nichtleere Menge von Knoten (= Elemente eines Datentyps). Dann ist die *Menge aller Bäume über K* rekursiv definiert durch (i) - (iii):

(i)   Jedes $k \in K$ ist ein Baum:

(ii)   Sind $b_1, ..., b_n$ Bäume $(n \in \mathbb{IN})$ und ist $k \in K$, so ist der folgende gerichtete Graph B ein Baum:

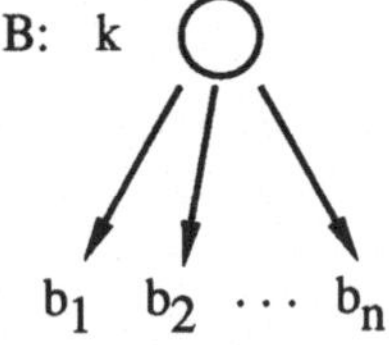

(iii) Genau die durch (i) und (ii) erzeugbaren Graphen sind Bäume.

Bezugnehmend auf (ii) wird ferner festgelegt:

- Der Knoten k des Baumes B heißt *Wurzel* von B,

- b_i (i = 1, ..., n) wird als der *i-te Teilbaum* von Knoten k bezeichnet,

- Die Anzahl der von einem Knoten k ausgehenden Pfeile heißt *Grad von k*, kurz: Grad(k).

∎

(3.9) Beispiel: Für den folgenden Baum B gilt (unter anderem):

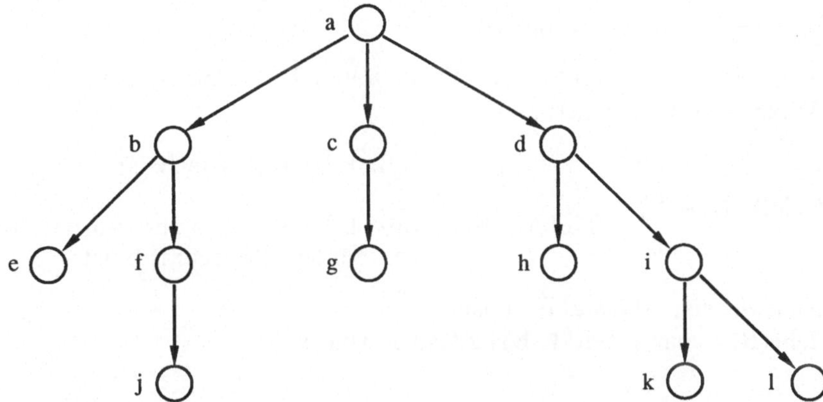

- Knoten a ist Wurzel von B.

- Knoten a hat die drei Teilbäume

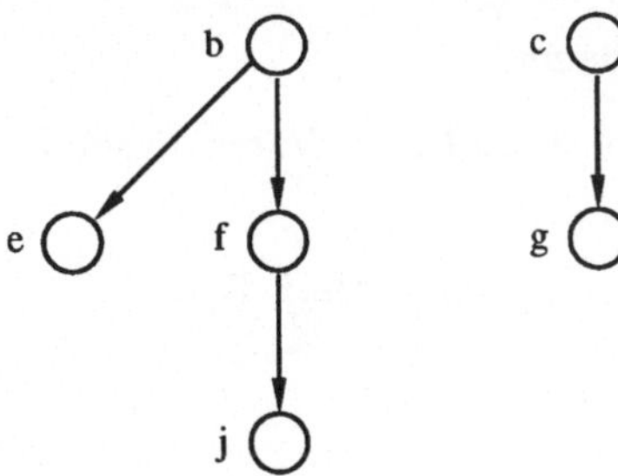

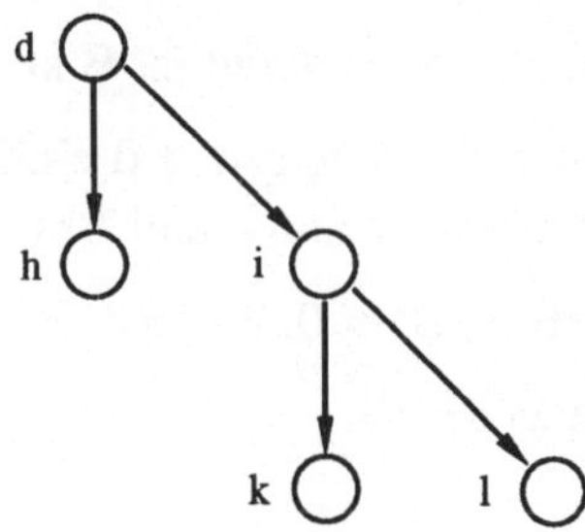

- Grad(a) = 3, Grad(b) = 2, Grad(c) = 1, Grad(j) = 0.

∎

(3.10) Definition: Weitere Bezeichnungen im Zusammenhang mit Bäumen

- Knoten vom Grad 0 heißen *Blätter*,
  Knoten vom Grad i > 0 heißen *innere Knoten* eines Baumes.

- Der *Grad eines Baumes* B wird definiert durch
  Grad(B) = max {Grad(k) | k ist Knoten von B}.

- Ein Baum mit einem Grad ≤ 2 heißt auch *binärer Baum*.

- Seien k ein Knoten und b_1, ..., b_n die zu k gehörenden Teilbäume mit den
  Wurzeln w_1, ..., w_n. Dann heißen w_1, ..., w_n *Söhne* von k, und k heißt
  Vater dieser Knoten.

  Für j $\neq$ i heißt w_i *Bruder* von w_j.

- Die *Tiefe eines Knotens* k in einem Baum B ist sein Abstand von der
  Wurzel von B. Genauer:

$$
\text{Tiefe(k, B)} = \begin{cases} 0, & \text{falls k Wurzel von B ist} \\ 1 + \text{Tiefe(k, } b_i), & \text{falls k Knoten des zur Wurzel von B} \\ & \text{gehörenden Teilbaums } b_i \text{ ist} \end{cases}
$$

- Die *Höhe eines Baumes* B ist dann
  Höhe(B) = max {Tiefe(k, B) | k Knoten von B}.

■

(3.11) Beispiel: Für den Baum aus Beispiel (3.9) gilt somit:

- {e, j, g, h, k, l} ist die Menge der Blätter von B; die übrigen Knoten sind
  innere Knoten.

- Grad(B) = 3; damit ist B kein binärer Baum.

- Die Knoten b, c und d sind Söhne von a, und a ist Vater dieser Knoten;
  b ist Bruder von c und Bruder von d.

- Tiefe(a, B) = 0, Tiefe(d, B) = 1, Tiefe(i, B) = 2, Tiefe(j, B) = 3.

- Höhe(B) = 3.

■

3.3.4.2 Anwendungsbeispiele für Bäume

Bäume kommen in der Informatik in den unterschiedlichsten Gebieten und
Anwendungen vor. Wir wollen in diesem Abschnitt drei Beispiele betrachten:

Suchbäume, Operatorbäume und Entscheidungsbäume.

(A) Suchbäume

Bäume werden oft benutzt, um in den Knoten Schlüsselwerte (von Datensätzen) abzulegen. Suchbäume sind darauf ausgerichtet, einen vorgegebenen Schlüsselwert möglichst schnell im Baum finden zu können.

Ist S eine Menge von Schlüsselwerten mit der Ordnung '$\prec$', so bezeichnen wir einen binären Baum über S als *Suchbaum*, wenn für alle Knoten k mit Schlüsselwert x des Baums gilt:

$\forall$ Schlüsselwerte y des linken Teilbaumes von k: $y \prec x$,
$\forall$ Schlüsselwerte z des rechten Teilbaumes von k: $x \prec z$.

Beispiel: Suchbaum über den ganzen Zahlen (bzgl. der Ordnung "$\leq$"):

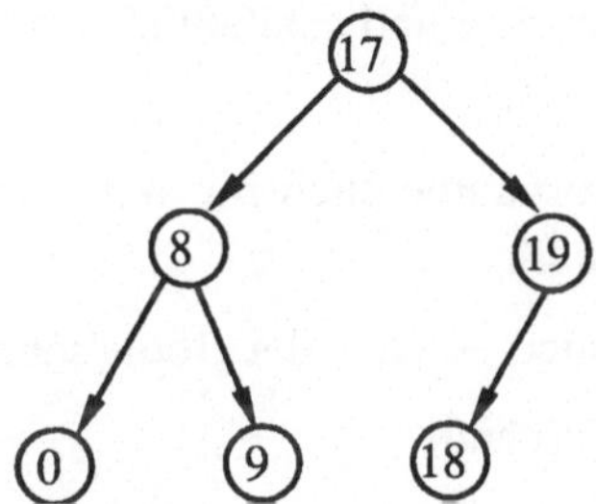

Man kann sich leicht vorstellen, wie bei der Suche eines bestimmten Schlüsselwertes an jedem Knoten jeweils ein Teilbaum abgespalten und dadurch die Lösungsmenge eingeschränkt werden kann (hier besteht eine Analogie zum binären Suchen). Demgegenüber kann das Einfügen sowie das Löschen von Knoten aufwendig sein. Wir kommen im nächsten Abschnitt darauf zurück.

(B) Operatorbäume

Einen algebraischen Ausdruck wie beispielsweise (a + b) * (c - d * e) kann man nach folgendem Muster (rekursiv) ebenfalls in eine Baumstruktur, einen sogenannten *Operatorbaum*, überführen:

(i)   Wurzel des Operatorbaums: die zuletzt auszuführende Operation;

(ii) linker Teilbaum: Operatorbaum des linken Operanden der Operation;

(iii) rechter Teilbaum: Operatorbaum des rechten Operanden der Operation.

Das liefert für das obige Beispiel den folgenden Operatorbaum:

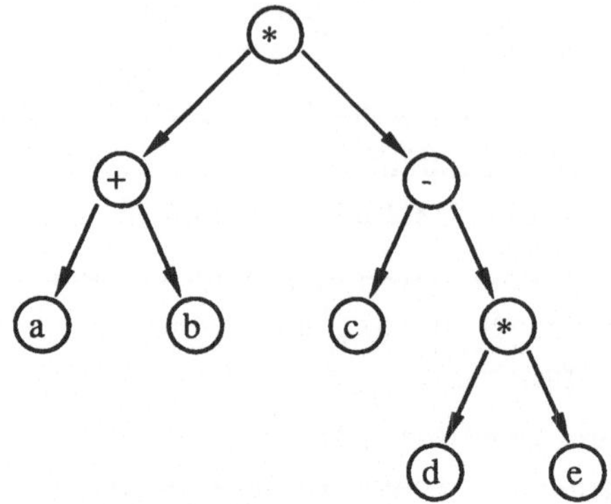

Eine Auswertung des Ausdrucks erfolgt durch eine bottom-up-Auswertung des Baumes: beginnend mit der Berechnung von $(d * e) =: x$, gefolgt von, sagen wir, $(c - x) =: y$, dann $(a + b) =: z$ und schließlich $z * y$, was zum gewünschten Resultat führt.

Es sei erwähnt, daß Operatorbäume auch für andere algebraische Operationen möglich sind, beispielsweise für

- die logischen Operationen $\neg$, $\wedge$, $\vee$ der Boole'schen Algebra, sowie

- Operationen $\cap$, $\cup$ in Verbänden.

(C) Entscheidungsbäume

Bei etlichen Algorithmen lassen sich die Entscheidungsalternativen hinsichtlich einer Lösungsfindung durch eine Baumstruktur darstellen. Dabei entspricht jeder Knoten einem bestimmten Stand des Entscheidungsprozesses. Für den Fortgang der Berechnung muß an einem erreichten Knoten aus einer zugehörigen endlichen Menge möglicher Entscheidungen – repräsentiert durch die "Ausgangspfeile" des Knotens – eine der Entscheidung ausgewählt werden.

Beispiele:

- Die Konstellationen in einem Schachspiel:

  Bei jeder Konstellation der Figuren auf dem Schachbrett ist eine endliche Menge von Zügen (Entscheidungen) erlaubt;

  jeder erlaubte Zug führt in eine neue Konstellation.

*   Backtracking-Algorithmen:

    Jede erreichte Teillösung erlaubt eine endliche Menge von Entscheidungen;
    vergleiche auch das Rucksackproblem aus Beispiel (2.50):

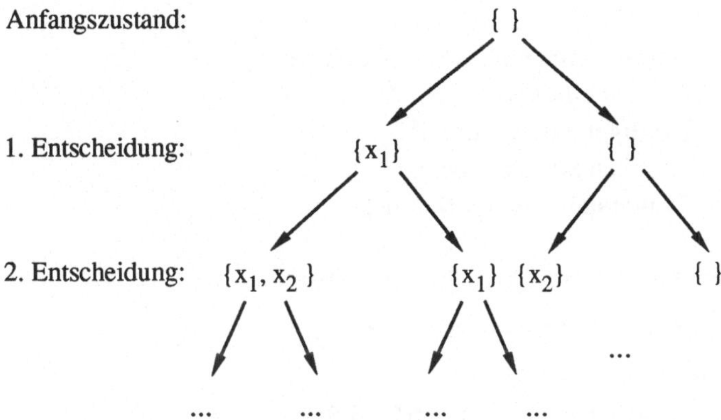

Weil die Anzahl der Möglichkeiten exponentiell mit der Höhe des Baumes
wächst, wird bei "schwierigen" Problemen wie etwa dem Schachspiel die
Berechnung bei einer bestimmten Höhe des Baumes abgebrochen. Anschließend
bewertet man die bis dahin entstandenen Zustände und wählt den besten aus.

3.3.4.3 Implementierung von Bäumen

Eine Implementierung von Bäumen erfolgt in Modula-2 am zweckmäßigsten
mit Hilfe von Pointern. Dies entspricht der dynamischen Struktur von Bäumen
und nutzt die Analogie zwischen Pointern und Pfeilen aus. Eine entsprechende
Vereinbarung für Bäume vom Grad k könnte dann so aussehen:

```
CONST   k = ...; (* Grad des Baumes *)

TYPE    Baum = POINTER TO Knoten;

        Knoten = RECORD
            Info   : InfoTyp;
            Soehne : ARRAY[1..k] OF Baum;
        END;
```

Eine Variable vom Typ "Knoten" entspricht einem Knoten von Bäumen dieser
Art. Eine Variable vom Typ "Baum" ist ein Zeiger auf einen solchen Knoten
und repräsentiert den vollständigen Baum, wenn sie auf dessen Wurzel zeigt.

Im Rest dieses Abschnitts beschränken wir uns auf Suchbäume und betrachten deren Initialisierung sowie das Suchen, Einfügen und Löschen von Elementen. Darüber hinaus werden wir drei unterschiedliche Arten des Durchlaufens (Traversierens) eines Suchbaumes kennenlernen. Wir betrachten somit die Operationen

> (SB1)   Initialisieren eines (Such-)Baumes,
>
> (SB2)   Suchen eines Knotens,
>
> (SB3)   Einfügen eines Knotens,
>
> (SB4)   Löschen eines Knotens,
>
> (SB5)   Traversieren eines Baumes.

Zur Repräsentation eines Suchbaumes verwenden wir folgende Vereinbarungen:

```
TYPE    Baum = POINTER TO Knoten;

        Knoten = RECORD
            Schluessel : INTEGER;
            LSohn, RSohn : Baum;
        END;

VAR     b : Baum;
```

Vom ursprünglichen "InfoTyp" verwenden wir hier nur "Schluessel" (mögliche andere Informationen sind im Augenblick ohne Belang); neben "INTEGER" wären dafür auch andere geordnete Typen zulässig. Den oben vereinbarten Suchbaum kann man sich anschaulich so vorstellen (die s_i sind Schlüsselwerte):

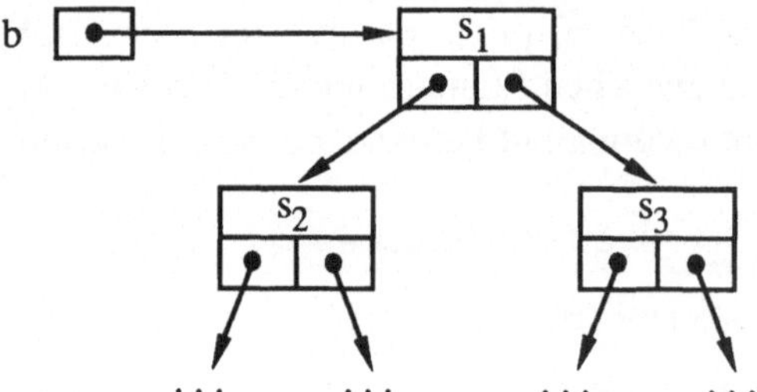

(SB1) Initialisieren eines Baumes

```
PROCEDURE bInit (VAR b : Baum);
(* initialisiert b als leeren Baum *)

BEGIN
  b := NIL
END bInit;
```

(SB2) Suchen eines Knotens

Diese Operation wird durch Suchbäume besonders unterstützt, denn es muß lediglich ein Ast des Baumes durchlaufen werden (evtl. nicht bis zum Ende), um ein vorgegebenes Element zu finden.

```
PROCEDURE suche (x : INTEGER; b : Baum) : Baum;
(* liefert den Wert NIL, falls Schlüsselwert x nicht im *)
(* Baum mit Wurzel b^ vorhanden ist, andernfalls einen  *)
(* Zeiger auf den Knoten mit Schlüsselwert x.            *)
BEGIN
    IF (b = NIL) OR (b^.Schluessel = x) THEN
        RETURN b
    ELSIF x < b^.Schluessel THEN
        RETURN suche (x, b^.LSohn)
    ELSE
        RETURN suche (x, b^.RSohn)
    END (* IF *)
END suche;
```

(SB3) Einfügen eines Knotens

Das Einfügen eines neuen Knotens verändert die bestehende Baumstruktur. Es muß deshalb dafür gesorgt werden, daß trotzdem die Eigenschaft "Suchbaum" erhalten bleibt. Dies ist gewährleistet, wenn man den neuen Knoten - der Ordnung entsprechend - als Blatt in den Suchbaum einfügt.

```
PROCEDURE einfuege (x : INTEGER; VAR b : Baum);
(*  erzeugt einen neuen Knoten mit Schlüsselwert x und  *)
(*  fügt ihn, entsprechend der Ordnung "<", in den Baum *)
(*  mit Wurzel b^ ein.                                  *)
BEGIN
    IF b = NIL THEN
        NEW (b);
        b^.Schluessel := x;
        b^.LSohn := NIL;
        b^.RSohn := NIL
    ELSIF x < b^.Schluessel THEN
        einfuege (x, b^.LSohn)
    ELSE
        einfuege (x, b^.RSohn)
    END (* IF *)
END einfuege;
```

Beispiel: Gegeben sei folgender Baum:

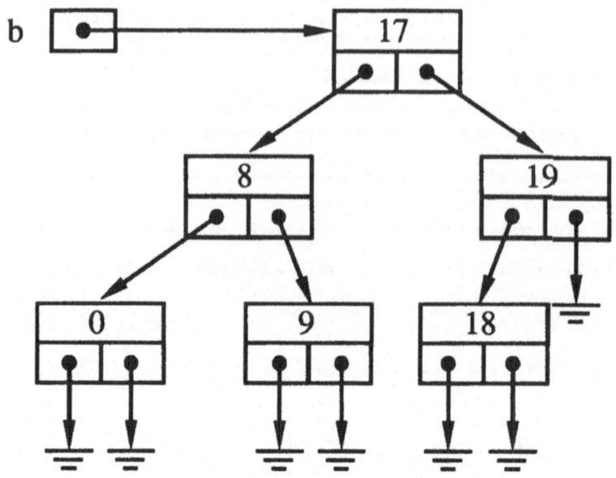

Dann liefert der Aufruf "Einfüge(12, b)":

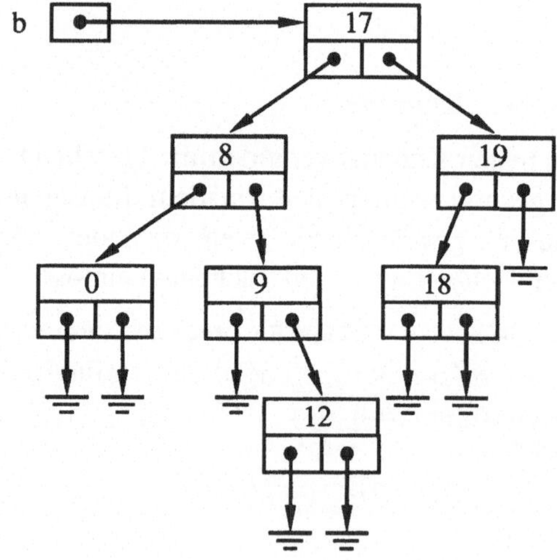

(SB4) Löschen eines Knotens

Das Löschen eines Knotens ist die komplizierteste Operation auf Suchbäumen, wobei auch hier die Eigenschaft "Suchbaum" erhalten bleiben muß. Drei Fälle können unterschieden werden:

1. Ein Blatt soll gelöscht werden:
Setze den im Baum vorhandenen Zeiger auf das Blatt auf NIL.

2. Ein innerer Knoten mit genau einem Sohn soll gelöscht werden:
Verzeigere den Vater des Knotens mit dem Sohn.

3. Löschen eines inneren Knotens mit zwei Söhnen:
Ersetze den Schlüsselwert des zu löschenden Knotens entweder durch den
kleinsten Schlüsselwert des rechten Teilbaumes oder durch den größten
Schlüsselwert des linken Teilbaumes.

**Für die nachfolgende Implementierung haben wir die zweite Möglichkeit
gewählt.** Zuvor betrachten wir noch ein Beispiel.

Beispiel: Gegeben sei folgender Baum:

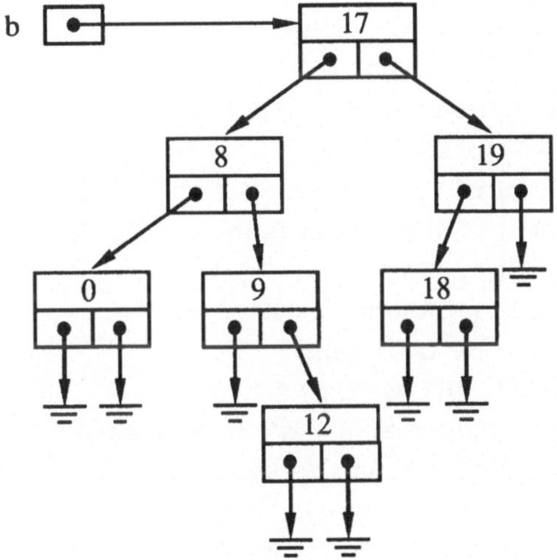

Dann führt das Löschen des Wurzelknotens zu:

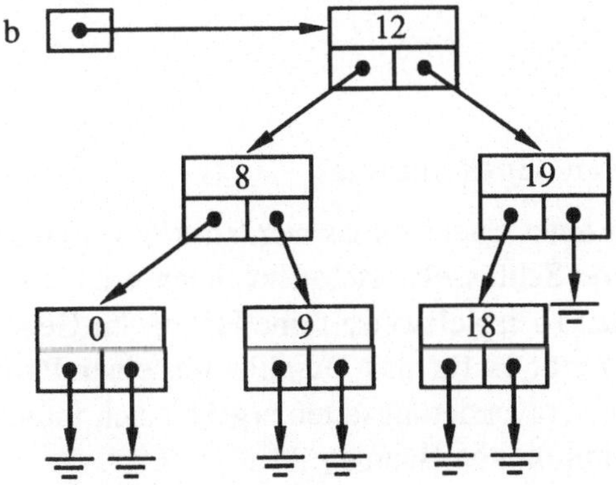

```
PROCEDURE loesche (x : INTEGER; VAR b : Baum);

(* löscht aus einem Baum mit Wurzel b^ den Knoten mit     *)
(* Schlüsselwert x. Beachte: Beim rekursiven Aufruf zeigt *)
(* b nicht auf die Wurzel des Gesamtbaumes, sondern ist   *)
(* ein Zeiger auf einen Knoten LSohn^ oder RSohn^.         *)

VAR q : Baum;

BEGIN
    IF b = NIL THEN
        WriteString("Schlüssel nicht vorhanden");
    ELSIF b^.Schluessel = x THEN (* Löschen von b *)
        IF b^.LSohn = NIL THEN
            b := b^.RSohn
        ELSIF b^.RSohn = NIL THEN
            b := b^.LSohn
        ELSE (* beide Söhne <> NIL *)
        (* Suche größten Schlüssel im linken Teilbaum *)
            q := b^.LSohn;
            WHILE q^.RSohn <> NIL DO
                q := q^.RSohn
            END (* WHILE *);
            b^.Schluessel := q^.Schluessel;
            loesche (b^.Schluessel, b^.LSohn)
        END (* IF *)
    ELSIF x < b^.Schluessel THEN
        loesche (x, b^.LSohn)
    ELSE
        loesche (x, b^.RSohn)
    END (* IF *)
END loesche;
```

(SB5) Traversieren eines Baumes

Beim Traversieren eines Suchbaumes werden *alle* vorhandenen Knoten inspiziert, etwa um ihre Schlüsselwerte auszugeben oder um Eigenschaften des Baumes festzustellen (beispielsweise seine Höhe). Im Gegensatz zu eindimensionalen Strukturen gibt es für das Durchlaufen einer Baumstruktur mehrere Möglichkeiten. Drei Traversierungsarten ergeben sich in natürlicher Weise aus der rekursiven Definition von Bäumen:

(1) *Preorder* (auch: Hauptreihenfolge, Prefixordnung):

- Betrachte zuerst die Wurzel w,
- durchlaufe dann den linken Teilbaum von w in Preorder,
- durchlaufe dann den rechten Teilbaum von w in Preorder;

kurz: durchlaufe den Baum in W-L-R-Reihenfolge (Wurzel-Links-Rechts); (Alternativ ist auch die Reihenfolge W-R-L möglich.)

(2) *Postorder* (auch: Nebenreihenfolge, Postfixordnung):

L-R-W (bzw. R-L-W), d.h. betrachte die Wurzel zuletzt.

(3) *Inorder* (auch: symmetrische Reihenfolge, Infixordnung):

L-W-R (bzw. R-W-L), d.h. betrachte die Wurzel "in der Mitte".

Hier nun (rekursive) Prozeduren zu den drei Traversierungsarten:

```
PROCEDURE preorder (b : Baum);

(* Traversieren des Baumes mit Wurzel b^ in     *)
(* Hauptreihenfolge (hier: Reihenfolge "W-L-R") *)


BEGIN
    IF b <> NIL THEN
        WriteInt(b^.Schluessel,5);
        preorder (b^.LSohn);
        preorder (b^.RSohn);
    END (* IF *)
END preorder;

PROCEDURE postorder (b : Baum);
(* Traversieren des Baumes mit Wurzel b^ in     *)
(* Nebenreihenfolge (hier: Reihenfolge "L-R-W") *)


BEGIN
    IF b <> NIL THEN
        postorder (b^.LSohn);
        postorder (b^.RSohn);
        WriteInt(b^.Schluessel,5);
    END (* IF *)
END postorder;
```

```
PROCEDURE inorder (b : Baum);

(* Traversieren des Baumes mit Wurzel b^ in symme-   *)
(* trischer Reihenfolge (hier: Reihenfolge "W-L-R")  *)

BEGIN
    IF b <> NIL THEN
        inorder (b^.LSohn);
        WriteInt(b^.Schluessel,5);
        inorder (b^.RSohn);
    END (* IF *)
END inorder;
```

(3.12) Beispiel: Traversieren eines Operatorbaumes

Bei Anwendung auf Operatorbäume realisieren die Traversierungsarten eine Transformation von algebraischen Ausdrücken in *unterschiedliche Notationen* (die für eine rechnerinterne Darstellung besonders vorteilhaft sind). Betrachten wir den zu dem Ausdruck (a + b) * (c - d * e) gehörenden Operatorbaum:

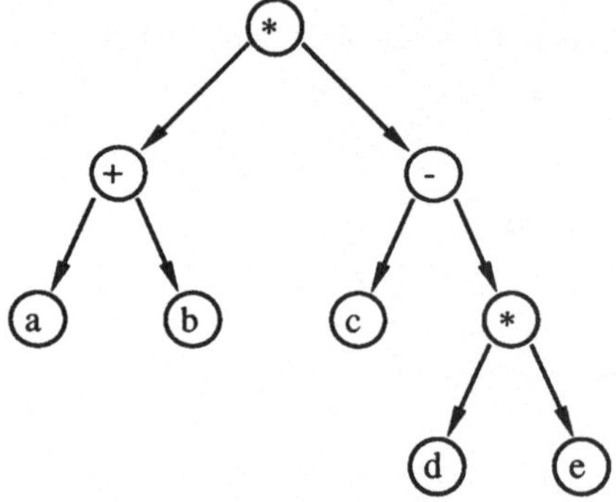

Dann liefert eine Ausgabe aller Knoten mittels der

- Preordertraversierung die *Prefixnotation*
  * + a b - c * d e
  (diese Notation wird auch *polnische Notation* genannt),

- Postordertraversierung die *Postfixnotation*
  a b + c d e * - *
  (diese Notation wird auch *umgekehrt polnische Notation* genannt),

- Inordertraversierung die *Infixnotation*
  a + b * c - d * e.

∎

Häufig werden algebraische Ausdrücke in Postfixnotation dargestellt. Die Auswertung eines solchen Ausdrucks läuft dann nach folgendem Schema ab:

> Durchlaufe die Symbolkette von links nach rechts. Wird dabei ein Operator angetroffen, so wende ihn auf die entsprechende Anzahl direkt vor ihm hingeschriebener Operanden an.

Dies ergibt für den obigen Ausdruck die eindeutige Abarbeitung:

$$(a + b) =: x$$
$$(d * e) =: y$$
$$(c - y) =: z$$
$$(x * z) = \text{"Resultat"}.$$

Wie in diesem Beispiel, bleiben bei den ersten beiden Notationen die Vorrangregeln (die üblichen bzw. die durch die Beklammerung erzwungenen) erhalten. Dies ist bei der Infixnotation nicht der Fall (!).

Aufgaben zu 3.3:

1. (a) Schreiben Sie ein Programm, das so lange CARDINAL-Zahlen einliest, bis eine "0" eingegeben wird. Organisieren Sie dabei die Zahlen in Eingangsreihenfolge als doppelt verkettete lineare Liste.

   (b) Geben Sie die Liste vorwärts und rückwärts aus.

   (c) Lesen Sie eine weitere Zahl ein, und entfernen Sie aus der Liste *alle* Elemente mit diesem Wert.

2. Implementieren Sie die Datentypen Schlange und Keller mittels Pointern.

3. Schreiben Sie eine Prozedur, die mit Hilfe eines "stack of CHAR" feststellt, ob ein String ein Palindrom ist. (Ein Palindrom ist ein Wort, das "umgekehrt" wieder das gleiche Wort ergibt; beispielsweise sind uhu, otto und abba Palindrome.)

4. Für zwei ganze Zahlen n und k mit $n \in \mathbb{N}$, $k \in \mathbb{N}_0$ sei $P(n, k)$ so definiert:

$P(n, 0) = 1$, falls $n \geq 1$
$P(1, 1) = 1$
$P(n, 1) = 2$, falls $n > 1$
$P(1, k) = 0$, falls $k > 1$
$P(n+1, k+1) = P(n, k) + P(n, k-1)$, sonst.

(a) Schreiben Sie eine rekursive Prozedur zur Berechnung von P.

(b) Lösen Sie die Rekursion auf, indem Sie Summanden, die nicht unmittelbar berechnet werden können, zwischenzeitlich in einem Keller ablegen. Schreiben Sie eine entsprechende iterative Prozedur zur Berechnung von P.

(c) Berechnen Sie $P(3, 4)$ mit der iterativen Prozedur, und geben Sie dabei die unterschiedlichen Belegungen des Kellers an.

5. Mit den folgenden Vereinbarungen sei ein Baum der Ordnung k gegeben:

```
CONST    k = ...; (* irgendeine natürliche Zahl *)

TYPE     Baum = POINTER TO Knoten;

         Knoten = RECORD
             Schluessel : INTEGER;
             Soehne : ARRAY[1..k] OF Baum;
         END;

VAR      b : Baum;
```

Schreiben Sie eine Prozedur, die den größten Schlüsselwert in dem durch b gegebenen Baum findet und einen Zeiger auf den entsprechenden Knoten zurückgibt.

6. Transformieren Sie die Terme

(i) $(a + b) * (c - d)$
(ii) $(a * b - c) + d * (e + f)$
(iii) $(a + b) * c - (d + e) * (f - g)$

in Prefix- und Postfixnotation, indem Sie jeweils den zugehörigen Operatorbaum in geeigneter Weise durchlaufen.

7. Gegeben sei folgender Binärbaum:

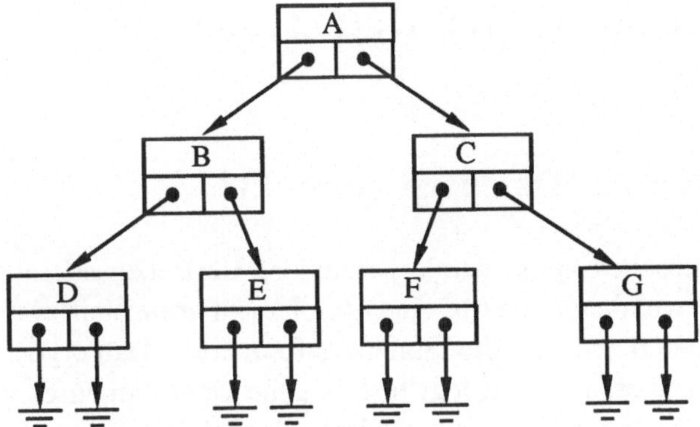

(a) Geben Sie die Inhalte der Knoten in Preorder-, Inorder- und Postorder-Reihenfolge aus.

(b) Eine weitere Traversierungsprozedur könnte so aussehen:

```
PROCEDURE xyz_order (b : Baum);

BEGIN
  IF b <> NIL THEN
    "gebe b^ aus";
    xyz_order(b^.RSohn);
    xyz_order(b^.LSohn);
  END (* IF *)
END xyz_order;
```

In welcher Reihenfolge werden bei dieser Traversierungsart die Knoteninhalte ausgegeben, und in welcher Beziehung steht diese Traversierungsart zu den übrigen?

(c) Zeigen Sie, daß es bei Kenntnis der Preorder- und der Inorder-Reihenfolge eines beliebigen binären Baumes immer möglich ist, den Baum eindeutig zu rekonstruieren.

Ist dies auch bei Kenntnis der Preorder- und Postorder-Reihenfolge so?

3.4 Spezifikation abstrakter Datentypen

3.4.1 Wodurch wird ein Datentyp abstrakt?

An einigen Stellen in diesem Kapitel wurde bereits das Bestreben erkennbar, Datentypen in einen Verwendungs- und in einen Implementierungsteil zweizuteilen: Im Verwendungsteil werden die Eigenschaften eines Datentyps aus Anwendersicht zusammengefaßt - man legt fest, welche Operationen es gibt, wie sie benutzt werden können, und was sie bewirken; im Implementierungsteil wird mittels schon vorhandener Typen eine Repräsentation für den Datentyp gewählt, außerdem werden die Operationen algorithmisch realisiert.

Eine strikte Trennung von Verwendungs- und Implementierungsteil unterstützt insbesondere eine modulare Programmentwicklung und erlaubt bzgl. eines Verwendungsteils den Austausch von Implementierungen (z.B. aus Effizienzgründen). Als Anwender sind wir uns der Entkopplung von Verwendungs- und Implementierungsteil oftmals nicht bewußt, etwa wenn wir vordefinierte Datentypen benutzen. Beispielsweise müssen wir in Modula-2 weder die interne Darstellung von REAL-Zahlen noch die Implementierung der arithmetischen Operationen kennen, wenn wir solche Zahlen verarbeiten wollen. Der Verwendungsteil stellt somit eine abstrakte Sicht auf einen Datentyp dar (abstrahierend von der Konkretisierung im Implementierungsteil). Diese Sicht genügt jedoch, um einen Anwender zur Benutzung des Datentyps zu befähigen. Ist ein Datentyp auf diese Weise gegeben, so spricht man von einem *abstrakten Datentyp* oder von *Datenabstraktion*.

Als gemeinsame Grundlage für Verwendungs- und Implementierungsteil dient die *Spezifikation* eines (abstrakten) Datentyps. Sie gibt zum einen an, welche Operationen auf dem Typ erklärt sind, und was sie bewirken. Dadurch kann ein Anwender den Datentyp verwenden und ein Programmierer den Datentyp implementieren. Zum anderen stellt eine Spezifikation eine Basis zur Überprüfung einer Implementierung dar, sei es durch Verifikation oder durch Testen. Eine Spezifikation sollte deshalb sowohl präzise wie auch verständlich sein. Leider ist dies nicht immer einfach: Beispielsweise ist eine umgangssprachliche Spezifikation in der Regel verständlicher als eine formale; umgekehrt ist eine formale Spezifikation eher frei von Ungenauigkeiten und Mehrdeutigkeiten. Der Konflikt zwischen Präzision einerseits und Verständlichkeit andererseits tritt nicht nur bei der Spezifikation von Datentypen auf; er ist eine Herausforderungen an die Informatik schlechthin. So ist es nicht verwunderlich, daß es eine ganze Reihe von Ansätzen zur Spezifikation von (abstrakten) Datentypen gibt. Bei den formalen Ansätzen sind dabei besonders der operationale, der axiomatische, der denotationale und der algebraische Ansatz zu nennen. Wir möchten an dieser Stelle aber lediglich die algebraische Spezifikation vorstellen. Die anderen Ansätze können in [Cle86] nachgelesen werden; der jeweils verwendete Formalismus kann teilweise auch Kapitel 4 (Sprachparadigmen) entnommen werden.

3.4.2 Algebraische Spezifikation von Datentypen

Beim algebraischen Ansatz betrachtet man einen Datentyp als eine Algebra, d.h. als eine Menge von Werten zusammen mit einer Menge von Operationen auf den Werten. Auf dieser Grundlage müssen beschrieben werden:

- die Syntax eines Datentyps (wie benutzt man ihn?),
- die Semantik eines Datentyps (wie verhält er sich?).

3.4.2.1 Beschreibung der Syntax eines Datentyps

Im Kontext der Spezifikation von Datentypen wird der Name eines Datentyps als *Sorte* bezeichnet. Gleichermaßen ist ein *Operator* ein Symbol zur Repräsentation einer Operation. Zur Darstellung eines *n-stelligen* Operators ω mit n Operanden der Sorten $s_1, s_2, ..., s_n$ und einem Ergebniswert der Sorte s verwendet man die Schreibweise

$$\omega: s_1 \times s_2 \times ... \times s_n \rightarrow s$$

Diese Schreibweise erinnert stark an eine Funktion. Wir sollten uns deshalb klarmachen, daß ω nur ein Symbol ist. Auch die Stelligkeit ist lediglich eine Umschreibung dafür, daß zu einem Operator eine bestimmte Anzahl von Operanden gehört.

Die zu einem Datentyp gehörende Menge von Operatoren zusammen mit den jeweiligen Stelligkeiten bezeichnet man als *Signatur* des Datentyps. Wie oben erkennbar, sind Sorten und Operatoren eine Voraussetzung für eine Signatur. Betrachten wir ein Beispiel.

(3.13) Beispiel: Signatur

Die folgende Signatur verwendet eine einelementige Menge {Bool} von Sorten sowie eine Menge {true, false, ifthenelse, not, and, or} von Operatoren:

Signatur   true: → Bool

false: → Bool

ifthenelse: Bool x Bool x Bool → Bool

not: Bool → Bool

and: Bool x Bool → Bool

or: Bool x Bool → Bool

Im Beispiel sind "true" und "false" nullstellige Operatoren (d.h. Konstanten), "not" ein einstelliger, "and" und "or" zweistellige und "ifthenelse" ein dreistelliger Operator. Weil man die Sorten (Namen von Datentypen) meist im Hinblick auf die spätere Verwendung des zu spezifizierenden Datentyps wählt, ist es wichtig, sich daran zu erinnern, daß in der Signatur nur Symbole stehen. Man darf sich deshalb von den vertrauten Bezeichnern nicht in Versuchung bringen lassen und "Bool" als Repräsentant für BOOLEAN oder "and" als die übliche Verknüpfung zweier Boole'scher Variablen auffassen. Eine Signatur gibt nur Operatoren und deren Stelligkeiten an, nicht Operationen und Werte; die Signatur beschreibt die Syntax eines Datentyps, nicht seine Semantik.

3.4.2.2 Beschreibung der Semantik eines Datentyps

Die Semantik eines Datentyps wird durch Gleichungen angegeben. Diese Gleichungen stellen *Axiome* (Gesetze) dar und legen im wesentlichen fest, welche Ausdrücke den selben Wert haben. Dabei sind als Ausdrücke alle Konstrukte erlaubt, die die Signatur gestattet. Zur Formulierung der Axiome werden teilweise *Variablen* der Sorten benutzt, d.h. Symbole, die sich von allen anderen Symbolen unterscheiden. Zur Illustration führen wir das obige Beispiel fort.

(3.14) Beispiel: Axiome

Variablen   a, b : "Bool".

Axiome   ifthenelse (true, a, b) = a

ifthenelse (false, a, b) = b

not (a) = ifthenelse (a, false, true)

and (a, b) = ifthenelse (a, b, false)

or (a, b) = ifthenelse (a, true, b)

Man kann nachvollziehen, daß durch die Axiome das Verhalten des Datentyps so spezifiziert wird, daß er dem gewohnten Datentyp BOOLEAN entspricht. Wir kennen nun die wesentlichen Bestandteile einer algebraischen Spezifikation und können zusammenfassen:

Eine algebraische Spezifikation besteht aus fünf Teilen:

(1)   Dem Namen der Spezifikation,
(2)   einer Menge von Sorten,
(3)   einer Signatur,
(4)   einer Menge von Variablen zusammen mit ihren Sorten,
(5)   einer Menge von Axiomen.

Ist die Spezifikation eines abstrakten Datentyps gegeben, so muß bei der Implementierung jeder Sorte ein konkreter Typ und jedem Operator eine konkrete Operation mit der verlangten Stelligkeit zugeordet werden, und zwar beides so, daß die Axiome erfüllt sind. Ist dies der Fall, so nennt man die Gesamtheit aus konkreten Typen und Operationen ein *Modell* des abstrakten Datentyps.

Zur Übung wollen wir den Datentyp "stack" algebraisch spezifizieren.

(3.15) Beispiel: Algebraische Spezifikation des Datentyps "stack"

Name   stack-Beispiel

Sorten   stack, ElementTyp, UNDEFINED, BOOLEAN

Signatur   init: $\rightarrow$ stack

               push: ElementTyp $\times$ stack $\rightarrow$ stack

               pop: stack $\rightarrow$ stack

               top: stack $\rightarrow$ ElementTyp $\cup$ UNDEFINED

               empty: stack $\rightarrow$ BOOLEAN

Variablen   s : stack, x : ElementTyp

Axiome   pop(init) = init

               pop(push(x, s)) = s

               top(init) = undefined

               top(push(x, s)) = x

               empty(init) = TRUE

               empty(push(x, s)) = FALSE   ∎

Am obigen Beispiel wird erkennbar, daß es zwei Arten von Operationen gibt, *erzeugende* und andere. In Beispiel 3.15 stehen "init" und "push" für die erzeugenden Operationen, denn alle stacks lassen sich allein durch diese Operationen erzeugen. Zur Beschreibung der Semantik führt man nichterzeugende Operationen auf erzeugende Operationen zurück. Man tut dies, indem man in den Axiomen jede nichterzeugende Operation auf eine erzeugende anwendet.

Des weiteren wird im obigen Beispiel deutlich, daß Fehlersituationen ein Problem darstellen können. Wie soll beispielsweise "top(init)" behandelt werden? Will man den Fall nicht einfach ignorieren, so kann man etwa einen bestimmten Wert von "ElementTyp" als Fehlermeldung benutzen (verliert dann den Wert aber für den ursprünglichen Gebrauch), oder man behilft sich anderweitig, beispielsweise durch Hinzunahme einer Sorte "UNDEFINED" (im Beispiel zur Repräsentation eines Typs mit Element "undefined").

Zur weiteren Übung wollen wir abschließend den Datentyp "queue" algebraisch spezifizieren.

(3.16) Beispiel: Algebraische Spezifikation des Datentyps "queue"

Name   queue-Beispiel

Sorten   queue, ElementTyp, UNDEFINED, BOOLEAN

Signatur   init: $\to$ queue

enqueue: ElementTyp X queue $\to$ queue

dequeue: queue $\to$ queue

front: queue $\to$ ElementTyp $\cup$ UNDEFINED

empty: queue $\to$ BOOLEAN

Variablen   q : queue, x : ElementTyp

Axiome   dequeue(init) = init

dequeue(enqueue(x, q)) =   IF empty(q) THEN q
ELSE enqueue(x, dequeue(q))

front(init) = undefined

front(enqueue(x, q)) =   IF empty(q) THEN x
ELSE front(q)

empty(init) = TRUE

empty(enqueue(x, q)) = FALSE

3.5. Programmbausteine

In den Abschnitten 3.2 bis 3.4 haben wir Datentypen betrachtet - sozusagen die programmiersprachlichen Entsprechungen zu problembezogenen Objektklassen einschließlich zugehöriger Operationen. Für die Formulierung "richtiger" Programme sind außer den Datentypen auch noch Sprachmittel zur Steuerung des Verarbeitungsfortgangs notwendig. Hierunter fallen Kontrollstrukturen wie Sequenz, Schleifen, Verzweigungen, Sprünge und Aufrufe. Darüber hinaus braucht man Möglichkeiten zur Definition organisatorischer Untereinheiten eines Programms. Solche Einheiten sind Unterprogramme, Koroutinen und Module. Sie sind zwar allesamt nicht prinzipiell notwendig, aber aus Gründen der Übersichtlichkeit, Testbarkeit, Änderbarkeit usw. eines Programms aus der Programmierung nicht mehr wegzudenken. Wir betrachten sie deshalb nacheinander.

3.5.1 Unterprogramme

Unterprogramme sind mit einem Namen versehene und in der Regel parametrisierte Untereinheiten eines Programms. Sie sind sowohl nützlich zur Bearbeitung wiederkehrender und in sich geschlossener Teilprobleme wie auch für die Strukturierung eines Programms. Dabei kann eine Strukturierung zum Ziel haben, eine logische Einheit aus dem Entwurf eines Algorithmus abzubilden, oder dazu dienen, in einem Unterprogramm technische Besonderheiten zu isolieren (beispielsweise im Hinblick auf eine bessere Übertragbarkeit eines Programms auf andere Rechner).

Es werden zwei Arten von Unterprogrammen (engl.: subroutines) unterschieden: Prozeduren und Funktionen (in Modula-2: "Funktionsprozeduren"). Sieht man einmal davon ab, daß im Gegensatz zu einer ("gewöhnlichen") Prozedur eine Funktionsprozedur ein Ergebnis liefert, welches direkt in einem Ausdruck weiterverarbeitet werden kann, so gibt es keinen wesentlichen Unterschied zwischen beiden. Es genügt deshalb, wenn wir uns im folgenden auf Prozeduren konzentrieren. Rufen wir uns dazu den schematischen Aufbau einer Prozedur in Erinnerung:

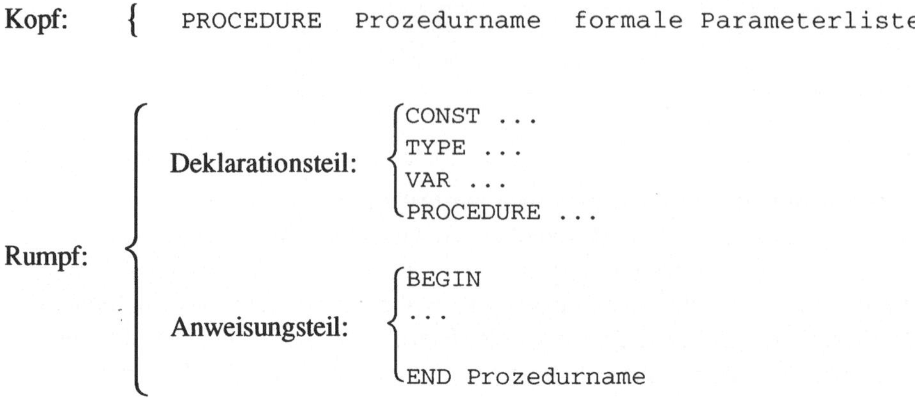

Bild 3.9: Schematischer Aufbau einer Prozedur

Eine Prozedurausführung erfolgt in folgenden Schritten:

(1)   Aufruf der Prozedur im übergeordneten, rufenden Programm;

(2)   Übergabe der Parameter;

(3)   Ausführung des Anweisungsteils;

(4)   Rücksprung ins rufende Programm.

Die Wirkung eines Prozeduraufrufs können wir uns vorstellen als Ersetzung des Aufrufs durch den *Block* der aufgerufenen Prozedur, d.h. durch deren Rumpf zusammen mit den formalen Parametern. Man spricht dabei auch von einer *Inkarnation* der Prozedur (inkarnieren: körperliche Gestalt annehmen). Demgegenüber bewirkt ein Rücksprung im wesentlichen das Löschen der zugehörigen Inkarnation. Im Zusammenhang mit der Prozedurausführung ist weiter wichtig, welche Größen der Prozedur bekannt sind und wie Parameter übergeben werden. Was die Größen betrifft, so sind in einer Prozedur bekannt:

• die Parameter aus der formalen Parameterliste,

• die im Deklarationsteil der Prozedur vereinbarten Größen (*lokale Größen*),

• Größen, die im übergeordneten Programm vereinbart bzw. bekannt sind und die lokal nicht wiedervereinbart wurden (*globale Größen*).

Die Benutzung globaler Variablen in untergeordneten Prozeduren ist häufig schlecht durchschaubar und kann zu (ungewollten) Veränderungen der Variablen, sogenannten *Seiteneffekten,* führen. Zur Vermeidung dieser Fehlerquelle wie auch aus Gründen der guten Änderbarkeit eines Programms sollte man deshalb auf globale Variablen möglichst verzichten. Statt dessen ist eine Übergabe von Werten mit Hilfe der formalen Parameter anzustreben. Eine solche Übergabe kann auf unterschiedliche Arten erfolgen, je nach Verwendung der formalen Parameter als Platzhalter für

* die *Werte* der aktuellen Parameter,
* *Verweise* auf die Werte der aktuellen Parameter,
* die *Namen* der aktuellen Parameter.

Diese Arten der Parameterübergabe betrachten wir nachfolgend ausführlicher.

(A) Parameterübergabe durch Wertaufruf (call by value)

Ein aktueller Parameter ist in diesem Fall ein *Ausdruck* mit Ergebniswert vom Typ des formalen Parameters. Dieser fungiert als Platzhalter für den *Ergebniswert*, d.h. bei der Parameterübergabe wird der Wert in den Speicherplatz des formalen Parameters kopiert. Ein solcher formaler Parameter verhält sich somit wie eine lokale Variable: Er kann in "seiner" Prozedur verändert werden, die Veränderung hat aber keine Wirkung außerhalb der Prozedur – es wird ja nur die Kopie verändert. Betrachten wir ein Beispiel (bei dem wir ausnahmsweise die Empfehlung, auf globale Variablen zu verzichten, ignorieren):

```
MODULE  Parameteruebergabe;
(* ... Importliste ...*)

VAR a : ARRAY[1..2] OF INTEGER;
    i, ergebnis : INTEGER;

PROCEDURE f (cbv par : INTEGER); (* call by value *)
BEGIN
  i := 2;
  a[1] := 12;
  ergebnis := par;
END f;


BEGIN (* Hauptprogramm *)
  a[1] := 10;  a[2] := 11;
  i := 1;
  f(a[i]);
  WriteInt(ergebnis);
END Parameteruebergabe.
```

Überlegen wir, welcher Wert ausgegeben wird: Im Hauptprogramm wird der aktuelle Parameter "a[i]" ausgewertet: er hat den Wert 10. Danach wird dieser Wert in den durch den formalen Parameter "par" benannten Speicherplatz kopiert. Der Inhalt dieses Speicherplatzes wird schließlich in der Prozedur f der Variablen "ergebnis" zugewiesen. Also:

"ergebnis" = 10.

Bemerkungen:

- In Modula-2 und Pascal ist call by value der Standardfall. Er wird syntaktisch vereinbart, indem man "<u>cbv</u>" = " " setzt (d.h. leer läßt).

- Funktionsprozeduren sollten stets diese Parameterübergabe benutzen. (Philosophie: Funktionen lassen die Argumente unverändert).

(B) Parameterübergabe durch Referenzaufruf (call by reference)

Hierbei muß der Typ des aktuellen Parameters mit der Typangabe beim formalen Parameter übereinstimmen. Der formale Parameter fungiert als *Verweis* auf den aktuellen Parameter und erhält bei der Parameterübergabe den entsprechenden (Zeiger-)Wert. Dadurch ist letztendlich ein Zugriff auf den formalen Parameter ein Zugriff auf den aktuellen Parameter (nur unter anderem Namen). Eine Änderung des formalen Parameters hat deshalb eine Wirkung außerhalb der Prozedur (nämlich beim "Original").

Beispiel: Wir ändern den Prozedurkopf von f ab zu:

```
PROCEDURE f(cbr par : INTEGER) (* call by reference *).
```

Der formale Parameter "par" repräsentiert jetzt einen Verweis auf den aktuellen Parameter "a[1]", d.h. immer wenn "par" in "f" benutzt wird, wird auf "a[1]" zugegriffen. In der Prozedur f wird "ergebnis" deshalb der Wert von "a[1]" zugewiesen. Der ist an dieser Stelle 12. Also:

"ergebnis" = 12.

Bemerkungen:

- In Modula-2 und Pascal wird call by reference syntaktisch vereinbart, indem man "<u>cbr</u>" = "VAR" setzt.

- Das Paar ("cbr par") im Prozedurkopf von f kann in gewissem Sinn aufgefaßt werden wie eine Modula-2-Vereinbarung
"VAR par = POINTER TO ...".

- Diese Form der Parameterübergabe ist sinnvoll, wenn eine Veränderung von Argumenten auch außerhalb der Prozedur sichtbar sein soll (etwa, wenn Parameter als Ergebnisvariablen benutzt werden).

- Teilweise verwendet man call by reference, um Speicherplatz zu sparen (durch einen Verweis auf Daten anstelle einer Kopie davon).

(C) Parameterübergabe durch Namensaufruf (call by name)

In diesem Fall wird der formale Parameter *textuell* durch den aktuellen Parameter ersetzt, d.h. überall wo in der Prozedur f der formale Parameter steht, wird nach dem Aufruf der aktuelle Parameter verwendet. Die Auswertung des Parameters erfolgt nicht bereits bei der Parameterübergabe, sondern erst während der Abarbeitung der Prozedur, an der jeweiligen Stelle.

Beispiel: Wir verändern den Prozedurkopf von f zu:

```
PROCEDURE f (cbn par : INTEGER) (* call by name *).
```

In diesem Fall wird jedes Vorkommen des formalen Parameters "par" bei Aufruf von "f" durch den Text "a[i]" ersetzt. Da die Auswertung des Parameters erst bei Abarbeitung einer entsprechenden Anweisung erfolgt, gilt im vorliegenden Beispiel: "ergebnis := "par" = "a[i]" = "a[2]" = 11. Also:

"ergebnis" = 12.

Bemerkung:

- Diese Form der Parameterübergabe ist der Standard in ALGOL 60. In PASCAL und MODULA-2 ist sie nicht mehr vorhanden; es gibt sie aber noch, z.B. in LISP.

3.5.2 Koroutinen und Prozesse

Ein Aufruf einer Prozedur erzeugt eine Inkarnatin der Prozedur, und das rufende Programm kann erst weiterarbeiten, wenn die Inkarnation vollständig abgearbeitet und anschließend gelöscht wurde. Dies entspricht auch dem Zweck einer Prozedur: Lösung einer Teilaufgabe, deren Ergebnis an der Stelle des Aufrufs benötigt wird. Bei geschachtelten Prozeduraufrufen führt dies zu einer hierarchischen Abarbeitungsreihenfolge im Sinne: Beginn der Bearbeitung gemäß Aufrufreihenfolge, Ende der Bearbeitung in umgekehrter Reihenfolge. Im folgenden Bild ist beispielhaft die Abarbeitungsreihenfolge bei Prozeduraufrufen skizziert. Dabei bedeuten:

$\Longrightarrow$: Fortgang der Berechnung,

$\longrightarrow$: Übergabe der (Ablauf-)Kontrolle durch einen Aufruf.

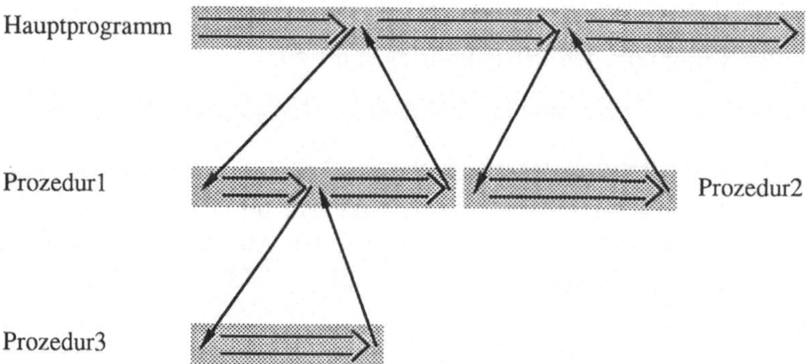

Bild 3.10: Abarbeitungsreihenfolge bei Prozeduraufrufen

Neben Prozeduren gibt es in manchen Programmiersprachen *Koroutinen*. Sie sind Prozeduren vor allem äußerlich ähnlich; in zwei Punkten unterscheiden sie sich jedoch wesentlich von diesen:

(1) Eine Rückkehr ins rufende Programm ist bei Koroutinen auch dann möglich, wenn eine Inkarnation nicht vollständig abgearbeitet ist.

(2) Wird einer Inkarnation die Kontrolle erneut übertragen, so setzt sie die Ausführung dort fort, wo sie zuvor unterbrochen wurde. Zu diesem Zweck "merkt" sich eine Koroutine die Stelle der Unterbrechung ebenso wie alle Variablenwerte zum jeweiligen Zeitpunkt.

Zur Gegenüberstellung skizzieren wir einen möglichen Ablauf der Kontroll-
übergabe zwischen zwei Koroutinen K_1 und K_2.

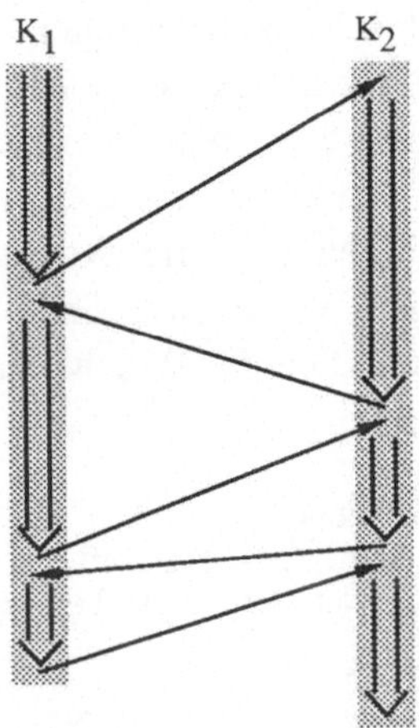

Bild 3.11: Eine Abarbeitungsreihenfolge (gleichberechtigter) Koroutinen

Um die Benutzung von Koroutinen zu ermöglichen, muß eine Programmiersprache Sprachelemente zur Erzeugung von Koroutinen, zur Übergabe der
Kontrolle usw. bereitstellen. Im allgemeinen variieren diese Sprachelemente
zwischen Programmiersprachen beträchtlich. Sie sollten deshalb im jeweiligen
Handbuch nachgesehen werden. Zwei wichtige Operationen im Zusammenhang
mit Koroutinen werden von den folgenden Prozeduren realisiert (in Modula-2):

NEWCOROUTINE(CoR : PROC; ... Parameterliste ...);

erzeugt eine Inkarnation der Koroutine CoR und legt entsprechende Verwal-
tungsinformationen an (teilweise in den übergebenen Parametern).

TRANSFER(VAR from : COROUTINE; to : COROUTINE);

sichert die aktuelle Verwaltungsinformation einer Inkarnation der Koroutine
"from" und übergibt anschließend die Kontrolle an eine Inkarnation der Koroutine "to".

Darüber hinaus gibt es einen Befehl "RETURN", der von einer Inkarnation aus
den Rücksprung ins kreierende Programm bewirkt und die Inkarnation löscht.
Ferner gibt es Prozeduren zur Überwachung und Handhabung von Unter-
brechungssignalen (Interrupts), auf die eine Koroutine durch ein "TRANSFER"
oder "RETURN" reagieren kann.

Wir illustrieren die Verwendung der beiden Prozeduren NEWCOROUTINE und TRANSFER an einem Beispiel.

(3.17) Beispiel: Auf einem Förderband befinden sich Teile, die erkannt und sortiert werden müssen. Ein spezielles Gerät kann die Teile auf dem Band identifizieren und den Abstand zwischen zwei aufeinanderfolgenden Teilen bestimmen. Das Gerät steht ferner mit einer Steuerung in Verbindung, die entsprechend dem ankommenden Teil die Weiche stellt und außerdem die Bandgeschwindigkeit verringert, wenn zwei Teile zu dicht aufeinanderfolgen (und die Zwischenzeit für das Stellen der Weiche zu kurz ist).

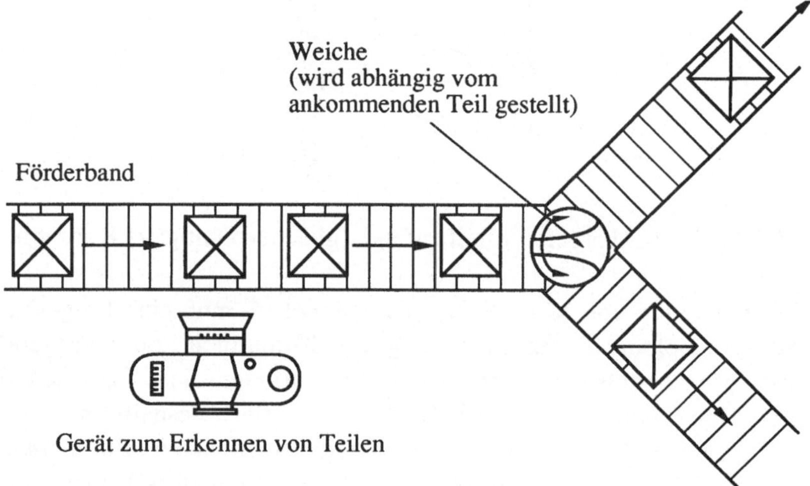

Prinzip der Teilesortierung:
Wiederhole:
(1)   Erkenne ein Teil auf dem Band.
(2)   Stelle die Weiche entsprechend.
(3)   Falls der Abstand zum nächsten Teil zu gering ist, um die Weiche positionieren zu können, verlangsame das Band.

Im folgenden skizzieren wir eine Implementierung der Teilesortierung durch zwei Koroutinen "TeileErkennen" und "WeicheSteuern". Sie kommunizieren miteinander über zwei globale Variablen "TNr" und "delta-t", die im Modul "TeileSortieren" vereinbart sind. Anstelle der üblichen (und natürlich "richtigen" Hintereinander-)Schreibweise sind die Koroutinen nebeneinander aufgeführt. Dadurch soll die Verzahnung der Koroutinen hervorgehoben werden.

```
MODULE TeileSortieren;

CONST    t-min = ...          (* Mindestzeitdauer für das  *)
                              (* Verstellen der Weiche     *)

VAR      TNr     : CARDINAL;  (* Teilenummer               *)

         delta-t : REAL;      (* Zeitabstand zwischen      *)
                              (* zwei aufeinanderfolgenden *)
                              (* Teilen auf dem Band       *)


PROCEDURE TeileErkennen;          PROCEDURE WeicheSteuern;

BEGIN                             BEGIN
 LOOP                              LOOP

  "Erkenne Teil";
  TNr := "Nummer des Teils";
  TRANSFER(TeileErkennen,
           WeicheSteuern);

                                   "Bestimme in Abhängigkeit
                                   von TNr neue Weichenposi-
                                   tion Wpos";
                                   "Melde Wpos an Weichen-
                                   chenmotor";
                                   TRANSFER(WeicheSteuern,
                                            TeileErkennen)

  "Messe Zeitabstand delta-t
  bis zum nächsten Teil";
  TRANSFER(TeileErkennen,
           WeicheSteuern);

                                   IF delta-t < t-min THEN
                                      "Verringere Bandgeschw."
                                   ELSE
                                      "Normale Bandgeschw.";
                                   END; (* IF *)
                                   TRANSFER(WeicheSteuern,
                                            TeileErkennen)

  END; (* LOOP *)                  END; (* LOOP *)
END TeileErkennen;                END WeicheSteuern;
```

```
BEGIN (* Hauptprogramm *)

  NEWCOROUTINE(TeileErkennen);
  NEWCOROUTINE(WeicheSteuern);
  (* Jetzt: Übergabe der Kontrolle vom Hauptprogramm *)
  ("CURRENT") an die Koroutine "TeileErkennen"       *)

  TRANSFER (CURRENT, TeileErkennen);

END TeileSortieren.
```

■

Eine Hauptanwendung von Koroutinen sind parallele Prozesse (ein Prozess ist
ein zur - ggf. weiteren - Abarbeitung vorbereitetes Programmstück). Da es bei
Einprozessorrechnern keine Parallelität im eigentlichen Sinne geben kann, d.h.
kein wirklich gleichzeitiges Bearbeiten mehrerer Prozesse, werden Prozesse
dort "quasi-parallel", d.h. stückweise abwechselnd bearbeitet. Dies entspricht
gerade der Abarbeitung von Koroutinen.

3.5.3 Module

Der Begriff des Moduls wird in der Informatik für unterschiedliche Konzepte
verwendet. Ursprünglich angelehnt an die Vorstellung von einem Bauteil (wie
etwa in der Elektronik) haben sich bis heute diverse Ausprägungen heraus-
gebildet, beispielsweise

- Module, die einen abstrakten Datentyp bereitstellen;

- Bibliotheksmodule, d.h. Module, die eine Sammlung von Prozeduren
  (meist für einen spezifischen Aufgabenbereich) bereitstellen;

- Module zur Implementierung logisch zusammengehörender Untereinheiten eines Programms; Module sind in diesem Fall Programmteile, bei
  denen ein enger Zusammenhang zum Programmentwurf besteht.

Module der ersten und zweiten Art sind durch das Arbeiten mit Modula-2 oder
einer vergleichbaren Programmiersprache mittlerweile geläufig. Ein wichtiger
Aspekt bei Modulen der dritten Art ist ihr Zusammenwirken im gemeinsamen
Programm. Machen wir uns dazu eine grobe Strukturvorstellung von einem
Programm, das insgesamt aus den Modulen A, B, ..., L besteht (ein Pfeil von X
nach Y besagt, daß Modul X Modul Y benutzt):

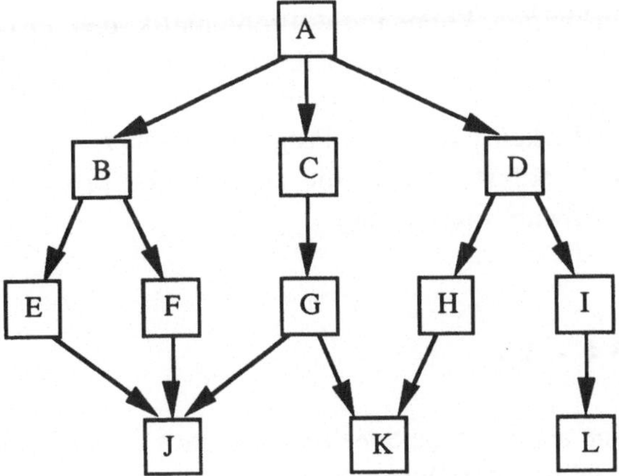

Aus einer solchen Anordnung voneinander abhängiger Module ergeben sich Forderungen nach anzustrebenden Eigenschaften von/zwischen Modulen:

- Starker funktionaler Zusammenhang innerhalb eines Moduls, d.h. ein Modul soll zuständig sein für *eine* Aufgabe oder *einen* Aufgabentyp.

  Dadurch werden spezifische Funktionen gebündelt und können von einem Spezialisten dafür weitgehend unabhängig realisiert werden. Ferner können Änderungen oftmals lokal in nur diesem Modul behandelt werden; dagegen ist das Ändern mehrerer Module meist langwieriger und fehleranfälliger.

- Geringer funktionaler Zusammenhang zwischen Modulen.

  Dadurch kann ein umfangreicher Datenaustausch zwischen Modulen vermieden werden. Ferner ist ein Programm besser zu überblicken, wenn zusammengehörende Teilaufgaben nicht über viele Module verstreut sind. Letzlich können dadurch Fehlerquellen besser lokalisiert werden.

- Ausgewogene Höhe und Breite des "Modul-Baums".

  Gilt für einen Baum "Höhe >> Breite", so besteht die Gefahr, daß eine Teilaufgabe zu stark zerlegt und unübersichtlich verteilt ist. Die Erledigung einer solchen Teilaufgabe bringt dann ferner eine Vielzahl von Aufrufen mit sich (jeder Übergang von einem Modul zu einem anderen entspricht einem Prozeduraufruf), was die Laufzeit eines Programms beträchtlich erhöhen kann.

  Gilt dagegen "Breite >> Höhe", so besteht die Gefahr, daß aufgrund der feinen Verästelung unterschiedliche Module sehr Ähnliches leisten. Dies kann zu überflüssiger Mehrfachprogrammierung führen.

All diese Bemerkungen können die Problematik des Programmentwurfs lediglich anreißen und eine erste Sensibilität dafür wecken, daß der Entwurf von Modulen (großer Programmbausteine) entscheidende Auswirkungen auf Änderbarkeit, Testbarkeit usw. eines Programms haben kann. Er muß deshalb systematisch durchgeführt werden; die zugehörigen Problemstellungen sind Gegenstand des Software Engineering.

Aufgaben zu 3.4 - 3.5:

1. Geben Sie eine algebraische Spezifikation eines Datentyps MENGE an, der durch Bereitstellung der Operationen
    * erzeugen einer leeren Menge
    * einfügen eines Elements in eine Menge
    * löschen eines Elements aus einer Menge
    * testen eines Wertes auf Enthaltensein in einer Menge
    eine Menge im üblichen Sinn realisiert.

2. Welche Ausgaben liefert das folgende Programm, falls in der Prozedur "tausche" <u>cbx</u> für
    (a) call by value
    (b) call by reference
    (c) call by name
    steht?

```
MODULE Tauschen;
(* ... Importliste ... *)
VAR zahl1, zahl2 : CARDINAL;

PROCEDURE tausche (cbx a, b : CARDINAL);
VAR hilf : CARDINAL;

BEGIN
   hilf := a; a := b; b := hilf;
   WriteCard(a,5); WriteCard(b,5); WriteLn;
END tausche;

BEGIN
   ReadCard(zahl1); ReadCard(zahl2); WriteLn;
   tausche(zahl1, zahl2);
   WriteCard (zahl1,5); WriteCard (zahl2,5); WriteLn;
END Tauschen.
```

3. Machen Sie sich die wesentlichen Unterschiede zwischen Unterprogrammen und Koroutinen klar.

4. Skizzieren Sie unter Verwendung von
   (a) Koroutinen
   (b) Prozeduren
   ein Programm, das "blockweise" jeweils 512 Zeichen aus einer Datei liest und auf einen Zeilendrucker mit 125 Zeichen pro Zeile ausgibt.

4 Höhere Programmiersprachen

Programmiersprachen ermöglichen die Kommunikation zwischen dem Menschen auf der einen Seite (dem Programmierer) und der Maschine auf der anderen Seite. Mit der Sprache MODULA-2 haben wir in Band I dieses Grundkurses ein Beispiel für eine solche Sprache kennengelernt. Die Sprache hat sich als ein nützliches Instrument zur präzisen Formulierung von Algorithmen herausgestellt.

Heutzutage gibt es eine große, fast unüberschaubare Vielfalt an Programmiersprachen, und wir wollen in diesem Kapitel einen Überblick über verschiedene Arten von Sprachen und über die Definition von Programmiersprachen geben.

4.1 Klassifikation höherer Programmiersprachen

4.1.1 Höhere Programmiersprachen versus Maschinensprachen

Eine Programmiersprache dient zur Formulierung von Anweisungen und Rechenvorschriften, die ein Rechner ausführen soll. Sie soll die Möglichkeit bieten, Daten und Operationen auf diesen Daten darzustellen. Zwischen dem Rechner als "nackte Maschine" und dem Menschen klafft eine große "sprachliche Lücke", die durch geeignete Programmiersprachen überbrückt werden muß. Es ist einem Programmierer i.a. nicht zuzumuten, Informationen in Form von Spannungszuständen, Bit-Ketten, Speicherinhalten etc. darzustellen und in den Rechner einzugeben. Diese Form der Kommunikation mit dem Computer wurde in den Anfängen der Programmierung zwar angewendet, sie ist jedoch äußerst unkomfortabel und fehleranfällig.

Deshalb realisiert man die Kommunikation mit dem Rechner durch verschiedene Sprachen, die an unterschiedliche Problemstellungen angepaßt sind und die sich hinsichtlich ihrer Abstrahierung von der Maschinenebene unterscheiden. Wir wollen im folgenden einen Computer als Hierarchie von

Sprachebenen auffassen und uns mit der Frage der Verbindung der einzelnen Ebenen beschäftigen.

In Bild 4.1 ist angedeutet, wie man sich einen Rechner als eine Hierarchie aufeinander aufbauender Sprachebenen vorstellen kann. Je stärker eine Sprache von der Hardware abstrahiert, desto höher ist die Ebene, auf der die Sprache angesiedelt ist. Damit ist die Sprache L_1 die der Hardware am nächsten stehende. Alle anderen Sprachen liegen in den Ebenen darüber.

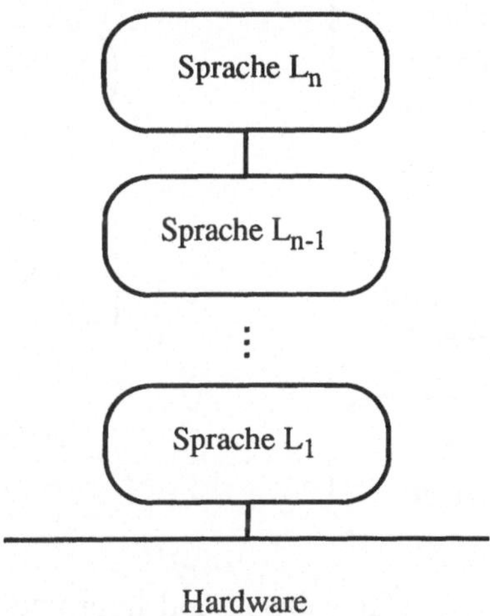

Bild 4.1: Hierarchie von Sprachebenen

Mindestens eine Sprachebene – meist sind es mehrere – steht dem Benutzer zur Verfügung. Manche Ebenen sind jedoch für den Rechner selbst reserviert und für den Benutzer nicht zugänglich. Durch Sprachen dieser Ebenen wird die interne Steuerung des Rechners realisiert.

Hat man ein Programm in einer Sprache L_k ($k > 1$) geschrieben, so ist es noch nicht direkt durch die Hardware ausführbar. Es gibt zwei verschiedene Ansätze, mit denen man dem Rechner die Anweisungen "verständlich" machen kann: entweder durch *Übersetzung* oder durch *Interpretierung*. Den Unterschied kann man sich etwa so vorstellen wie den zwischen einem Buchübersetzer und einem Simultandolmetscher bei natürlichen Sprachen.

Unter der Übersetzung eines Programms verstehen wir einen Vorgang, bei dem ein sogenanntes Quellprogramm (der Sprache L_k) durch ein Übersetzungsprogramm in ein Zielprogramm (der Sprache L_{k-1}) transformiert wird.

Übersetzungsprogramme werden auch als *Compiler* und der Übersetzungsvorgang als *Compilierung* bezeichnet.

Wird dagegen ein Quellprogramm der Sprache L_k *interpretiert*, so wird es ebenfalls mit Hilfe eines Programms, einem sogenannten *Interpreter*, direkt ausgeführt. Übersetzer bzw. Interpreter sind meist Programme in der Sprache L_{k-1}, d.h. sie sind eine Sprachebene unter dem Quellprogramm angesiedelt.

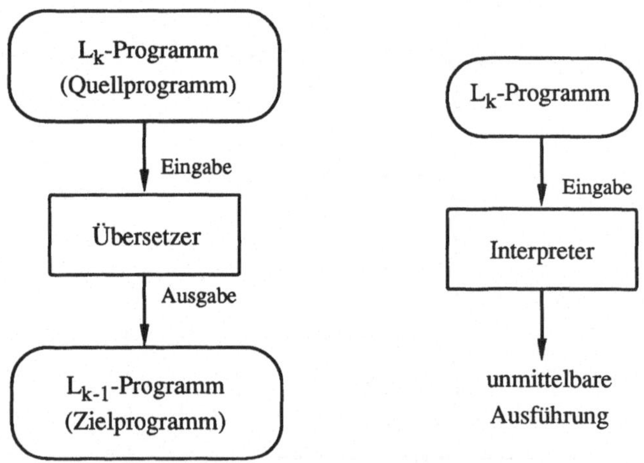

Bild. 4.2: Übersetzung und Interpretierung

Jede Sprachebene kann man sich als Maschine, als sogenannte *virtuelle Maschine*, vorstellen. Aus der Sicht des Programmierers ist der Rechner somit zusammengesetzt aus vielen Maschinen, die untereinander durch Übersetzer und Interpreter verbunden sind. Nach außen stellt sich dann ein Übersetzer als Instrument zur *Transformation* und ein Interpreter als Instrument zur *Simulation* von virtuellen Maschinen dar.

Moderne Rechner verfügen i.a. über vier Ebenen, von denen drei frei zugänglich sind, d.h. vom Programmierer genutzt werden können (s. Bild 4.3). Die vierte Ebene steht nur dem Rechner selbst zur Verfügung.

Die höchste Ebene ist die Ebene der *problemorientierten* oder auch *höheren Programmiersprachen*. Sprachen dieser Ebene sind zum Beispiel COBOL, FORTRAN, LISP, MODULA-2, PASCAL, PROLOG oder SMALLTALK. Sie sind unabhängig von der zugrunde liegenden Rechenanlage und i. a. nicht auf einen speziellen Anwendungsbereich zugeschnitten, sondern sie können weitgehend universell eingesetzt werden.

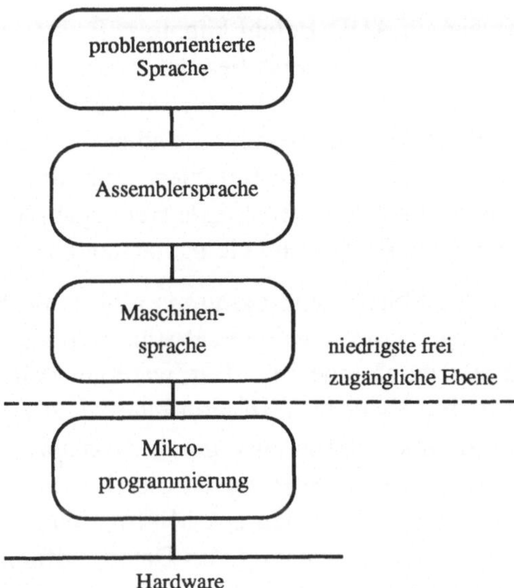

Bild 4.3: Sprachebenen eines heutigen Mehrebenen-Rechners

Die Sprachen der darunter liegenden Schichten sind dagegen *maschinenorientiert*, d.h. die einzelnen Anweisungen der Sprachen sind dem Befehlsrepertoire eines konkreten Rechnertyps oder Prozessors angepaßt.

Die nächsttiefere Ebene ist die Ebene der *Assemblersprachen*. Sie dienen zur Formulierung von Programmen, die sich an den Eigenarten eines bestimmten Prozessors orientieren. Die zulässigen Befehle von Assemblersprachen sind elementarer als Anweisungen in höheren Programmiersprachen. Beispiele für solche Befehlsarten sind elementare maschinenorientierte Operationen, wie das Abspeichern einer Zahl in einer Speicherzelle, die Addition der Inhalte zweier Speicherzellen, etc. Programme, die aus derartigen Befehlen bestehen, sind i.a. schwer lesbar, und die Programmierung ist sehr fehleranfällig. Zudem sind Assemblerprogramme auf konkrete Rechner zugeschnitten und damit nur schwer auf andere Rechnertypen übertragbar. Von der Struktur her ähneln die Assemblersprachen sehr den darunter liegenden Maschinensprachen, sie bieten aber bei der Programmierung mehr Komfort, z. B. durch eine symbolische Notation der Befehle (ADD könnte z.B. für einen Addierbefehl stehen).

Der Schritt zur nächsten Ebene, den *Maschinensprachen*, wird durch einen Übersetzer ermöglicht, den sogenannten *Assemblierer*. Bei Maschinensprachen werden die Befehle in einer numerischen Notation dargestellt. Sie sind damit noch schwerer lesbar und programmierbar als Befehle von Assemblersprachen.

Aus dem oben erwähnten ADD-Befehl könnte z. B. 10011101 werden, was für einen Menschen nur noch zu verstehen ist, wenn er eine Tabelle mit den Maschinenbefehlen und ihren Bedeutungen zur Verfügung hat. Die Menge der Befehle einer Maschinensprache besteht aus allen direkt von der Zentraleinheit (CPU) eines Rechners ausführbaren Befehlen. Von allen Sprachebenen ist die Ebene der Maschinensprachen die niedrigste frei zugängliche und zugleich auch die Ebene, deren einzelne Befehle am elementarsten sind.

Zur Ausführung eines Maschinenprogramms gibt es in der Regel zwei Möglichkeiten, die abhängig vom jeweiligen Rechnertyp sind. Zum einen können die Programme direkt durch eine feste Hardware ausgeführt werden, d.h. jeder Maschinenbefehl ist im Rechner "fest verdrahtet". Die andere Möglichkeit ist, die Maschinenprogramme interpretativ durch *Mikroprogramme* auszuführen. Die Ebene der *Mikroprogrammierung* ist die tiefste Ebene eines modernen Rechners. Mikroprogramme bestehen aus Mikrobefehlen. Dies sind einfachste Ablaufsteuerungen wie z.B. Bewegung von Daten, Öffnung von Gattern, Tests etc. Jeder Maschinenbefehl wird durch eine Folge von Mikrobefehlen realisiert. Durch Mikroprogramme wird also die Ausführung der Maschinenbefehle innerhalb der Zentraleinheit eines Rechners implementiert.

Im folgenden wollen wir uns auf die Betrachtung der höchsten Ebene, auf die Ebene der problemorientierten Programmiersprachen, beschränken.

4.1.2 Sprachparadigmen

4.1.2.1 Imperative Programmiersprachen

Wir haben mit der Betrachtung von MODULA-2 als Beispielsprache, und auch bei der Formulierung von Algorithmen innerhalb dieses Buches, ausschließlich Sprachkonstrukte benutzt, die den algorithmischen Aspekt der Problemlösung in den Vordergrund stellen. Insbesondere wird bei dieser Art der Programmierung die Reihenfolge der Ausführung von Befehlen festgelegt, und man spezifiziert bei der Programmierung die logische und zeitliche Abfolge von Aktionen, die durch einen Rechner ausgeführt werden können. Programmiersprachen, denen dieses Denkschema zugrunde liegt, werden auch *imperative* oder *prozedurale Programmiersprachen* genannt.

Ein charakteristisches Merkmal dieser Art von Programmiersprachen ist ihr *Variablenkonzept*. Variablen werden wie Behälter oder wie Speicherplätze eines Rechners benutzt, in die man Werte hineinschreiben kann und deren Werte man zur Zeit der Programmausführung verändern kann. Dieses Konzept wurde von den maschinenorientierten Sprachen übernommen, bei denen mit konkreten Speicherzellen umgegangen werden muß. Es ist auf der einen Seite leicht verständlich, auf der anderen Seite jedoch auch umstritten, da es sich nicht mit dem Variablenkonzept der Mathematik deckt. Beispielsweise macht eine Zuweisung der Form x := x + 1 – wenn man sie als mathematische Gleichung liest – keinen Sinn. Des weiteren erfolgt die Ausführung von Anweisungen bei imperativen Sprachen entsprechend einer im Programmtext vorgegebenen Reihenfolge, die aber von konkreten Variablenwerten abhängig sein kann (etwa bei Verzweigungen). Für diese "Verzahnung" des Programmablaufs mit bereits berechneten Zwischenergebnissen gibt es in der Mathematik ebenfalls keinen entsprechenden Formalismus.

Die meisten der heute verbreiteten Programmiersprachen gehören zur Klasse der imperativen Programmiersprachen. Dies ist auch nicht verwunderlich, da die *algorithmische Denkweise* im Mittelpunkt der Informatik steht und da Programmiersprachen in erster Linie ein Instrument zur Implementierung von Algorithmen sind.

Daneben gibt es aber Programmiersprachen, die auf anderen Paradigmen und Denkschemata basieren. Man unterscheidet:

- Funktionale Programmiersprachen

- Logische Programmiersprachen

- Objektorientierte Programmiersprachen

Jeder dieser Klassen liegt eine bestimmte "Weltsicht" zugrunde, und jede Klasse beeinflußt das Vorgehen und die Denkweise bei der Programmentwicklung in erheblicher Weise. Wir gehen auf die einzelnen Klassen im folgenden ein.

4.1.2.2 Funktionale Programmiersprachen

Bei imperativen Sprachen steht die Ausführung von Anweisungen im Mittelpunkt des Interesses und damit die Veränderung der Werte von Variablen.

Demgegenüber ist bei funktionalen Programmiersprachen der Begriff der *Funktion* von zentraler Bedeutung. Ein Programm ist im wesentlichen eine *Menge* von Funktionsdefinitionen.

Es ist sehr naheliegend, Funktionen als Grundbaustein einer Programmiersprache zu benutzen:

- Bereits bei der funktionalen Spezifikation von Problemen geht man davon aus, daß ein Algorithmus eine Funktion realisiert, also eine Abbildung von

Eingabewerten in eine Menge von Ausgabewerten. Der Aufruf eines Algorithmus mit konkreten Eingabewerten ist demzufolge als Funktionsaufruf interpretierbar.

- Ferner sind Funktionen schon seit Jahrhunderten aus der Mathematik bekannt, und man weiß sehr genau, welche Art von Operationen man mit Funktionen ausdrücken kann und welche nicht[1].

Bei funktionalen Programmiersprachen kann sich jede Funktion aus anderen Funktionen zusammensetzen, wobei als "Zusammensetzungsprimitive" unter anderem die Komposition (Hintereinanderausführung), die Fallunterscheidung (Verzweigung) und die Rekursion zugelassen sind. Zudem gibt es eine Reihe vordefinierter Basisfunktionen, die als elementare Bausteine benutzt werden können. Zuweisungen werden nicht benötigt, da die Veränderung von Daten durch Funktionsaufrufe und Parameterübergabe erfolgt. Auch gibt es keine Schleifen, denn jede Iteration kann durch eine rekursive Funktion ausgedrückt werden.

Der Begriff der Funktion ist in imperativen Sprachen zwar auch vorhanden (in der Sprache MODULA-2 in Form sogenannter Funktionsprozeduren), doch es herrscht der imperative Programmierstil vor. Bei diesen Sprachen ist die Funktion ein Sprachkonstrukt unter vielen, das nur am Rande Verwendung findet. Zudem erlauben funktionale Programmiersprachen eine größeren Spielraum bei der Verwendung von Funktionen, da beispielsweise Funktionen als Parameter übergeben werden können oder auch sogenannte generische Funktionen definiert werden können[2].

Vertreter funktionaler Sprachen sind beispielsweise *LISP*, *Miranda* und *ML*. Während die beiden zuletzt genannten Sprachen erst in den achtziger Jahren entwickelt wurden, ist LISP (**list** processing language) bereits 1960 von ihrem Erfinder John McCarthy, einem Mitbegründer der Forschungsrichtung "Künstliche Intelligenz (KI)", der Öffentlichkeit vorgestellt worden. Die Sprache ist die älteste und zugleich bekannteste Vertreterin funktionaler Sprachen.

LISP ist für Problemstellungen der KI entwickelt worden, und dieser Bereich ist auch heute noch ihr Haupteinsatzgebiet. Sie eignet sich insbesondere zur Symbolverarbeitung, d.h. zur Verarbeitung von Zeichenketten. Wir gehen im folgenden auf die wichtigsten Sprachelemente von LISP ein und weisen gleichzeitig darauf hin, daß es eine Reihe von Dialekten gibt, die sich bezüglich der

---

[1] In Band IV wird sich zeigen, daß man mit rekursiven Funktionen prinzipiell *alle* denkbaren Algorithmen beschreiben kann.

[2] Ein Beispiel für eine generische Funktion ist eine Sortierfunktion, der die zugrunde liegende Ordnung als Parameter übergeben wird.

Syntax teilweise beträchtlich unterscheiden.

Die wichtigste Datenstruktur von LISP ist die lineare Liste. Listen sind leicht verständlich, einfach darzustellen, und sie können fast alle anderen Datenstrukturen (s. Kapitel 3) simulieren. Zudem treten Listenstrukturen sehr häufig in der KI auf. Listen können den folgenden Regeln entsprechend aufgebaut sein:

- *Atome* sind die elementaren Bestandteile von Listen. Ein Atom kann eine Zahl (etwa 12, -1.7) oder ein Name (zum Beispiel OTTO, SUMME) oder das Wort NIL sein.

- *Listen* sind rekursiv aufgebaut. Sie bestehen aus endlich vielen Elementen, die in runden Klammern eingeschlossen sind:

```
(element₁ element₂ ... elementₙ)
```

Jedes Element ist entweder ein Atom oder eine Liste (Rekursion!). Die leere Liste ist ebenfalls zulässig. Sie kann durch () oder durch das Wort NIL dargestellt werden. NIL hat also eine Doppelrolle: es kann als Atom und als leere Liste benutzt werden.

Beispiele für zulässige Listen sind:

```
(1 2 3 4 5 6 7 8 9)
((A oder B) und (C oder D))
```

In LISP werden nicht nur die "passiven Elemente" der Sprache, die Daten, sondern auch die "aktiven Elemente", die Funktionen und Funktionsanwendungen, als Listen dargestellt, d.h. man hat eine einheitliche Darstellung für Daten *und* Funktionen.

Funktionsanwendungen werden dargestellt, indem das erste Element einer Liste den Funktionsnamen und die übrigen Elemente die einzelnen Parameter festlegen. Dies entspricht der Präfixnotation, und man schreibt anstatt "3 * 5" etwa (MULT 3 5). Man kann durch die Verschachtelung von Funktionsanwendungen komplizierte Ausdrücke beschreiben und auch die Reihenfolge der Anwendung von Funktionen eindeutig festlegen. Beispielsweise steht die Liste

```
(MULT (MULT A (PLUS B 1)) (PLUS C D))
```

für den arithmetischen Ausdruck "(A * (B + 1)) * (C + D)". Die Auswertung einer solchen Funktionsanwendung erfolgt in rekursiver Weise. Zunächst werden die einzelnen Parameter einer Funktion ausgewertet (falls diese selbst Funktionsanwendungen sind), und anschließend erfolgt die Auswertung der Funktion selbst. Listen werden in LISP grundsätzlich als Funktionsanwendungen interpretiert. Will man Listen zur Darstellung von Daten benutzen, beispielsweise bei der obigen Zahlenliste (1 2 3 4 5 6 7 8 9), so muß man der

Liste das Wort "QUOTE" oder gleichwertig ein Apostroph voranstellen.

Die Verschachtelung von Listen ermöglicht also die *Hintereinanderausführung* von Funktionen. Ein weiteres Sprachkonstrukt von LISP ist die *Verzweigung*, die der Fallunterscheidung beim (mathematischen) Funktionsbegriff entspricht. Die Verzweigung ist ebenfalls als eine Funktion realisiert. Sie hat den Aufbau:

```
(COND (B1 a1) (B2 a2) ... (Bn an)).
```

Dabei sind B_1, ..., B_n Bedingungen, d.h. Funktionsanwendungen, die einen Wahrheitswert TRUE (dargestellt durch "T") oder FALSE (dargestellt durch "NIL") liefern, und a_1, ..., a_n sind Ausdrücke, d.h. Listen oder Atome. Die Verzweigung entspricht der folgenden Anweisung bei höheren Programmiersprachen:

```
IF B1
THEN a1
ELSE IF B2
     THEN a2
     ELSE ...

        ...
     ELSE IF Bn
          THEN an
          ELSE RETURN FALSE;
```

Der wichtigste Bestandteil von LISP-Programmen sind *Funktionsdefinitionen*. Zwar gibt es bei den meisten LISP-Dialekten viele verschiedene "fest eingebaute", d.h. vordefinierte Funktionen, aber die Programmierung in LISP besteht ja gerade in der Zusammensetzung neuer Funktionen aus bereits vorhandenen. Bei der Definition von Funktionen können die bisher betrachteten Bausteine benutzt werden. Funktionsdefinitionen haben die Gestalt

```
(DE name (p1 ... pn) a).
```

Sie werden also ebenfalls als Liste dargestellt, wobei DE eine (vordefinierte) Funktion und "name" der Name der zu definierenden Funktion ist. Die Liste $(p_1 ... p_n)$ enthält formale Parameter, die bei der Anwendung der Funktion durch die entsprechenden aktuellen Parameter textuell ("call by name") ersetzt werden. Das letzte Element "a" der Funktionsdefinition beschreibt die Wirkung der Funktion. Dies ist formal ein Atom oder eine Liste, d.h. ein Ausdruck, der wiederum aus Funktionsanwendungen, Atomen und Listen aufgebaut sein kann. Der Ausdruck kann die formalen Parameter als Variablen enthalten, und er kann auch rekursiv sein und die zu definierende Funktion selbst anwenden.

(4.1) Beispiel: Fakultätsfunktion

Es soll eine rekursive Funktion für die Berechnung der Fakultätsfunktion angegeben werden. Wir gehen davon aus, daß die folgenden Funktionen vom System vorgegeben oder bereits definiert worden sind:

`(COND (B`$_1$` a`$_1$`) (B`$_2$` a`$_2$`) ... (B`$_n$` a`$_n$`))`: siehe oben.

`(EQUAL a`$_1$` a`$_2$`)`:   TRUE, falls die Auswertung von a_1 und a_2 das gleiche Ergebnis liefert.

`(MULT a`$_1$` a`$_2$`)`:   Multiplikation der Zahlen a_1 und a_2.

`(SUB1 a)`:   Zieht von a die Zahl 1 ab.

Dann kann die Fakultätsfunktion so definiert werden:

```
(DE FAKULTAET (N)
        (COND ((EQUAL N 1) 1)
                (T (MULT N (FAKULTAET (SUB1 N)))))))
```

Angewendet wird die Funktion etwa durch

```
(FAKULTAET 6).
```

Die Zahl 6 ist der aktuelle Parameter, durch den der formale Parameter N ersetzt wird. Die mit "COND" eingeleitete Verzweigung besagt, daß das Ergebnis 1 ist, falls N mit 1 übereinstimmt, und daß N sonst (Bedingung T = TRUE) mit der Fakultät von N - 1 zu multiplizieren ist.   ∎

Ein LISP-Programm ist eine *Liste* derartiger Funktionsdefinitionen zusammen mit einem Ausdruck, d.h. genauer einer konkreten Funktionsanwendung, die mit Hilfe der Funktionsdefinitionen ausgewertet werden soll. Die Abarbeitung geschieht bei den meisten LISP-Implementierungen durch einen Interpreter. Auch bei ganzen Programmen begegnet uns wieder die Datenstruktur der linearen Liste, und man sieht, daß in LISP sowohl Daten als auch Funktionen und ganze Programme eine einheitliche Darstellung haben. Dies hat den Vorteil, daß Funktionen und Programme wie Daten behandelt werden können – LISP eignet sich zum Beispiel sehr gut zum Schreiben von Interpretern – und daß Funktionen als aktuelle Parameter übergeben werden können. Auf der anderen Seite hat es den Nachteil, daß die einzelnen Rollen, die Listen spielen können, nicht mnemotechnisch unterschieden werden, wodurch größere Programme nur schwer lesbar und nachvollziehbar sind. Darüber hinaus ist die Programmierung mit LISP recht fehleranfällig, und viele Fehler werden erst während der Programmausführung entdeckt.

Wir beenden diesen Abschnitt mit einem abschließenden Beispiel:

(4.2) Beispiel: Generische Funktionen

Wir wollen ein kurzes LISP-Programm angeben, mit dem man auf alle Elemente einer Liste eine Funktion anwenden kann. Die anzuwendende Funktion liegt nicht von vornherein fest, sondern sie soll ebenfalls als Parameter übergeben werden. Wir gehen davon aus, daß die folgenden Standard-Funktionen zur Manipulation von Listen seitens des Systems vorhanden sind[1]:

`(CAR 'L)`:   Liefert das erste Element der Liste L.[2]

`(CDR 'L)`:   Liefert die Restliste nach "Abschneiden" des ersten Elements.

`(CONS 'A 'L)`: Fügt das Element A am Anfang der Liste L ein.

```
(DE MAPLIST (F L)
    (COND ((EQUAL L NIL) NIL)
          (T (CONS ((F (CAR L)) (MAPLIST F (CDR L)))))))))
```

F ist ein formaler Parameter, der bei Anwendung von "MAPLIST" durch einen konkreten Funktionsnamen ersetzt wird. Die erste Bedingung hinter der Verzweigung besagt, daß im Fall einer leeren Liste wiederum die leere Liste als Ergebnis geliefert wird. Falls dies nicht zutrifft, also bei einer nichtleeren Liste, setzt sich die auszugebende Liste zusammen (Funktion "CONS") aus einem ersten Listenelement (Funktion "CAR"), auf das die Funktion F angewendet wird, und aus der Restliste, auf die ebenfalls die Funktion "MAPLIST" anzuwenden ist (Rekursion!). Als weitere Funktionen seien vereinbart:

```
(DE MAL2 (N) (MULT 2 N))

(DE PLUS1 (N) (PLUS N 1))
```

Dann liefern beispielsweise die Funktionsanwendungen

```
(MAPLIST MAL2 '(1 2 3 4 5 6))
```

und `(MAPLIST PLUS1 '(1 2 3 4 5 6))`

die Ergebnisse `(2 4 6 8 10 12)` bzw. `(2 3 4 5 6 7)`.   ∎

---

[1] Alle drei Funktionen lassen sich nicht nur auf Listen von Datenelementen, sondern auch auf beliebige Ausdrücke anwenden.

[2] Die Liste L wird nicht ausgewertet, da sie mit einem Apostroph versehen ist, sondern sie wird als Liste von Datenelementen behandelt.

4.1.2.3 Logische Programmiersprachen

Eine noch abstraktere Art der Programmierung als funktionale oder imperative Sprachen ermöglichen logische Programmiersprachen. Von Robert Kowalski, einem der bekanntesten Forscher im Bereich der logischen Programmierung, stammt die Gleichung

$$Algorithm = Logic + Control.$$

Er wollte damit sagen, daß Algorithmen implizit immer zwei verschiedene Aspekte beinhalten:

- Der eine Aspekt ist die Logik. Sie spezifiziert das Wissen über das zu lösende Problem und legt fest, *was* das zu lösende Problem ist. Diesen Aspekt haben wir in Abschnitt 2.2 behandelt, wo die Spezifikation von Problemen eingeführt wurde, mit dem Ziel, eine Beziehung zwischen Eingabe- und Ausgabedaten zu beschreiben.

- Der andere Aspekt ist die Kontroll-Komponente, die die Lösungsstrategie für das Problem und damit das "*wie*" der Problemlösung darstellt.

Die Idealvorstellung der logischen Programmierung besteht nun darin, den Programmierer von der Kontroll-Komponente "zu befreien" und die obige Gleichung zusammenzustreichen zu der Gleichung

$$Algorithm = Logic.$$

Anders ausgedrückt soll mit Hilfe der logischen Programmierung erreicht werden, daß der Programmierer nur noch die Aufgabe hat, ein Problem mit einer logischen Programmiersprache zu spezifizieren. Er gibt also die Problemstellung exakt an, und das "System" bzw. der Interpreter der Sprache übernimmt dann die "Kontrolle" und findet zu jeder konkreten Problemausprägung die Lösung. Das System besitzt quasi ein "Universalverfahren", das zu jeder Spezifikation und jeder Problemausprägung automatisch die Lösung berechnet. Diese Idee mag sich sehr utopisch anhören, denn sie bedeutet eine völlig neue Abstraktionsebene bei der Programmierung und würde, wenn sie sich so einfach umsetzen ließe, alles, was wir bisher über Algorithmen gesagt haben, in neuem Licht erscheinen lassen und in gewissem Maße entwerten.

Ganz so weit ist die Entwicklung aber noch nicht fortgeschritten, und es ist sehr fraglich, ob sich diese Idee überhaupt vollständig realisieren läßt. Dennoch hat man einige Teilerfolge erzielen können, und die logischen Programmiersprachen haben sich bisher – zumindest für begrenzte Einsatzgebiete – als sehr nützliche Instrumente erwiesen.

Doch was ist nun der Kern von logischen Programmiersprachen? Logischen Programmiersprachen liegt ein Formalismus zugrunde, der in der Mathematik schon sehr lange bekannt ist und der insbesondere zu Anfang des zwanzigsten Jahrhunderts Gegenstand intensiver Forschungen war – die *Logik* oder genauer die *Prädikatenlogik 1. Ordnung*. Mit diesem Formalismus kann man präzise Aussagen über Objekte und Beziehungen der "realen Welt" machen, und man kann aus solchen Aussagen andere Aussagen logisch folgern. Aussagen, die mit Hilfe der Prädikatenlogik formuliert werden, heißen *Formeln*. Wir haben solche Formeln bereits in Abschnitt 2.4.7 kennengelernt. Bei geeigneter *Interpretation* kann man jeder Formel einen Wahrheitswert *wahr* oder *falsch* zuordnen. Der Hauptnutzen der Prädikatenlogik besteht darin, daß man die Tätigkeit des Beweisens von Aussagen (Formeln) eindeutig definieren und beschreiben kann. Dazu bedient man sich eines *Kalküls*, d.h. eines Regel- und Axiomensystems, das genau angibt, wie man aus wahren Formeln auf andere wahre Formeln schließen kann. Ein Kalkül erlaubt beispielsweise den folgenden Schluß (die Aussagen formulieren wir umgangssprachlich):

Es gelte: *Sokrates ist ein Mensch,*

und: *Alle Menschen sind sterblich.*

Dann folgt: *Sokrates ist sterblich.*

Die Ableitung von Aussagen aus anderen Aussagen nennt man einen *Beweis*.

Bei der logischen Programmierung wird nun ein Problem mit logischen Formeln beschrieben, und das System bzw. der Interpreter ist (mit gewissen Einschränkungen) in der Lage, eine gegebene Problemausprägung, d.h. eine Aussage, zu beweisen bzw. zu widerlegen.

Die bekannteste logische Programmiersprache ist PROLOG (**Pro**gramming in **Log**ic) [ClM87]. Die Sprache ist um 1970 entwickelt worden, und sie ist inzwischen für fast alle gängigen Rechnersysteme verfügbar. Die Entwicklung der Sprache war begünstigt von theoretischen Vorleistungen, die in den fünfziger und sechziger Jahren auf dem Gebiet des automatischen Beweisens erarbeitet wurden und die 1965 in der Veröffentlichung eines grundlegenden Beweisverfahrens durch J. A. Robinson gipfelten [Rob65]. Wir gehen im folgenden auf die wichtigsten Sprachelemente von PROLOG ein.

Grundbausteine der Prädikatenlogik und von PROLOG sind *atomare Formeln* oder kurz *Atome*. Atome bestehen aus einem Prädikatsymbol p und einem oder mehreren Term(en). Sie haben die Gestalt

```
p(term₁,...,termₙ).
```

Terme sind entweder Konstanten (Zeichenketten, die mit einem Kleinbuchstaben beginnen) oder Variablen (mit einem Großbuchstaben beginnend), oder sie sind zusammengesetzt, d.h. wiederum von der Bauart eines Atoms[1]. Atome werden dazu benutzt, elementare Aussagen darzustellen. Dies geschieht durch *Fakten*, d.h. Atomen, die keine Variablen enthalten. Im einfachsten Fall bestehen dann PROLOG-Programme aus einer Menge von Fakten.

(4.3) Beispiel: Fakten

(a) Durch Fakten können Eigenschaften von Objekten beschrieben werden:

"Sokrates ist ein Mensch": `mensch(sokrates).`

"Gorbatschov ist ein Mensch": `mensch(gorbatschov).`

"Kasparov ist ein Schachspieler": `schachspieler(kasparov).`

(b) Durch Fakten können Beziehungen zwischen Objekten ausgedrückt werden:

"5 teilt 25": `teilt(5,25).`

"17 ist kleiner als 18": `kleiner(17,18).`

"Helmut liebt Hannelore": `liebt(helmut,hannelore).`

"Lieferant l liefert dem Kunden k das Produkt p": `liefert(l,k,p).`   ∎

Für bestimmte Prädikatsymbole hat sich in der Mathematik die sogenannte Infixnotation sowie eine feste Schreibweise eingebürgert: Man schreibt zum Beispiel "17 < 18" anstatt "kleiner(17,18)". In der Prädikatenlogik ist es nun erlaubt, aus atomaren Formeln kompliziertere Formeln aufzubauen. Dabei können Atome mit den logischen Operatoren "$\land$", "$\lor$", "$\neg$", "$\Leftrightarrow$", "$\Rightarrow$" sowie dem Allquantor "$\forall$" und dem Existenzquantor "$\exists$" verknüpft werden (vgl. Beispiel 2.29). In der Sprache PROLOG ist dies stark eingeschränkt. Es ist lediglich erlaubt, sogenannte *Regeln*, d.h. Formeln der Form

$$(A_1 \land A_2 \ \ldots \ \land A_n) \ \Rightarrow \ A$$

zu bilden. Dabei sind A_1, A_2, ..., A_n und A atomare Formeln, die auch Variablen enthalten können. Formeln dieser Art werden auch *Hornklauseln* genannt; sie sind als "wenn-dann-Regeln" zu lesen: "Wenn alle Aussagen A_1, A_2, ..., A_n wahr sind, dann ist auch die Aussage A wahr." Bei den meisten PROLOG-Systemen hat sich für Hornklauseln eine etwas modifizierte Notation durchgesetzt. Man schreibt anstelle der obigen Formel:

---

[1] In der Prädikatenlogik werden Atome und "zusammengesetzte Terme" aus verschiedenen Gründen streng unterschieden, obwohl sie gleich aufgebaut sind. In PROLOG nimmt man diese Unterscheidung nicht vor.

```
A :- A₁, A₂,..., Aₙ.
```

Regeln dienen dazu, aus Fakten weitere Fakten abzuleiten. Sie beschreiben logische Zusammenhänge zwischen Fakten.

(4.4) Beispiel: PROLOG-Regeln

"Alle Menschen sind sterblich", oder ausführlicher: "Wenn ein Objekt ein Mensch ist, dann ist dieses Objekt sterblich":

```
sterblich(X) :- mensch(X).
```

"Wenn eine Zahl X eine Zahl Y teilt, und wenn Y eine Zahl Z teilt, dann teilt auch X die Zahl Z":

```
teilt(X,Z) :- teilt(X,Y), teilt(Y,Z).
```

In diesen Regeln sind X, Y und Z Variablen, die bei konkreter "Anwendung" der Regeln, also beim Beweisen von Aussagen, durch Konstanten ersetzt werden.   ∎

Programmieren mit der Sprache PROLOG besteht jetzt im wesentlichen darin, das gesamte Wissen, das man über das zu lösende Problem hat, in Form von Fakten und Regeln möglichst vollständig darzustellen. Anschließend kann man *Anfragen*, d.h. konkrete Problemausprägungen, durch das PROLOG-System beantworten lassen. Wir erklären dies mit einem größeren Beispiel:

(4.5) Beispiel: Ein PROLOG-Programm

Wir geben ein Programm an, das zunächst nur aus Fakten besteht. Das Programm beinhaltet Fakten über männliche und weibliche Personen und über ihre verwandtschaftlichen Beziehungen (aus Platzgründen nebeneinander):

```
weiblich(karla).          maennlich(karl).
weiblich(frieda).         maennlich(fritz).
weiblich(anna).           maennlich(paul).

hatKind(karla,anna).      hatKind(karl,fritz).
hatKind(karl,anna).       hatKind(fritz,paul).
hatKind(karla,fritz).     hatKind(frieda,paul).

verheiratet(karla,karl). verheiratet(frieda,fritz).
```

Die einzelnen Fakten sind selbsterklärend. Zur besseren Übersicht sind sie in Bild 4.4 noch einmal dargestellt.

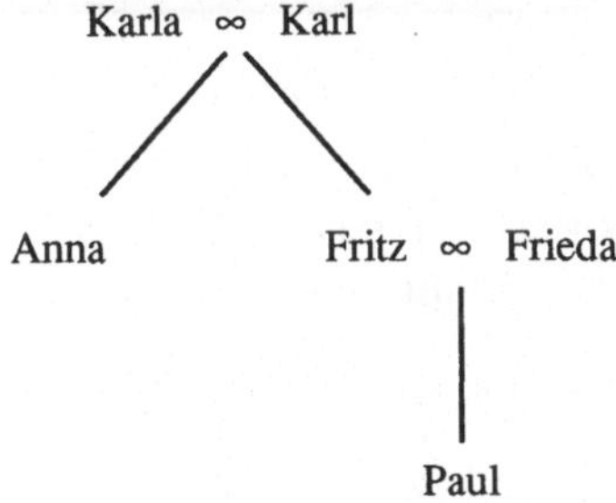

Bild 4.4: Verwandtschaftsverhältnisse in Beispiel 4.5

Beim Prädikat "hatKind" soll die erste Stelle ein Elternteil und die zweite Stelle das Kind des Elternteils bedeuten. Man kann nun Anfragen an das PROLOG-System richten. Anfragen sind Atome, denen ein Fragezeichen und ein Bindestrich vorangestellt sind. Auf eine Anfrage antwortet das PROLOG-System mit "yes" oder "no" bzw. mit Variablenbelegungen, zum Beispiel:

```
?- hatKind(karl,anna).
* yes
?- hatKind(karl,X).
* X = anna;
  X = fritz.
?- verheiratet(X,Y).
* X = karla, Y = karl;
  X = frieda, Y = fritz.
```

Wir ergänzen das PROLOG-Programm um die folgenden Regeln:

```
istMutter(X,Y) :- hatKind(X,Y), weiblich(X).
istVater(X,Y) :- hatKind(X,Y), maennlich(X).
```

Sie besagen: X ist die Mutter von Y, falls Y das Kind von X ist und X weiblich ist. Die zweite Regel gilt entsprechend für Väter. Die folgende Anfrage hat das gewünschte Ergebnis:

```
?- istMutter(X,fritz).
* X = karla.
```

Die Stärke von PROLOG besteht darin, daß auch rekursive Regeln formuliert werden können. Wir fügen die folgenden Regeln zum Programm hinzu:

```
vorfahr(X,Y) :- hatKind(X,Y).
vorfahr(X,Z) :- vorfahr(X,Y), hatKind(Y,Z).
```

Die erste Regel besagt: Falls X ein Kind Y hat, so ist X auch Vorfahr von Y.
Die zweite Regel ist rekursiv; sie besagt: Falls X Vorfahr von Y ist und Y ein
Kind Z hat, so ist auch X Vorfahr von Z. Wir stellen eine Beispielanfrage:

```
?- vorfahr(X,paul).
* X = fritz;
  X = frieda;
  X = karla;
  X = karl.
```

Dieses Beispiel könnte man noch um Regeln für Tanten, Onkel, Großeltern,
Geschwister, Cousinen, Cousins, etc. ergänzen und damit eine "Wissensbasis"
erstellen, die Auskunft über alle möglichen Verwandtschaftsverhältnisse geben
kann.
■

Wir können an dieser Stelle nicht detailliert darauf eingehen, mit was für einem
Lösungsverfahren das PROLOG-System die Antworten berechnet. Das Verfahren funktioniert ähnlich wie die Backtracking-Methode (s. Abschnitt 2.5.3.1),
d.h. es werden in systematischer Weise alle möglichen Lösungen durchprobiert.
Es basiert auf dem von J. A. Robinson 1965 veröffentlichten *Resolutionsprinzip*
– ein Beweisverfahren, das sich sehr gut für automatische Beweise auf der
Basis von Hornklauseln einsetzen läßt.

Logische Programmierung sieht im Idealfall, d.h. in der Wunschvorstellung
des "Theoretikers", folgendermaßen aus:

Der Programmierer formuliert sein Wissen über eine Problemstellung bzw.
über einen Anwendungsbereich in Form einer *Menge* von Fakten und Regeln.
Er braucht sich nicht darum kümmern, in welcher Reihenfolge er die Fakten
und Regeln eingibt, denn die Reihenfolge ist egal, d.h. sie nimmt auf die
berechneten Antworten keinen Einfluß. Auch kann der Programmierer beliebig
"Wissen" hinzufügen oder entfernen, ohne daß unerwünschte Seiteneffekte
entstehen. Logische Programmierung bedeutet also eine Form der Spezifikation
von Problemen, die rein *deskriptiv* ist, d.h. bei der keine Reihenfolgeabhängigkeiten entstehen können.

Die Praxis sieht leider etwas anders aus – zumindest im Hinblick auf die
Programmiersprache PROLOG. Die wichtigsten Gründe dafür sind:

- PROLOG ist eine "echte" Programmiersprache, d.h. es gibt vordefinierte
  Prädikatsymbole zur Ein-/Ausgabe von Daten, für die Arithmetik und teil-

weise auch zur Steuerung der Lösungsberechnung, also des Ablaufs. Diese laufen zum Teil der deskriptiven Sichtweise entgegen.

- Das in der Theorie korrekte und vollständige Lösungsverfahren wurde für die meisten PROLOG-Systeme etwas modifiziert implementiert. Insbesondere berücksichtigt diese Art der Implementierung die Reihenfolge von Regeln und Fakten – eine Permutation der Regeln und Fakten kann zu anderen Ergebnissen führen. Zudem wird zugunsten einer möglichst effizienten Implementierung des Verfahrens in Kauf genommen, daß nicht immer alle Lösungen gefunden werden.

Das hat zur Folge, daß der PROLOG-Programmierer die Arbeitsweise des Lösungsalgorithmus kennen muß. Er muß sogar teilweise bei der Programmierung in Einzelschritten nachvollziehen, wie die Lösungen für sein erstelltes Programm exakt berechnet werden – beispielsweise um Fehler zu finden.

Man ist mit der Sprache PROLOG also noch recht weit von der Idealvorstellung der logischen Programmierung entfernt. Trotzdem werden auf diesem Gebiet große Fortschritte gemacht, und es ist dem Lernenden zu empfehlen, die Programmierung mit einer Sprache wie PROLOG zu erlernen und sich selbst eine Meinung über Vor- und Nachteile dieser Art der Programmierung zu bilden.

4.1.2.4 Objektorientierte Programmiersprachen

Ein charakteristisches Merkmal imperativer Programmiersprachen ist ihr Variablenkonzept. Aufgrund dieses Konzepts erfolgt eine Verarbeitung von Daten durch eine Manipulation von Speicherinhalten, d.h. durch eine Manipulation der Repräsentation von Daten. Im Gegensatz dazu arbeiten objektorientierte Programmiersprachen auf abstrakten Werten, d.h. die Repräsentation der Werte wird hinter bestimmten Operationen verborgen (vergleiche hierzu auch Kapitel 3.4). Weil eine Repräsentation ausschließlich von diesen Operationen bearbeitet werden darf ("data is encapsulated by a wall of code"), spricht man auch von *Datenkapselung.*

Eine logische Einheit bestehend aus (gekapselten) Daten zusammen mit den darauf zulässigen Operationen nennt man *Objekt.* Die "Bauvorschrift" für ein Objekt ist in einer sogenannten Klassenbeschreibung (oder kurz *Klasse*) festgehalten (siehe Beispiel 4.6). Sie enthält neben dem Namen der Klasse Variablennamen sowie die Namen und die Implementierung der Operationen. Diese Operationen werden in der Terminologie objektorientierter Programmiersprachen auch *Methoden* genannt. Will man einen Vergleich zu bereits

Bekanntem anstellen, so läßt sich eine Klasse mit einem abstrakten Datentyp und ein Objekt mit einer Variablen eines abstrakten Datentyps vergleichen.

(4.6) Beispiel: Eine Klassenbeschreibung

```
KLASSE       Person;

VARIABLEN    Name, GebDat;

METHODEN     Eintragen (PersName, Geburtsdatum);
             BEGIN
                 Name   := PersName;
                 GebDat := Geburtsdatum;
             END;

             Alter ();
             BEGIN
                 RETURN (AktuellesDatum - GebDat);
             END.
```

Erläuterung: Definiert wird eine Klasse "Person". Diese enthält zwei Variablen, "Name" und "GebDat"; somit besitzt jedes Objekt der Klasse zwei solche Variablen. Ferner enthält "Person" die zweistellige Methode "Eintragen" und die nullstellige Methode "Alter"; somit "versteht" jedes Objekt der Klasse diese Methoden. Der ersten Methode können Werte für die Parameter "PersName" und "Geburtsdatum" übergeben werden. Die Werte werden - im Implementierungsteil zwischen BEGIN und END - den Variablen "Name" und "GebDat" zugewiesen. Die zweite Methode ist parameterlos. Sie berechnet die Differenz zwischen dem aktuellen Datum "AktuellesDatum" und dem Geburtsdatum "GebDat" (also das Alter einer Person).

■

Es ist wichtig zu bemerken, daß aufgrund einer Klassenbeschreibung allein noch kein Objekt existiert. Es kann aber durch eine auf alle Klassen anwendbare Methode NEW ein Objekt einer Klasse erzeugt werden. So gesehen ist NEW mit der New-Anweisung für Pointer in Modula-2 vergleichbar.

Wegen der Datenkapselung kann auf die Variablen eines Objekts ausschließlich über die in der zugehörigen Klasse definierten Methoden zugegriffen werden, in unserem Beispiel also auf die Variablen "Name" und "GebDat" nur über die Methoden "Eintragen" und "Alter". Um die Ausführung einer solchen Methode zu veranlassen, muß einem Objekt (bzw. einer Klasse) eine entsprechende Aufforderung zugesandt werden. Man nennt eine solche Aufforderung auch Botschaft und den Vorgang insgesamt *message passing*. Botschaften haben typischerweise folgendes Format:

```
Empfänger     Methodenname        Argument₁ ... Argumentₙ
```

So bedeutet etwa die Botschaft

- `Person NEW;`

  daß der Klasse "Person" der Methodenname NEW zugesandt wird. Dies bewirkt, daß "Person" ein neues Objekt erzeugt.

  Damit ein solches Objekt benutzt werden kann, muß es einer Variablen zugewiesen werden. Man verwendet zu diesem Zweck Anweisungen analog zu

  `Pers := Person NEW`

  durch welche ein neues Objekt der Klasse "Person" der Variablen "Pers" zugewiesen wird.

- `Pers Eintragen (Müller, 11071962);`

  daß der Variablen "Pers" (genauer: dem durch "Pers" referenzierten Objekt) der Methodenname "Eintragen" sowie die Parameter "Müller" und "11071962" zugesandt werden. Dies bewirkt, daß das Objekt den entsprechenden Code an den Methodennamen *bindet* und anschließend den Code zur Ausführung bringt.

Ein Nachteil der Klassen - so wie wir sie bis jetzt beschrieben haben - besteht darin, daß sie nicht ohne weiteres als Grundlage für die Definition neuer Klassen verwendet werden können. Beispielsweise könnte es wünschenswert sein, auf der Basis der Klasse "Person" eine neue (Unter-) Klasse "Student" zu definieren, und zwar lediglich unter Nennung der Unterschiede. Ist auf diese Weise eine Klasse B auf der Basis einer anderen Klasse A so definiert, daß B zusätzliche Variablen und/oder Methoden enthält, so nennt man B auch *Subklasse* von A und A *Superklasse* von B. Dabei sind alle Vereinbarungen der Superklasse auch in der Subklasse gültig (es sei denn, sie wurden dort neu definiert). Man sagt deshalb auch, eine Subklasse *erbt* die Vereinbarungen ihrer Superklasse.

Unter Verwendung dieses Vererbungsmechanismus' kann eine neue Klasse "Student" etwa so definiert werden:

(4.7) Beispiel: Definition einer Subklasse

```
KLASSE        Student;

SUPERKLASSE Person;

VARIABLEN     MatrNr;

METHODEN      Eintrag (PersName, Geburtsdatum, Matr-Nr);
              BEGIN
                    Eintragen (PersName, Geburtsdatum);
                    MatrNr := Matr-Nr;
              END.
```

Hierbei erbt die Klasse "Student" von ihrer Superklasse "Person" alle Variablen ("Name" und "GebDat") sowie alle Methoden ("Eintragen" und "Alter"); lediglich die Variable "MatrNr" sowie die Methode "Eintrag" wurden neu definiert. Der Vererbungsmechanismus würde aber auch Vereinbarungen mit einbeziehen, die in einer Superklasse nicht lokal definiert sind, sondern von dieser ebenfalls geerbt wurden.

■

Das wiederholte Definieren neuer Klassen durch eine Wiederverwendung bestehender führt zu einer (Vererbungs-)Hierarchie von Klassen. Eine solche Hierarchie erhält man auch, wenn man aus bestehenden Klassen gleiche Vereinbarungen herauszieht und in einer neuen, übergeordneten Klasse zusammenfaßt.

Beispielsweise kann man Files, Arrays und Listen als Folgen ansehen. Nehmen wir zu Demonstrationszwecken an, daß die entsprechenden Klassen bereits existieren und daß in jeder der Klasse eine Methode zur Sortierung einer Folge definiert ist. Dann können diese drei Methoden durch eine einzige neue ersetzt werden. Diese muß in der Superklasse (sagen wir "Folgen") der drei Klassen definiert sein und kann etwa folgendermaßen aussehen (vgl. [ABZ92]):

(4.8) Beispiel: Quicksort als Methode

Wir benutzen im folgenden unter anderem die Methoden SELF, SIZE, FIRST, CLASS, ADDALL:, UPDATEFROM:AND:AND: für Folgen sowie die Methoden <, = und > für Elemente der Folgen.

SELF ermöglicht einem Objekt, sich selbst eine Nachricht zu schicken, SIZE liefert als Ergebnis die Anzahl der Elemente eines Objekts. SELF SIZE bewirkt somit die Ausführung der Methode SIZE in dem sendenden Objekt, in unserem Fall in der zu bearbeitenden Folge. SELF CLASS liefert als Ergebnis die Klasse des Objekts. Mit ADDALL: werden einer gegebenen Folge neue Elemente hinzugefügt. UPDATEFROM:AND:AND setzt drei Teilfolgen zu einer neuen Folge zusammen. Die Namen der anderen Methoden sind selbsterklärend, so daß die nachfolgende rekursive Quicksort-Implementierung gut nachvollzogen werden kann (vgl. hierbei auch Abschnitt 2.6.3).

```
KLASSE      Folgen;

VARIABLEN NONE;

METHODEN

Quicksort ();
BEGIN
  LOKALE VARIABLEN    VerglElement, LinkerTeil,
                      MittelTeil, RechterTeil;

  IF ((SELF SIZE) ≥ 2) THEN

     VerglElement := SELF FIRST;

  LinkerTeil := ((SELF CLASS) NEW) ADDALL:
    (SELF SELECT: [element WHERE element < VerglElement]);

  MittelTeil := ((SELF CLASS) NEW) ADDALL:
    (SELF SELECT: [element WHERE element = VerglElement]);

  RechterTeil := ((SELF CLASS) NEW) ADDALL:
    (SELF SELECT: [element WHERE element > VerglElement]);

  LinkerTeil Quicksort;
  RechterTeil Quicksort;

  SELF UPDATEFROM: LinkerTeil AND: MittelTeil AND:
    RechterTeil;
END.
```

"Quicksort" kann von Objekten der Subklassen von "Folgen" ausgeführt werden, falls (1) in den Subklassen die Methoden SIZE, FIRST usw. definiert sind sowie (2) die Elemente der Folgen die Methoden <, = und > kennen. Liegt ein solcher Fall vor, so spricht man von einer *polymorphen* (vielgestaltigen) Methode.

Wir haben einige wichtige Konzepte objektorientierter Programmiersprachen skizziert. Es gibt etliche Sprachen, die nur einige der Konzepte bereitstellen. Je nachdem wird zwischen objektbasierten, klassenbasierten und objektorientierten Sprachen unterschieden. Nach Wegner [We87] heißt eine Sprache objektbasiert, wenn sie Objekte als Bestandteil ihres Sprachumfangs unterstützt. Sie heißt klassenbasiert, wenn sie objektbasiert ist und außerdem Klassen bereitstellt. Schließlich bezeichnet man eine Sprache als objektorientiert, wenn sie klassenbasiert ist und außerdem das Konzept der Vererbung unterstützt. Formelhaft ist demnach

$$\text{objektorientiert} = \text{Objekte} + \text{Klassen} + \text{Vererbung}.$$

Anschaulich (und mit einigen zugehörigen Sprachen):

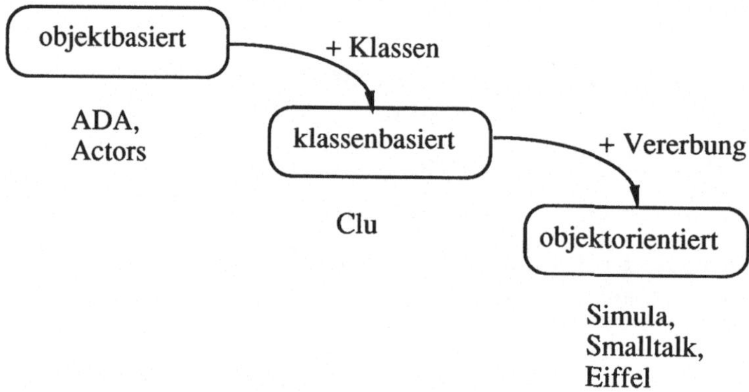

Bild 4.4: Von objektbasierten zu objektorientierten Sprachen (nach [We87]).

Vererbung erlaubt eine Definition neuer Klassen auf der Basis bestehender. Dadurch können Klassen schneller und tendenziell weniger fehleranfällig definiert werden. *Klassen* ermuntern darüber nachzudenken, welche Spezifika ihren Objekten anhaften sollen. Sie realisieren ferner bei Methoden eine Entkopplung zwischen der Schnittstelle einer Methoden und deren Implementierung. *Objekte* schließlich fördern eine Problemsicht, die sich auf wohl abgegrenzte Einheiten stützt, die mittels *message passing* zusammenwirken. Durch diese Konzepte wird insgesamt die Wiederverwendung von Daten und Code unterstützt und eine Organisation von Programmen in klare Strukturen gefördert. Objektorientierte Programmiersprachen sind deshalb insbesondere für große und langlebige Programme von Bedeutung.

4.2 Definition von Programmiersprachen

Programmiersprachen stellen eine Schnittstelle zwischen dem Programmierer und dem Rechner dar. Ein Programmierer bedient sich einer Programmiersprache, um dem Rechner Algorithmen mitzuteilen, und der Rechner (als virtuelle Maschine) kann diese Algorithmen "verstehen" und ausführen.

Damit die Programmerstellung effizient und ohne Mißverständnisse funktionieren kann, muß von einer Programmiersprache bekannt sein, wie die Sprache formal aufgebaut ist. Der Programmierer muß wissen, welche Sprachkonstrukte er benutzen darf und wie diese Konstrukte miteinander kombiniert und zu Programmen zusammengefügt werden dürfen. Ferner muß ihm bekannt sein, welche Bedeutung die Sprachkonstrukte haben, d.h. welche Operationen beispielsweise durch eine while-Schleife ausgelöst werden.

Auch für natürliche Sprachen, wie etwa Englisch oder Deutsch, ist festgelegt, welche Wörter und Sätze zulässig sind und welche Bedeutung sie haben. Allerdings sind natürliche Sprachen i.a. nicht exakt definiert, und sie lassen häufig Raum für kontextabhängige Formulierungen und Mehrdeutigkeiten, die nur durch eine geeignete Interpretation der Wörter und Sätze zu verstehen sind. Bei Programmiersprachen ist dies unerwünscht, d.h. man möchte in exakter, formaler Weise festlegen, welche Programme zulässig und wie diese Programme zu interpretieren sind.

Ganz allgemein unterscheidet man bei der Beschreibung von Sprachen – egal ob es sich um künstliche Sprachen, wie Programmiersprachen, oder um natürliche Sprachen handelt – die folgenden Aspekte:

– Die *Syntax* kann man als eine Menge von Vorschriften und Regeln ansehen, die den formal korrekten Aufbau von Wörtern, Sätzen oder Programmen angeben. So schreibt die Syntax der deutschen Sprache vor, daß ein Satz ein Prädikat und ein Subjekt enthalten muß, daß Sätze mit einem Punkt abgeschlossen werden, etc.

– Die *Semantik* dagegen beschreibt die Bedeutung eines syntaktisch korrekten Satzes oder Programms. Die syntaktische Korrektheit ist allerdings nur eine notwendige Bedingung für einen semantisch eindeutig interpretierbaren Satz. Es gibt viele Beispiele für natürlichsprachliche Sätze, die syntaktisch korrekt sind, denen man aber keine Bedeutung zuordnen kann.

– Die dritte Ebene wird als *Pragmatik* bezeichnet. Sie bezieht die "Umwelt" einer Sprache mit ein, zum Beispiel die Menschen, die mit ihr umgehen, und deren "Kommunikationsverhalten" oder bei Programmiersprachen auch Fragen der Übersetzbarkeit und Anforderungen an das zugrunde liegende Betriebssystem.

Diese Dreiteilung der *Semiotik* – der Lehre von den Zeichen und ihrer Anordnung – in Syntax, Semantik und Pragmatik hat sich in der Sprachwissenschaft, vor allem in der mathematischen Linguistik, als vorteilhaft erwiesen.

Bei Programmiersprachen spielt die Ebene der Pragmatik nur eine untergeordnete Rolle, und wir werden sie im folgenden außer Betracht lassen. Wichtig sind dagegen die Syntax und die Semantik, auf die wir in den folgenden beiden Abschnitten eingehen werden.

(4.9) Beispiel:

(a) *Syntax*: Die Syntaxregeln der Sprache MODULA-2 legen fest, daß Wortsymbole wie "BEGIN", "END" oder "PROCEDURE" groß geschrieben werden müssen oder daß als Bezeichner (Variablen, Namen, etc.) nur Zeichenketten verwendet werden dürfen, die aus Ziffern und Buchstaben bestehen, wobei das erste Zeichen ein Buchstabe sein muß.

(b) *Semantik*: Die Anweisung x := y + z der Sprache MODULA-2 hat die Bedeutung: "Addiere die Werte der Variablen y und z und ordne das Ergebnis der Variablen x zu." Genauso hätte man vereinbaren können, daß "+" nicht die Addition, sondern die Konkatenation – also das "Hintereinanderschreiben" – von Zahlen bedeuten soll.   ∎

4.2.1 Formale Beschreibung der Syntax

Eine exakte Festlegung der Syntaxregeln einer Programmiersprache ist notwendig, damit einerseits der Programmierer über feste Richtlinien zur Programmerstellung verfügt. Andererseits kann – auf der Grundlage dieser Regeln – ein entworfenes Programm vom Rechner auf syntaktische Korrektheit geprüft werden, und es kann anschließend übersetzt und letztendlich ausgeführt werden. Diese vom Rechner auszuführenden Tätigkeiten werden ebenfalls in Form von Algorithmen bzw. Programmen formuliert.

Die Syntax einer Programmiersprache wird mit Hilfe einer Sprache beschrieben. Eine solche Sprache zur Beschreibung einer anderen Sprache wird auch *Metasprache* genannt.

4.2.1.1 Elemente einer Metasprache

Wir werden in den nächsten Abschnitten verschiedene Metasprachen kennenlernen und stehen nun vor dem unangenehmen Problem, auch diese Metasprachen auf irgendeine Weise angeben zu müssen. Streng genommen ist dazu eine "Metametasprache" nötig. Uns wäre geholfen, wenn wir bereits eine der Metasprachen kennen würden, mit der wir dann alle anderen beschreiben könnten, doch leider trifft dies nicht zu. Deshalb weichen wir der Problematik aus, indem wir die einzelnen Metasprachen nicht exakt definieren, sondern sie nur "umgangssprachlich" mit der deutschen Sprache beschreiben. Um trotzdem die Darstellung etwas zu systematisieren, arbeiten wir zunächst gemeinsame Sprachkonstrukte verschiedener Metasprachen heraus und erläutern deren Sinn.

Ein Programm in einer Programmiersprache ist im wesentlichen eine Aneinanderreihung einzelner Zeichen und damit ein Wort über einem zugrunde liegenden Alphabet. Manche Symbole/Schlüsselwörter einer Programmiersprache sind allerdings fest reserviert und dürfen nur als solche verwendet werden – und nicht etwa als Bezeichner. Sie werden als atomare Einheiten, d.h. als einzelne Zeichen, angesehen. Wir betrachten also:

- ein zugrunde liegendes Alphabet, d.h. einen geordneten, endlichen, nichtleeren Zeichenvorrat, sowie

- eine endliche Menge von Symbolen/Schlüsselwörtern der Programmiersprache wie etwa BEGIN, END, :=, REPEAT, etc.

Beide Mengen werden als disjunkt vorausgesetzt, und wir fassen sie zu einer Menge, den sogenannten *Terminalsymbolen*, zusammen. Diese Menge beinhaltet also alle Zeichen, aus denen Programme der betrachteten Programmiersprache aufgebaut sein können. Die Metasprache gibt nun an, wie Elemente dieser Menge zu größeren Einheiten, zum Beispiel Anweisungen oder Programmen, aneinandergereiht werden dürfen. Dazu besitzt die Metasprache folgende Sprachelemente:

- *Metavariablen* (auch: *Nonterminalsymbole*): Sie dienen zur Abstraktion von konkreten Terminalsymbolen hin zu Klassen von Zeichenketten, die ähnliche Eigenschaften besitzen oder die sonst irgendwie als zusammengehörig angesehen werden können. In der Linguistik spricht man bei dieser Abstraktion auch von *syntaktischen Kategorien*. In der deutschen Sprache kann man die grammatikalischen Begriffe "Verb", "Subjekt", "Prädikat", "Artikel" etc. als syntaktische Kategorien ansehen. Bei Programmiersprachen sind beispielsweise "if-Anweisung" oder "Variablenvereinbarung" Metavariablen, die eine ganze Klasse zulässiger Zeichenketten repräsentieren.

- *Metaausdrücke*: Sie sind größere Einheiten, bestehend aus einer Verknüpfung von Terminalsymbolen und Metavariablen. Metaausdrücke beschreiben damit eine zulässige Anordnung dieser Elemente. Die Verknüpfung geschieht mit sogenannten *Metasymbolen*.

- *Metadefinitionen*: Eine Metadefinition besteht aus einer Metavariablen und einem Metaausdruck. Der Metaausdruck gibt an, welche Zeichenketten von der Metavariablen repräsentiert werden.

Anhand der nachfolgenden drei Metasprachen werden diese Bausteine im einzelnen verdeutlicht. Es sei aber schon an dieser Stelle darauf hingewiesen, daß sich mit Hilfe der Metasprachen nicht alle Syntaxregeln einer Sprache spezifizieren lassen, sondern nur der sogenannte kontextfreie – und nicht der kontextsensitive[1] – Anteil (eine Ausnahme ist in gewisser Hinsicht die CODASYL-Notation des Abschnitts 4.2.1.4). Beispielsweise kann man Vorschriften der folgenden Bauart nicht mit den vorgestellten Formalismen ausdrücken: "Jede Variable, die in einem Programm benutzt wird, muß vorher im Vereinbarungsteil deklariert worden sein."

4.2.1.2 Backus-Naur-Form (BNF)

Diese Metasprache wurde von J. Backus und P. Naur entwickelt und erstmals zur Definition der Syntax von ALGOL 60 verwendet.

Wir wollen die Backus-Naur-Form anhand eines Beispiels erklären, indem wir einige der Syntaxregeln von MODULA-2 angeben.

(4.10) Beispiel: Backus-Naur-Form

(a) Bezeichner, also Namen für Variablen, Prozeduren oder Konstanten, können für die Sprache MODULA-2 wie folgt beschrieben werden:

```
<Bezeichner>  ::=   <Buchstabe> |
                    <Bezeichner> <Buchstabe> |
                    <Bezeichner> <Ziffer>

<Buchstabe>   ::=   A|B|C|D|E|F|G|H|I|J|K|L|M|N|O|P|Q|R|S|T|U|V|W|X|Y|Z|
                    a|b|c|d|e|f|g|h|i|j|k|l|m|n|o|p|q|r|s|t|u|v|w|x|y|z

<Ziffer>      ::=   1|2|3|4|5|6|7|8|9|0
```

---

[1]   Zur Klärung dieser Begriffe verweisen wir auf Band IV dieses Grundkurses.

Alle drei Ausdrücke sind Metadefinitionen, die die Bedeutung der Meta-variablen <Bezeichner>, <Buchstabe> und <Ziffer> festlegen. Auf der linken Seite jeder Metadefinition steht die entsprechende Metavariable, und rechts von dem Symbol "::=" steht jeweils ein Metaausdruck.

Die erste Metadefinition ist zum Beispiel wie folgt zu lesen: "Ein Bezeichner ist entweder ein einzelner Buchstabe oder ein Bezeichner gefolgt von einem Buchstaben oder ein Bezeichner gefolgt von einer Ziffer." Der Metaausdruck auf der rechten Seite der Definition enthält ausschließlich Metavariablen und das Metasymbol "|", das eine Auswahl – einem logischen "oder" entsprechend – darstellt. Die Definition ist rekursiv und ähnelt in ihrer Struktur dem Aufbau rekursiver Algorithmen (vgl. 2.20). Die zweite und dritte Metadefinition legen fest, daß die Metavariable <Buchstabe> jeweils eines der Terminalsymbole {A, ..., Z, a, ..., z} und <Ziffer> eines der Symbole {1, ..., 9, 0} annehmen kann.

Die Wertebereiche der Metavariablen sind also:

- <Ziffer>:   {1, ..., 9, 0}

- <Buchstabe>:   {A, ..., Z, a, ..., z}

- <Bezeichner>:   alle endlichen, nichtleeren Zeichenketten über der Menge {1, ..., 9, 0} $\cup$ {A, ..., Z, a, ..., z}, die mit einem Buchstaben beginnen, zum Beispiel: "A", "Hans", "A12", "ergo", etc.

(b) Zulässige Variablenvereinbarungen in MODULA-2, also zum Beispiel Zeichenketten der Form "VAR x : INTEGER;", können mit Hilfe der Backus-Naur-Form so spezifiziert werden:

<VarVereinb>   ::= VAR <Vereinbarungen>

<Vereinbarungen> ::= ␣ | <Vereinbarung> <Vereinbarungen>

<Vereinbarung>   ::= <Bezeichnerliste> : <Typ> ;

<Bezeichnerliste> ::= <Bezeichner> | <Bezeichnerliste> , <Bezeichner>

<Typ>   ::= INTEGER | CARDINAL | REAL | BOOLEAN |
                    <weitere Typen>

Die möglichen Datentypen sind hier bei weitem nicht vollständig, denn es sind u.a. keine strukturierten oder dynamischen Datentypen berücksichtigt. Bezüglich dieser Metadefinitionen umfaßt der Wertebereich der Metavariablen

<VarVereinb> genau die in MODULA-2 zulässigen Variablenvereinbarungen (abgesehen von der spärlichen Auswahl an Datentypen), also etwa :

```
VAR     i, j, k :  INTEGER;
        epsilon :  REAL;
```

oder   VAR

oder   VAR   r1, r2 : REAL;

■

Wir fassen die bisherigen Beobachtungen zusammen und beschreiben die Bestandteile der Backus-Naur-Form noch einmal im einzelnen.

- Grundgerüst einer Programmiersprache ist eine Menge von *Terminalsymbolen*, die aus einem Alphabet sowie einer Menge reservierter Symbole und Schlüsselwörter bestehen kann. Die Menge der Terminalsymbole darf nicht das Zeichen "|" beinhalten, da dieses Symbol – mit einer speziellen Bedeutung – in Metaausdrücken auftreten darf.

- Als *Metavariablen* sind alle in spitzen Klammern eingeschlossenen Zeichenketten zugelassen: <...>.

- *Metasymbole* der Backus-Naur-Form sind "::=" und "|". Das erste Symbol dient zur Trennung der Metavariablen und des Metaausdrucks in einer Metadefinition, und das zweite Symbol trennt verschiedene Alternativen in einem Metaausdruck.

- *Metaausdrücke* können Terminalsymbole und Metavariablen beinhalten. Sie können aneinandergereiht und/oder mit Hilfe des Metasymbols "|" zu Alternativen verknüpft werden.

- Eine Metadefinition ist ein Ausdruck der Form

  Metavariable ::= *Metaausdruck.*

  Dabei sind rekursive Definitionen möglich bzw. sogar die Regel, d.h. die Metavariable darf selbst im Metaausdruck auftreten. Es ist auch eine indirekte Rekursion in Form wechselseitig rekursiver Metadefinitionen erlaubt.

Da umfangreiche und tief verschachtelte Syntaxdefinitionen bei Benutzung der Backus-Naur-Form schnell kompliziert und unübersichtlich werden können, hat man im Laufe der Zeit einige Modifikationen und Vereinfachungen vorgeschlagen. Sie erlauben insbesondere, rekursive Definitionen auch iterativ auszudrücken. Die zusätzlichen Sprachkonstrukte einer solchen *Erweiterten Backus-Naur-Form (EBNF)* sind unter anderem:

- Ein Metaausdruck in eckigen Klammern, also ein Ausdruck der Gestalt *[Metaausdruck]*, bezeichnet Zeichenketten, die optional sind und somit auch weggelassen werden können.

- Ein Metaausdruck in geschweiften Klammern, also ein Ausdruck der Form *{Metaausdruck}*, beschreibt Zeichenketten, die beliebig oft wiederholt werden dürfen (0, 1, 2, ...-mal). Dieses Sprachkonstrukt verkörpert also eine Art Iteration.

- Gebräuchlich ist ferner ein Ausdruck der Form $\{Metaausdruck\}_a^b$, mit dem festgelegt wird, daß die durch *Metaausdruck* definierten Zeichenketten mindestens a-mal, höchstens b-mal wiederholt werden müssen bzw. dürfen. Dabei wird $0 \leq a \leq b$ vorausgesetzt, und es ist auch b = * erlaubt, um auszudrücken, daß die Anzahl der Iterationen nach oben unbeschränkt ist.

(4.11) Beispiel: Erweiterte Backus-Naur-Form

(a) Bezeichner lassen sich mit der Erweiterten Backus-Naur-Form wie folgt spezifizieren:

```
<Bezeichner>  ::=   <Buchstabe> { <Buchstabe> | <Ziffer> }

<Buchstabe>   ::=   A|B|C|D|E|F|G|H|I|J|K|L|M|N|O|P|Q|R|S|T|U|V|W|X|Y|Z|
                    a|b|c|d|e|f|g|h|i|j|k|l|m|n|o|p|q|r|s|t|u|v|w|x|y|z

<Ziffer>      ::=   1|2|3|4|5|6|7|8|9|0
```

In der ersten Metadefinition ist die Rekursion aus Beispiel 4.10 in eine Iteration umgewandelt worden.

(b) Für Variablendefinitionen lauten die entsprechenden Metadefinitionen:

```
<VarVereinb>      ::= VAR  {<Vereinbarung>}

<Vereinbarung>    ::= <Bezeichner> { , <Bezeichner>} : <Typ> ;

<Typ>             ::= INTEGER | CARDINAL | REAL | BOOLEAN |
                      <weitere Typen>
```

Hier treten zwei Iterationen auf, und es ist in der Schreibweise eine deutliche Vereinfachung gegenüber Beispiel 4.10 (b) erkennbar. ∎

4.2.1.3 Syntaxdiagramme

Syntaxdiagramme sind ein graphisches Beschreibungsmittel für die Syntax von Programmiersprachen. Sie sind weit verbreitet, und vermutlich sind sie denjenigen Lesern, die bereits eine Programmiersprache erlernt haben, schon bekannt. Vom theoretischen Standpunkt aus sind Syntaxdiagramme gleichwertig zur Backus-Naur-Form, da sie prinzipiell das gleiche leisten, allerdings sind sie anschaulicher als die Backus-Naur-Form und somit besonders für den Neuling besser geeignet.

Wir beginnen wiederum mit einem Beispiel.

(4.12) Beispiel: Syntaxdiagramme

(a) Die Metadefinitionen für Bezeichner aus Beispiel 4.11 (a) können direkt in Syntaxdiagramme transformiert werden:

Bezeichner:

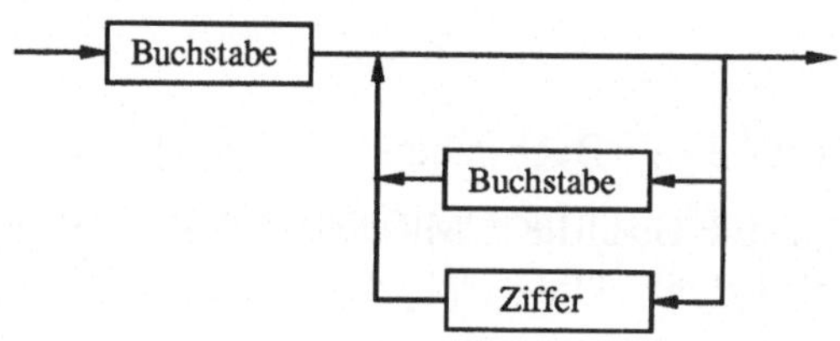

Buchstabe:

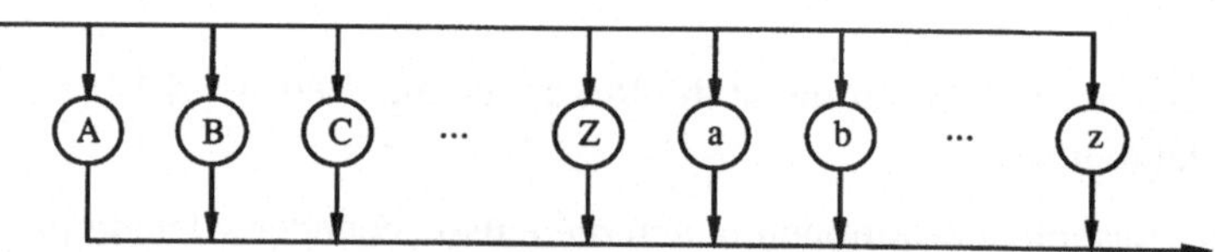

Ziffer:

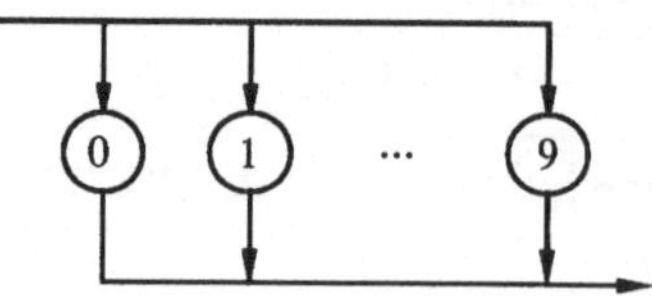

Ein Syntaxdiagramm ist im wesentlichen ein gerichteter Graph, der in Pfeilrichtung durchlaufen wird. Jedes Diagramm hat genau einen Eingang und einen Ausgang. Man unterscheidet ebenfalls Terminalsymbole und Metavariablen. Terminalsymbole sind durch runde oder ovale Symbole gekennzeichnet, und Metavariablen stehen in rechteckigen Symbolen. Wenn man beim Durchlaufen eines Diagramms auf eine Metavariable trifft, so ist zunächst mit dem Diagramm fortzufahren, das dieser Metavariablen zugeordnet ist, um anschließend direkt hinter der Metavariablen den Durchlauf durch das erste Diagramm fortzusetzen. Eine solche Verschachtelung von Diagrammen kann auch mehrstufig oder rekursiv sein; sie ist mit Prozeduraufrufen bei prozeduralen Programmiersprachen vergleichbar.

Analog zu Beispiel 4.10 (a) kann man das obige Diagramm für "Bezeichner", das eine Iteration enthält, auch gleichwertig mit einer Rekursion versehen:

Bezeichner:

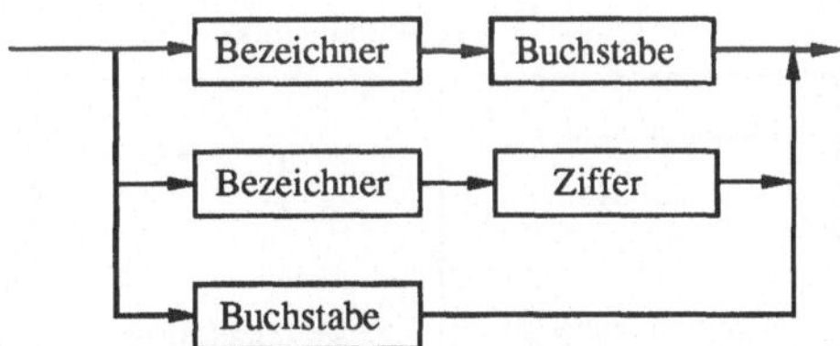

(b) Zulässige Variablenvereinbarungen kann man mit Syntaxdiagrammen wie folgt beschreiben:

VarVereinb:

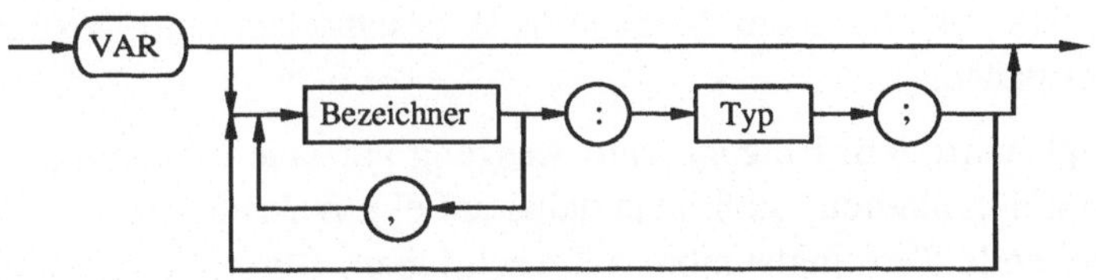

Bezeichner:

    - siehe oben -

Typ:

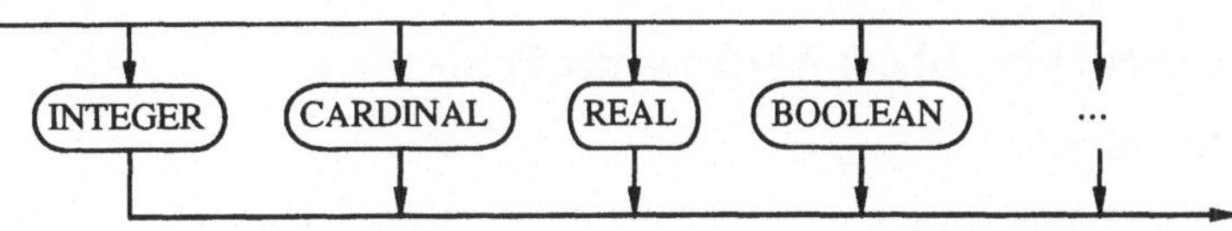

■

Bei Syntaxdiagrammen kann man die einzelnen Bausteine auch Abschnitt

4.2.1.1 entsprechend klassifizieren. Dabei wird wieder von einer vorgegebenen Menge von Terminalsymbolen ausgegangen, die aus einem Alphabet sowie einer Menge fest reservierter Symbole und Schlüsselwörter der Programmiersprache besteht.

- Als Metavariablen, wie im obigen Beispiel "Bezeichner", sind beliebige Zeichenketten erlaubt, die allerdings keine Terminalsymbole sein dürfen.

- Metasymbole sind die folgenden graphischen Bausteine von Syntaxdiagrammen, die unterschiedliche Dinge kennzeichnen:

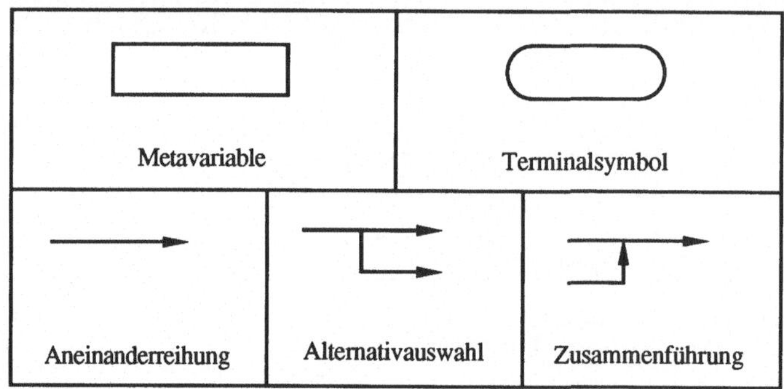

- Metaausdrücke sind gerichtete Flußgraphen mit genau einem Eingang und einem Ausgang, die aus Metasymbolen, Metavariablen und Terminalsymbolen zusammengesetzt sind. Der "Wert" eines Metaausdrucks, also die Zeichenkette, die durch den Metaausdruck beschrieben wird, bestimmt sich folgendermaßen:

  Der Graph wird vom Eingang zum Ausgang auf einem beliebigen gerichteten Weg durchlaufen. Stößt man dabei auf ein ovales Symbol, so wird das darin stehende Terminalsymbol aufgeschrieben. Beim Durchlaufen eines rechteckigen Symbols wird zunächst das Diagramm der entsprechenden Metavariablen vollständig durchlaufen (mit eventuell weiteren Sprüngen in andere Diagramme), und anschließend erfolgt ein Rücksprung direkt hinter das Symbol.

- Eine Metadefinition ist ein Ausdruck der Form

  Metavariable:

  Metaausdruck

  Der Metaausdruck legt dabei die möglichen Werte der Metavariablen fest.

4.2.1.4 Die CODASYL-Metanotation

CODASYL ist eine Abkürzung für die von der US-Regierung initiierte Arbeitsgemeinschaft *Conference on Data Systems Languages*. Aus der Arbeit dieser Gruppe ist unter anderem die erste Veröffentlichung der Programmiersprache COBOL im Jahre 1960 hervorgegangen.

Die von der CODASYL-Gruppe verwendete Metanotation, mit der die Syntax von COBOL formal beschrieben wurde, ist später auch für andere Sprachen, zum Beispiel für verschiedene Datenbanksprachen, verwendet worden.

(4.13) Beispiel: CODASYL-Metanotation

(a) Wir spezifizieren wie in den Beispielen 4.11 (a) und 4.12 (a) die zulässigen Bezeichner der Sprache MODULA-2:

bezeichner

$$\text{buchstabe} \left[\left\{ \begin{array}{c} \text{buchstabe} \\ \text{ziffer} \end{array} \right\} \right] \quad \ldots$$

buchstabe

$$\left\{ \begin{array}{c} A \\ \cdot\cdot \\ Z \\ a \\ \cdot\cdot \\ z \end{array} \right\}$$

ziffer

$$\left\{ \begin{array}{c} 0 \\ 1 \\ \cdot\cdot \\ 9 \end{array} \right\}$$

Es sind wiederum drei Metadefinitionen dargestellt. Eine Metadefinition besteht aus einer Metavariablen (einem Wort aus Kleinbuchstaben), und einem Metaausdruck. Die geschweiften Klammern in allen drei Definitionen geben an, daß eine der eingeklammerten Zeilen ausgewählt werden soll. Die beiden Punkte innerhalb der Klammern in der zweiten und dritten Definition sind lediglich eine Abkürzung, um nicht alle Buchstaben bzw. Ziffern auflisten zu müssen; sie sind nicht Bestandteil der CODASYL-Notation. Die eckigen Klammern in der ersten Metadefinition beschreiben einen Ausdruck, der optional ist, d.h. die entsprechende Zeichenkette kann auch weggelassen werden. Die drei hinter dem Ausdruck folgenden Punkte zeigen an, daß durch den

Ausdruck beliebig oft ($\geq$ 1-mal) eine Zeichenkette spezifiziert werden kann. Zur Abkürzung darf man geschweifte Klammern, die direkt innerhalb von eckigen Klammern stehen, auch weglassen, d.h. man kann für den ersten Metaausdruck gleichwertig schreiben:

$$\text{buchstabe} \left[\begin{array}{c} \text{buchstabe} \\ \text{ziffer} \end{array} \right] \dots$$

(b) In ähnlicher Weise gilt für zulässige Variablendefinitionen in Übereinstimmung mit den Beispielen 4.11 (b) und 4.12 (b):

varvereinb

$$\underline{\text{VAR}} \; [\, \text{bezeichner} \; [\,,\, \text{bezeichner} \,] \dots : \text{typ} ; \,] \dots$$

typ

$$\left\{ \begin{array}{c} \underline{\text{INTEGER}} \\ \underline{\text{CARDINAL}} \\ \underline{\text{REAL}} \\ \underline{\text{BOOLEAN}} \\ .. \end{array} \right\}$$

Dabei müssen alle Schlüsselwörter der Sprache unterstrichen dargestellt werden, sofern sie nicht optional sind. ∎

Wir geben die wichtigsten Bausteine der CODASYL-Notation noch einmal im Detail an:

- Metavariablen sind Wörter, die aus Kleinbuchstaben bestehen. Zusätzlich ist das Anhängen von Ziffern oder Wörtern erlaubt – abgetrennt durch einen Bindestrich "-". Damit kann erzwungen werden, daß gleichartige Metavariablen gleiche Zeichenketten repräsentieren. Zum Beispiel müßte die Variable "bezeichner-1", falls sie an verschiedenen Stellen auftritt, jeweils den selben Bezeichner verkörpern[1].

- Als Metasymbole sind erlaubt:

  [*Metaausdruck*]   Optional-Klammer: Die durch *Metaausdruck* spezifizierte Zeichenkette kann weggelassen werden.

---

[1] Im Gegensatz zur Backus-Naur-Form und zu Syntaxdiagrammen ermöglicht die CODASYL-Notation mit diesem Konzept, auch kontextsensitive Bestandteile einer Sprache auszudrücken.

$$\left\{ \begin{array}{c} Metaausdruck_1 \\ \ldots \\ Metaausdruck_n \end{array} \right\}$$

Geschweifte Klammer: Eine Zeile muß ausgewählt werden.

$$\left[\begin{array}{c} Metaausdruck_1 \\ \ldots \\ Metaausdruck_n \end{array} \right]$$

Abkürzung für: $\left[\left\{ \begin{array}{c} Metaausdruck_1 \\ \ldots \\ Metaausdruck_n \end{array} \right\} \right]$

$$\left\| \begin{array}{c} Metaausdruck_1 \\ \ldots \\ Metaausdruck_n \end{array} \right\|$$

Doppelstriche: Auswahl beliebiger Zeilen in beliebiger Reihenfolge; jedoch jede Zeile höchstens einmal.

______

Unterstreichen eines Schlüsselwortes: Wort zwingend; sonst: Wort optional.

...

Drei Punkte (*ellipsis*): Die durch den vorangehenden Ausdruck spezifizierte Zeichenkette kann beliebig oft wiederholt werden ($\geq$ 1-mal).

- Metaausdrücke werden durch sinnvolles Aneinanderhängen und Verschachteln von Metasymbolen, Metavariablen und Terminalsymbolen aufgebaut.

- Eine Metadefinition ist ein Ausdruck der Form

  Metavariable

  Metaausdruck

4.2.2 Formale Beschreibung der Semantik

Eine Programmiersprache ist eine formale Sprache, d.h. eine eindeutig festgelegte Menge zulässiger Wörter (Programme) über einem Zeichenvorrat (Menge der Terminalsymbole). Diese Zugehörigkeit eines Programms zur Menge der zulässigen Programme ist unabhängig von seiner Bedeutung.

Auf die Notwendigkeit einer formalen Definition der Syntax von Programmiersprachen sind wir bereits eingegangen. Auf der anderen Seite sollte jedes zulässige Programm eine Bedeutung haben, und es ist für alle an der Programmentwicklung, an der Dokumentation, am Testen und an der Verifikation beteiligten Personen notwendig, diese Bedeutung zu kennen. Im Anfangsstadium der Entwicklung von Programmiersprachen hat man sich darauf beschränkt, die Semantik in natürlichsprachlicher Form anzugeben. Dies stellte sich als nicht ausreichend heraus, da unserer Umgangssprache Mehrdeutigkeiten anhaften und Formulierungen in einem unterschiedlichen Kontext oft unterschiedlich aufgefaßt werden können. Darüber hinaus sind umgangssprachliche Erklärungen im Hinblick auf die Zielsetzungen, die man mit der Beschreibung der Semantik verbindet, unzureichend. Die Zielsetzungen umfassen:

- Die Festlegung der Semantik ist die Grundlage für die Realisierung der Sprache auf einem Rechner. Um einen Compiler oder einen Interpreter für eine Programmiersprache entwerfen zu können, muß die Semantik in eindeutiger Weise definiert sein.

- Nur aufgrund der Kenntnis der Semantik ist es möglich, ein Programm zu verstehen, d.h. zu erkennen, was für einen Algorithmus das Programm beschreibt. Ferner ist die Semantik die Grundlage für die Überprüfung der Korrektheit von Programmen, d.h. für den Programmtest und insbesondere für die Verifikation.

Vor dem Hintergrund der Unzulänglichkeiten einer natürlichsprachlichen Beschreibung der Semantik sind verschiedene Methoden vorgeschlagen und erprobt worden, die Semantik *formal* zu definieren. Die Definition erfolgt überwiegend mit Hilfe der diskreten Mathematik, die ein umfangreiches Repertoire an Konzepten und formalen Beschreibungsmöglichkeiten zur Verfügung stellt.

Man unterscheidet als wichtigste Arten der formalen Semantik:

- Übersetzersemantik

- Operationale Semantik

- Denotationale Semantik

- Axiomatische Semantik

Jede der Möglichkeiten ordnet einem gegebenen Programm eine Bedeutung zu. Diese sind i.a. nicht identisch, sondern sie sind lediglich äquivalent in dem Sinne, daß sie verschiedene Sichtweisen auf ein- und dasselbe Programm verkörpern. Es ist eine Frage der konkreten Zielsetzungen, die mit der Definition der Semantik verfolgt wird, welcher der Alternativen man den Vorzug gibt. Wir geben im folgenden einen Überblick über die einzelnen Vorgehensweisen. Dabei beschränken wir uns auf die Semantik imperativer Programmiersprachen. Für funktionale, logische oder objektorientierte Sprachen gibt es teilweise andere Möglichkeiten.

Übersetzersemantik: Bei der Übersetzersemantik wird den einzelnen Sprachkonstrukten eine Bedeutung zugeordnet, indem man semantisch gleichwertige Programmstücke einer anderen, als bekannt vorausgesetzten Sprache angibt. Es bietet sich an, als bekannte Sprache eine maschinenorientierte Sprache – etwa eine Assemblersprache – zu benutzen.

(4.14) Beispiel: Wir betrachten eine while-Schleife in MODULA-2-ähnlicher Notation und geben ein gleichwertiges Programmstück in der Assemblersprache des Prozessors MC68000 an. Das Beispiel dient lediglich der Illustration, da der Prozessor erst im dritten Band dieses Grundkurses ausführlicher behandelt wird.

MODULA-2	*Assembler (MC68000)*

`WHILE A < B DO`
`    A := A + 1`
`END;`
	`A    DS.L   1`
	`B    DS.L   1`
	`LOOP MOVE.L A,D0`
	`     MOVE.L B,D1`
	`     CMP.L  D1,D0`
	`     BGE    ENDE`
	`     ADD.L  #1,D0`
	`     BRA    LOOP`
	`ENDE ...`

Die ersten beiden Anweisungen des Assemblerprogramms reservieren Speicherplatz (im Hauptspeicher) für die Variablen A und B. Die dritte Anweisung ist mit dem Namen "LOOP" markiert; über diesen Namen kann ein Sprung zu dieser Anweisung erfolgen (in der achten Anweisung). Der dritte und vierte Befehl sind einfache Kopierbefehle, dort werden die Werte von A und B in die Register (Speicherzellen des Prozessors) D0 und D1 kopiert. Die fünfte Anweisung vergleicht die Werte von A und B. Anschließend wird entweder zur Markierung "ENDE" gesprungen (sechste Anweisung), falls $B \geq A$ gilt; andernfalls wird der Wert von A um 1 erhöht (siebte Anweisung), und anschließend erfolgt ein Sprung zurück zur dritten Anweisung.

Es wird deutlich, daß das Assmblerprogrammstück eine äquivalente, maschinenabhängige Beschreibung der while-Schleife ist.   ∎

Die Übersetzersemantik ist für den Entwurf von Compilern bedeutsam. Nachdem zu jedem Sprachkonstrukt der betrachteten Sprache ein gleichwertiges Programmstück in einer Assemblersprache festgelegt worden ist, kann man mit Techniken der Theorie formaler Sprachen zu jedem Programm algorithmisch ein gleichwertiges Assemblerprogramm generieren.

Klare Nachteile der Übersetzersemantik sind darin zu sehen, daß das Problem lediglich verlagert wird. Beispielsweise müßte ein Programmierer, wenn er sich über die Bedeutung eines Sprachkonstrukts informieren will, die exakte Bedeutung der entsprechenden Assemblersprache kennen. Diese Tatsache kann man nicht allgemein voraussetzen, und sie ist für den Programmierer sehr unkomfortabel. Des weiteren ist die Übersetzersemantik für die Dokumentation von Programmen und insbesondere für die Verifikation ungeeignet, da die Darstellung eines Programms durch die Übersetzung i.a. komplizierter wird. Ein weiterer Nachteil ist die Abhängigkeit von einem konkreten Prozessor. Höhere Programmiersprachen zeichnen sich gerade durch ein hohes Maß an Abstraktion von Maschinendetails aus, und sie sollen auf unterschiedlichen Rechnern einsetzbar sein. Durch die Übersetzersemantik wird dieser Vorteil stark eingeschränkt.

Operationale Semantik: Diese Art der Semantik wird auch Interpretersemantik genannt. Die Bedeutung eines Programms wird in einer wesentlich abstrakteren Weise beschrieben als bei der Übersetzersemantik. Die Grundidee besteht darin, eine abstrakte Maschine (Interpreter) anzugeben, die die Bedeutung eines Programms angibt[1]. Eine solche Maschine hat nur wenig mit einem konkreten Rechner zu tun, vielmehr ist sie ein mathematisches Modell zur Beschreibung von Verarbeitungsschritten. Die Maschine verarbeitet das Programm Anweisung für Anweisung, wobei sie sich zu jedem Zeitpunkt in einem bestimmten *Zustand* befindet. Ein Zustand enthält alle für die Bedeutung des Programms interessanten Aspekte, unter anderem das Programm selbst (möglicherweise in einer abstrakten Darstellung) oder Teile davon, die einzelnen Variablen und eventuell andere Größen. Hauptbestandteil der Maschine ist eine *Überführungsfunktion*, die die Wirkung jeder einzelnen Anweisung angibt, indem zu einer Anweisung und einem Zustand ein Folgezustand angegeben wird. Damit ist insgesamt festgelegt, wie bezüglich eines vorgegebenen Programms aus einem Anfangszustand ein Endzustand berechnet wird. Die operationale Semantik des Programms ist schließlich eine Folge von Zuständen $z_0, z_1, ..., z_n$ – beginnend mit dem Anfangszustand und endend mit dem Endzustand –, die nacheinander durchlaufen werden.

Es gibt verschiedene Vorschläge, eine solche abstrakte Maschine zu definieren.

---

[1]   Eine ausführliche Diskussion abstrakter Automaten und Maschinen folgt in Band IV dieses Grundkurses.

Auf die Details können wir an dieser Stelle nicht eingehen. Einen recht großen Bekanntheitsgrad hat die *Vienna Definition Language* (VDL) erlangt, eine Methode, die im Wiener IBM-Labor zur formalen Definition der Semantik von PL/I entwickelt wurde. Bei dieser Methode wird jeder Zustand, also das zu interpretierende Programm und weitere Informationen, in Form eines Baumes dargestellt. Die Wirkung der einzelnen Anweisungen der Sprache läßt sich dann durch elementare Operationen auf Bäumen beschreiben.

Als Vorteil der operationalen Semantik ist anzusehen, daß sie unabhängig von konkreten Maschinen oder anderen Programmiersprachen ist. Auf der anderen Seite eignet sie sich ebenfalls nicht sonderlich für formale Untersuchungen, wie etwa für die Verifikation von Programmen.

Denotationale Semantik: Im Gegensatz zur operationalen Semantik werden hier keine Verarbeitungsschritte angegeben, die ein Interpreter bei der Abarbeitung des Programms "ausführen" würde, sondern es wird, ähnlich wie bei der funktionalen Spezifikation (s. Abschnitt 2.2), ein funktionaler Zusammenhang zwischen den beteiligten Größen (Variablen) betrachtet. Man spricht deshalb auch von *funktionaler Semantik*.

Jedem Konstrukt der betrachteten Programmiersprache kann man eine Funktion zuordnen, die angibt, welche Wirkung das Konstrukt auf die Werte der beteiligten Variablen hat. Dazu sei der *Zustand* eines Programms ein geordnetes Tupel, das die Werte aller im Programm vorkommenden Variablen beinhaltet. Beispielsweise hat ein Programm, das die Variablen A, B und C enthält, zu jedem Zeitpunkt seiner Ausführung genau einen Zustand (z_1, z_2, z_3). Eine Funktion, die die Wirkung einer Anweisung oder eines Programms beschreibt, ordnet dann jedem Zustand ihres Definitionsbereichs einen Folgezustand zu.

(4.15) Beispiel: Wir betrachten die Anweisung A := A + B. A und B seien Variablen, die natürliche Zahlen repräsentieren. Weitere Variablen betrachten wir nicht. Dann beschreibt die Funktion

$$f_{A := A + B} : \mathbb{N} \times \mathbb{N} \to \mathbb{N}, \text{ mit}$$

$$f_{A := A + B}(z_1, z_2) = (z_1 + z_2,\ z_2)$$

die Bedeutung der Anweisung. Die Funktion gibt eine funktionale Beziehung zwischen den Werten von Variablen *vor* und *nach* Ausführung der Anweisung an. ∎

Auch für kompliziertere zusammengesetzte Anweisungen kann man Funktionen angeben, die einfachere Funktionen als Bausteine enthalten. So gilt beispielsweise für die Hintereinanderausführung $F_1 ; F_2$ zweier Anweisungen bezüglich eines Zustandstupels $(z_1, \ldots, z_n)$:

$$f_{F_1 ; F_2}(z_1, \ldots, z_n) = f_{F_2}(f_{F_1}(z_1, \ldots, z_n)).$$

Entsprechend gilt für eine Verzweigung IF B THEN F_1 ELSE F_2:

$$f_{\text{IF B THEN } F_1 \text{ ELSE } F_2}(z_1, \ldots, z_n) = \begin{cases} f_{F_1}(z_1, \ldots, z_n), \text{ falls B gilt} \\ f_{F_2}(z_1, \ldots, z_n), \text{ falls B nicht gilt} \end{cases}$$

Komplizierter werden die Funktionen bei der Iteration und der Rekursion. Das folgende Beispiel soll dies verdeutlichen:

(4.16) Beispiel: Wir untersuchen noch einmal die folgende while-Schleife (s. Beispiel 4.14) und nehmen an, daß nur die Variablen A und B im Programm vorkommen.

```
WHILE A < B DO
    A := A + 1
END;
```

Die Bedeutung dieser Anweisung kann durch die folgende rekursive Gleichung ausgedrückt werden (wir schreiben abkürzend f_w für die entsprechende Funktion). Es bezeichne z_1 und z_2 die Werte der Variablen A bzw. B:

$$f_w(z_1, z_2) = \begin{cases} (z_1, z_2), \text{ falls } z_1 \geq z_2 \\ f_w(f_{A := A + 1}(z_1, z_2)), \text{ sonst} \end{cases}$$

$$= \begin{cases} (z_1, z_2), \text{ falls } z_1 \geq z_2 \\ f_w(z_1 + 1, z_2), \text{ sonst.} \end{cases}$$

Man sieht, daß diese Gleichung rekursiv ist, und die Auflösung der Rekursion ergibt als mögliche Lösung:

$$f_w(z_1, z_2) = \begin{cases} (z_1, z_2), \text{ falls } z_1 \geq z_2 \\ (z_2, z_2), \text{ sonst.} \end{cases}$$

$\blacksquare$

Die entstehenden rekursiven Gleichungen sind nicht immer von so einfacher Gestalt. Bei while-Schleifen, die für manche Eingaben nicht terminieren, erhält man als Lösung beispielsweise eine *partielle* Funktion. Solche Funktionen sind meist nicht "mit bloßem Auge" aus der rekursiven Gleichung ersichtlich, und zudem müssen sie nicht eindeutig bestimmt sein. Aufgrund der Theorie rekursiver Funktionen weiß man aber, daß zu einer vorgelegten rekursiven Gleichung immer eine eindeutig bestimmte Funktion mit gewissen Eigenschaften existiert, die die Gleichung erfüllt und die – unter bestimmten Voraussetzungen – durch ein iteratives Verfahren berechnet werden kann.

Axiomatische Semantik: Art der Semantik ist die abstrakteste und zugleich eleganteste Möglichkeit, die Bedeutung von Programmen zu beschreiben. Wir haben sie bereits in Abschnitt 2.4.7 bei der Verifikation von Algorithmen kennengelernt, ohne den Namen "Axiomatische Semantik" zu verwenden. Im Gegensatz zur denotationalen Semantik, bei der Zustandsänderungen mit Hilfe von Funktionen beschrieben werden, werden bei der axiomatischen Semantik Aussagen über Zustände mit Hilfe logischer Formeln gemacht. Eine Formel p, die vor Ausführung einer Anweisung F gilt, haben wir *Vorbedingung* genannt, eine entsprechende Formel q nach Ausführung einer Anweisung dementsprechend *Nachbedingung*. Dieser Sachverhalt wird durch die Notation {p} F {q} ausgedrückt. Zudem haben wir *Verifikationsregeln* angeben, die festlegen, wie man aus gegebenen Vorbedingungen einer Anweisung oder Anweisungsfolge entsprechende Nachbedingungen ableiten kann. Im Kern entspricht dies bei der denotationalen Semantik dem Zusammensetzen von Funktionen aus einfacheren Funktionen.

Eine gewisse Schwierigkeit ergab sich bei der Verifikation von Schleifen. Dort mußte man sich auf die Angabe von Invarianten beschränken, die vor, während und nach der Ausführung der betrachteten Schleife Gültigkeit haben. Bei der Wahl der Invarianten hat man einen recht breiten Spielraum, und es ist erstrebenswert, eine möglichst "scharfe", d.h. spezielle Invariante zu finden. Diese Aufgabe ist im allgemeinen recht schwierig. Zudem wird durch Invarianten nicht erfaßt, ob eine Schleife terminiert oder nicht. Auch hier sieht man Parallelen zur denotationalen Semantik, wo man die Semantik von Schleifen durch rekursive Funktionen beschreibt und wo die Auflösung der Rekursion die Hauptschwierigkeit darstellt.

(4.17) Beispiel:

(a)   Wir betrachten abschließend noch einmal die folgende while-Schleife:

```
WHILE A < B DO
    A := A + 1
END;
```

Als Invariante wählen wir die Aussage "A, B $\in$ IN". Dann können wir gemäß dem in Abschnitt 2.4.7.1 vorgestellten Schema die folgenden Zusicherungen machen (s. Bild 4.4).

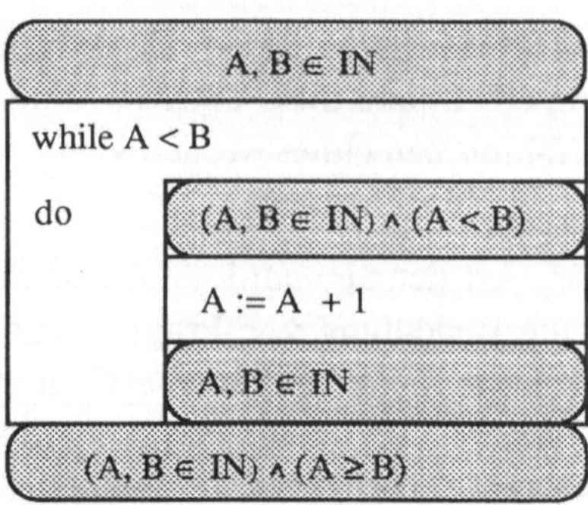

Bild 4.5: Zusicherungen zu Beispiel 4.17

Diese Zusicherungen sind recht allgemein. Nach dem Verlassen der while-Schleife weiß man lediglich, daß $A \geq B$ gilt. Man kennt dagegen nicht den funktionalen Zusammenhang zwischen den Zuständen vor und nach Ausführung der Schleife.

(b)   Will man diesen Zusammenhang ausdrücken, so ist es notwendig, die Werte von A und B vor Ausführung der Schleife mit Hilfe zusätzlicher Variablen, die wir A_{vor} und B_{vor} nennen, "festzuhalten". Wir ergänzen das Programmstück deshalb um zwei Zuweisungen:

```
A_vor := A; B_vor := B;
WHILE A < B DO
    A := A + 1
END;
```

Als Invariante P wählen wir dann die vergleichsweise komplizierte Formel:

$(A, B, A_{vor}, B_{vor} \in IN) \wedge$

$(B = B_{vor}) \wedge$

$(((A_{vor} \geq B_{vor}) \wedge (A = A_{vor})) \vee ((A_{vor} < B_{vor}) \wedge (A \leq B)))$

Die Formel gilt vor, während und nach der Ausführung der Schleife. Zusätzlich gilt nach Ausführung der Schleife die Aussage "$A \geq B$", so daß man insgesamt auf die Nachbedingung

$(A, B, A_{vor}, B_{vor} \in IN) \wedge$

$(B = B_{vor}) \wedge$

$(((A_{vor} \geq B_{vor}) \wedge (A = A_{vor})) \vee ((A_{vor} < B_{vor}) \wedge (A = B)))$

schließen kann. Sie drückt genau den funktionalen Zusammenhang aus, den wir bereits in Beispiel 4.16 erkannt haben.   ∎

Insgesamt ist die axiomatische Semantik einer der erfolgversprechendsten Ansätze zur Formalisierung der Bedeutung von Programmen – insbesondere im Hinblick auf die Verifikation. Es gibt seit längerem bereits ambitionierte und teilweise erfolgreiche Projekte, die sich – mit gewissen Einschränkungen – zum Ziel gesetzt haben, die Korrektheit von Programmen mit Hilfe dieser Semantik *automatisch* zu beweisen.

Aufgaben zu 4.2:

1. Betrachten Sie den Teil einer MODULA-2-ähnlichen Sprache gemäß der folgenden Syntaxdefinition in erweiterter Backus-Naur-Form:

<block> ::= BEGIN <statement sequence> END

<statement sequence> ::= <statement> { ; <statement> }

<statement> ::= a | <block> | <repeat statement>

<repeat statement> ::= REPEAT <statement sequence>
UNTIL <expression>

<expression> ::= e

(a) Drücken Sie die Syntax dieser Sprache durch Syntaxdiagramme aus!

(b) Welche der folgenden Zeichenketten sind – gemäß obiger Syntax – korrekte "statements" ?

   (i)   BEGIN a ; BEGIN e END END

   (ii)   REPEAT a ; a ; a ; UNTIL e

   (iii) BEGIN BEGIN a END END

   (iv) a ; BEGIN a END

2. Im folgenden wird die Syntax einfacher arithmetischer Ausdrücke beschrieben:

arith. Ausdruck:

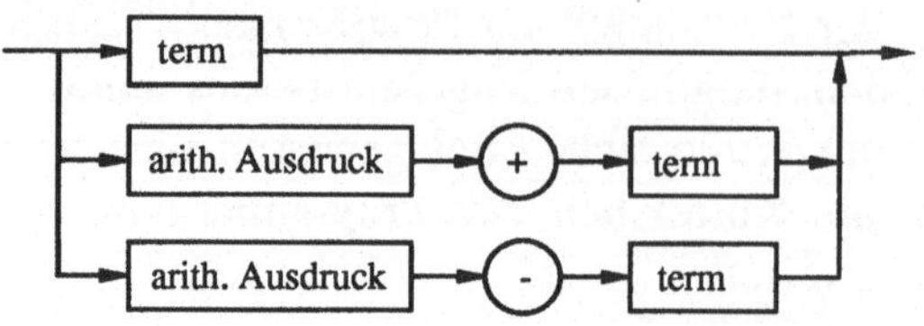

term:

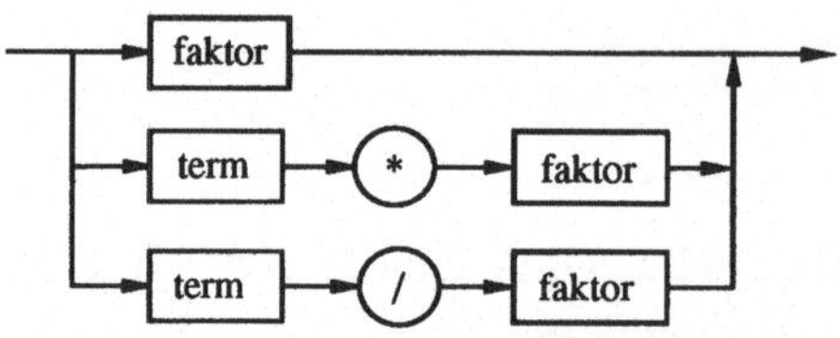

faktor:

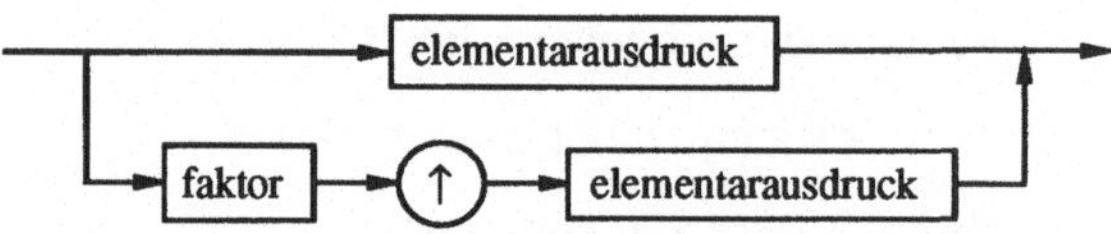

elementarausdruck:

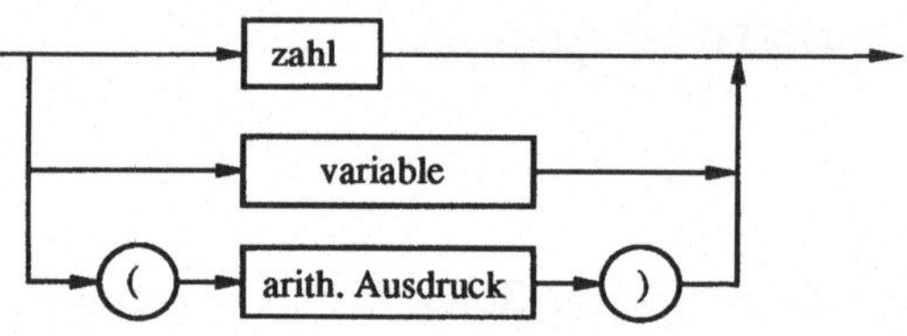

(a) Beschreiben Sie den gleichen Sachverhalt mit Hilfe der erweiterten Backus-Naur-Form und der CODASYL-Metanotation.

(b) Nehmen Sie an, daß die Metavariable <zahl> die Werte {0, 1, ...,9} annehmen darf und <variable> die Werte {A, B, ..., Z}. Welche der folgenden Zeichenketten sind dann korrekte arithmetische Ausdrücke ?

(i)   2 ↑ A - B

(ii)   ((7))

(iii)   (E * F) + G)

(iv)   - 7

(v)   X - Y + 3 ↑ 5

(vi)   X * (2 ↑ 2) ↑ 2

3. Beschreiben Sie die Backus-Naur-Form (die ja auch eine Sprache ist) formal durch Syntaxdiagramme.

4. Gegeben sei die folgende Syntax einer (fiktiven) Programmiersprache:

<statement_seq> ::= <statement_seq> ; <statement> | <statement>
<statement> ::= <conditional> | <iteration> | <assignment>
<conditional> ::= IF <condition> THEN <statement> ELSE <statement>
<iteration> ::= WHILE <condition> DO <statement>
<assignment> ::= <identifier> := <expression>
<expression> ::= <identifier> <operator> <identifier> | <identifier>
<condition> ::= <identifier> <relation> <identifier>
<operator> ::= + | -
<relation> ::= $\neq$ | =
<identifier> ::= a | ... | z | 0 | 1 | ... | 9

(a) Zeichnen Sie Syntaxdiagramme für <statement_seq>, <statement> und <conditional>.

(b) Untersuchen Sie, welche der folgenden Zeichenketten korrekt im Sinne von <statement_seq> sind:

(b1)
```
a := 1;
WHILE b ≠ a DO
    a := a + 1
```

(b2)
```
IF x = y
THEN z := 3; a := z;
ELSE z := 4
```

(c) Ändern Sie die Syntaxregeln so ab, daß mehrere Statements durch BEGIN ... END zusammengefaßt werden können.

(d) Passen Sie die Programmstücke aus (b) der neuen Syntax an.

(e) Schreiben Sie einen Algorithmus, der für eine beliebige Zeichenkette testet, ob sie eine korrekte Zeichenkette im Sinne der neuen Syntax darstellt oder nicht. Testen Sie Ihren Algorithmus am Rechner.

Ausgewählte Lösungen zu Aufgaben aus den Kapiteln 2 bis 4

2.1 - 2.3:

3. Formalisierung der Spielkarten und der auf ihnen erklärten Ordnung:

   - Grundmenge M der Spielkarten:

     $M ::= \{\ (F, W) \mid F \in \{\text{Karo, Herz, Pik, Kreuz}\},$
     $W \in \{7, 8, 9, B, D, K, 10, A\}\ \},$

   - Totale Ordnung $\prec_F$ auf F, mit Karo $\prec_F$ Herz $\prec_F$ Pik $\prec_F$ Kreuz.

   - Totale Ordnung $\prec_W$ auf W, mit $7 \prec_W 8 \prec_W \ldots \prec_W A$.

Spezifikation des Problems:

Eingabe: 10-Tupel $((F_1, W_1), (F_2, W_2), \ldots, (F_{10}, W_{10}))$,
mit $(F_i, W_i) \in M$ für $i \in \{1,\ldots,10\}$
und $(F_i, W_i) \neq (F_j, W_j)$ für $i \neq j$.

Ausgabe: Permutation (d.h. bijektive Abbildung) $\pi : \{1,\ldots,10\} \to \{1,\ldots,10\}$, mit
$\forall i, j \in \{1, \ldots, 10\}: (i < j) \Rightarrow$
$(F_{\pi(i)} \prec_F F_{\pi(j)})$ oder $((F_{\pi(i)} = F_{\pi(j)})$ und $(W_{\pi(i)} \prec_W W_{\pi(j)}))$.

4. (a) Feststellung: Jeder Knopfdruck rangiert entweder genau einen Wagen von einem Gleis G_i auf ein Gleis G_{i+1} ($i = 1, 2$) oder bewirkt eine Fehlermeldung.

   Somit: Jede zulässige Folge (d.h. ohne Ausgabe eines Fehlers) hat die Länge 2n.

   Welche Folgen der Länge 2n bewirken die Ausgabe einer Fehlermeldung?

   - Durch die Eingabe A entsteht die Ausgabe "Fehler!", falls A bereits n-mal eingegeben wurde. Somit: Die Eingabe A muß *genau* n-mal erfolgen.

   - Bei der Eingabe B wird "Fehler" ausgegeben, falls (zu diesem Zeitpunkt) B schon mindestens genauso oft eingegeben wurde wie A. Somit: Zu keinem Zeitpunkt darf B häufiger eingegeben worden sein als A.

   Zusammenfassend: Eine Eingabefolge F über $\{A, B\}$ ist *zulässig* genau dann, wenn gilt:

(i) F hat die Länge 2n und enthält genau n A's und n B's.

(ii) Für jedes beliebige $k \in \{1, 2, ..., 2n\}$ enthalten die ersten k Glieder der Folge höchstens so viele B's wie A's.

(b) Durch eine zulässige Eingabefolge wird die Folge der Wagen $w_1w_2...w_n$ von Gleis G_1 in eine Wagenfolge $v_1v_2...v_n$ auf Gleis G_3 umgewandelt, die eine Permutation von $w_1w_2...w_n$ darstellt. Die Anordnung der Wagen auf G_1 werde durch das Symbol $\prec$ ausgedrückt, also $w_1 \prec w_2 \prec ... \prec w_n$.

Wir nennen eine Wagenpermutation *erreichbar*, falls man sie durch Anwendung einer zulässigen Eingabefolge auf Gleis G_3 erhalten kann. Offensichtlich ist *nicht jede mögliche* Permutation der Wagen $w_1w_2...w_n$ auch tatsächlich erreichbar. Es gilt:

$v_1v_2...v_n$ ist eine erreichbare Wagenzusammenstellung $\Leftrightarrow$ Es gibt keine 3-elementige Teilfolge (v_i, v_j, v_k), mit $i < j < k$, für die auf dem Ausgangsgleis G_1 gilt: $v_j \prec v_k \prec v_i$.

Beweisidee: "$\Rightarrow$": Zeige die Umkehrung: Falls es eine derartige Teilfolge gibt, so ist die Permutation nicht erreichbar. "$\Leftarrow$": Zeige durch Induktion, wie man jeden einzelnen Wagen v_i nach G_3 rangiert, unter der Annahme, daß $v_1v_2...v_{i-1}$ bereits dort sind.

(c)   Es reicht aus, die Anzahl der zulässigen Eingabefolgen zu bestimmen, da verschiedene Folgen auch verschiedene Permutationen liefern.

Feststellung: Es gibt $\binom{2n}{n}$ Folgen der Länge 2n, die gleich viele A's und B's enthalten. *Frage*: Wie viele davon sind *nicht* zulässig?

Eine Folge F mit gleich vielen A's und B's ist *nicht* zulässig, wenn (a) (ii) verletzt ist. (z. B. AABBBAAB).

- Betrachte das erste B von links, bei dem die Anzahl der gelesenen A's durch die B's übertroffen wird (z.B. AABB<u>B</u>AAB). Bis einschließlich diesem B wird die Folge invertiert, d.h. ein A wird in ein B und ein B in ein A umgewandelt (z.B. BBAAAAAB).

- Man erhält eine Folge mit n + 1 A's und n - 1 B's.

Es gilt: Jede Folge mit n + 1 A's und n - 1 B's kann man durch dieses Invertierungsverfahren aus einer nicht zulässigen Folge erhalten. Zwei verschiedene nicht zulässige Folgen liefern zwei verschiedene invertierte Folgen. Somit: Es gibt genau so viele nicht zulässige Folgen mit n A's und n B's, wie es Folgen mit n + 1 A's und n - 1 B's gibt.

Dies sind $\binom{2n}{n+1}$ Stück.

Insgesamt gibt es also $c_n ::= \binom{2n}{n} - \binom{2n}{n+1} = \frac{1}{n+1}\binom{2n}{n}$ zulässige Eingabe-

folgen der Länge 2n.

2.4:

2. (a)   Der folgende Algorithmus löst das Problem

```
BEGIN
    Eingabe: x, y;
    z := 0; u := x;
    WHILE u ≠ 0 DO
        z := z + y;
        u := u - 1;
    END (* WHILE *);
    Ausgabe: z;
END.
```

(b)   Schleifeninvariante P: $(z + u * y = x * y) \wedge (u \geq 0)$.

Algorithmus mit Zusicherungen:

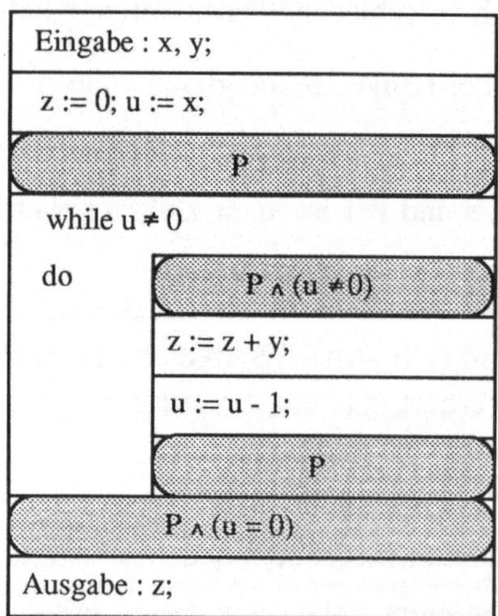

Aus der letzten Zusicherung $P \wedge (u = 0)$ folgt $z = x * y$. Damit ist die partielle Korrektheit nachgewiesen. Es ist noch zu verifizieren, daß der Algorithmus für alle zulässigen Eingaben (natürliche Zahlen) terminiert.

Dazu definieren wir die Terminationsfunktion $T(u) = u$. Der Wert von u nimmt bei jedem Schleifendurchlauf um 1 ab und ist durch $u = 0$ nach unten beschränkt. Also wird die Schleife nur endlich oft durchlaufen, und es ist alles gezeigt.

5. (a)   Bei jedem Durchlauf durch die while-Schleife geschieht für jedes $i \in \{1,..., n - 1\}$: Es wird zuerst das Minimum der Teilfolge a[i], ..., a[n] bestimmt. Anschließend wird dieses Minimum mit dem Schlüssel a[i] vertauscht. Beispiel:

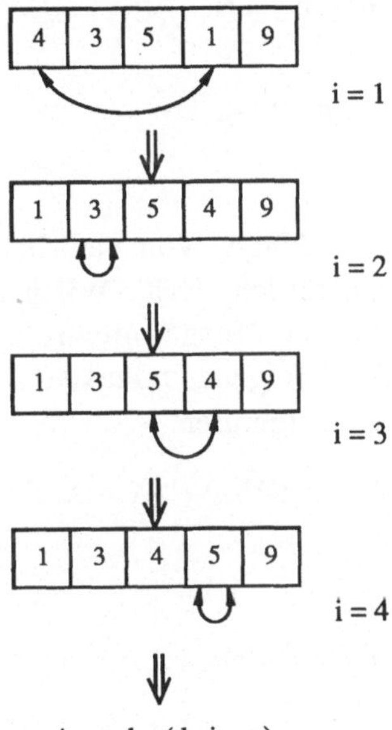

(b)   Fast alle Elementaroperationen werden innerhalb der while-Schleife ausgeführt. Außerhalb findet nur die Initialisierung von i statt. Außerdem ist der letzte Test zu berücksichtigen, bei dem die Schleife nicht mehr durchlaufen wird, und es gilt:

$$T_{min}(\text{SORT}; n) = 2 + \sum_{i=1}^{n-1} W(i) \text{ , mit:}$$

W(i) = Anzahl auszuführender Elementaroperationen innerhalb der while-Schleife (abhängig von i).

Für jedes feste i werden 9 Elementaroperationen sowie (n - i) -mal die repeat-Schleife ausgeführt. Dort sind im günstigsten Fall (d.h. die Folge ist bereits sortiert) genau 4 Operationen auszuführen. Es gilt also: $W(i) = 9 +$

4(n - i). Daraus folgt:

$$T_{min}(SORT; n) = 2 + \sum_{i=1}^{n-1} (9 + 4(n - i))$$

$$= 2n^2 + 7n - 7 \in O(n^2).$$

Völlig analog erhält man unter Berücksichtigung, daß im schlechtesten Fall (Folge umgekehrt sortiert) in der repeat-Schleife eine Elementaroperation mehr auszuführen ist:

$$T_{max}(SORT; n) = 2 + \sum_{i=1}^{n-1} (9 + 5(n - i))$$

$$= \frac{5}{2} n^2 + \frac{13}{2} n - 7 \in O(n^2).$$

6. (a)   Es sei M eine Variable, die Mengen von natürlichen Zahlen als Werte haben kann, und n sei eine natürliche Zahl. Wir nehmen an, n sei bereits eingelesen und M mit der leeren Menge initialisiert worden (vom Hauptprogramm o.ä.). Dann leistet der folgende rekursive Algorithmus das Gewünschte. Er wird mit Menge(1) aufgerufen.

```
ALGORITHMUS Menge (i: CARDINAL);
BEGIN
   IF i ≤ n
   THEN Menge(i + 1);
        M := M + {i};   (* Vereinigung *)
        Menge(i + 1);
        M := M - {i};   (* Differenz *)
   ELSE Ausgabe: M
   END (* IF *);
END.
```

Im Fall n = 2 wird nacheinander ausgegeben: { }, {2}, {1}, {1, 2}.

(b) $O(2^n)$.

3.1 - 3.2

```
1.  PROCEDURE FileAendern(VAR falt, fneu : FILE OF CARDINAL);

    BEGIN
          RESET(falt);
          REWRITE(fneu);
          WHILE NOT EOF(falt) DO
              IF falt^ = 7500
                THEN fneu^ := 7612
                ELSE fneu^ := falt^
              END; (* IF *)
              PUT(fneu);
              GET(falt);
          END; (* WHILE *)
    END FileAendern;
```

3.3

```
3.  PROCEDURE Palindrom (f : ARRAY OF CHAR) : BOOLEAN;

    VAR pali : BOOLEAN;
        i    : INTEGER;
        s    : "stack OF CHAR";

    BEGIN
        kInit(s);
        (* zunächst: f in s ablegen *)
        FOR i := 1 TO LENGTH(f) DO
            push(f[i], s);
        END; (* FOR *)
        (* jetzt: "umgekehrtes" f aus s entnehmen
           und mit Original vergleichen     *)
        pali := TRUE;
        i := 1;
        WHILE (pali = TRUE) AND (NOT kEmpty(s)) DO
            pali := (top(s) = f[i]);
            pop(s);
            i := i + 1;
        END; (* WHILE *)
        RETURN(pali AND kEmpty(s))
    END Palindrom;
```

4.   (a)

```
PROCEDURE p(n, k : INTEGER) : INTEGER;

BEGIN
    IF ((n >= 1) AND (k = 0)) OR
       ((n = 1) AND (k = 1) THEN
         RETURN(1)
    ELSIF ((n > 1) AND (k = 1)) THEN
         RETURN(2)
    ELSIF ((n = 1) AND (k > 1) THEN
         RETURN(0)
    ELSE
         RETURN(p(n-1, k-1) + p(n-1, k-2))
    END; (* IF *)
END p;
```

(b)   Verwende einen stack, der (Teil-)Probleme aufnehmen kann und
verfahre nach folgendem Schema:

(i)   Gibt es für ein (Teil-)Problem eine direkte Lösung, so übernehme
       sie und gehe zu (iii). Falls nicht, gehe zu (ii).
(ii)   Lege eines der beiden resultierenden Teilprobleme auf einem stack
       ab und verfahre mit dem anderen gemäß (i).
(iii) Falls der stack leer ist: fertig. Falls nicht, entnehme ihm das zuletzt
       abgelegte Teilproblem und bearbeite dieses gemäß (i).

Für den vorliegenden Fall besteht ein (Teil-)Problem aus einem Paar
(n, k). Ein entsprechender "Problem-stack" könnte daher so definiert
werden:

```
TYPE    Problem = RECORD
           n, k : INTEGER
        END; (* RECORD *)

        stack = "Keller, dessen Elemente vom Typ
                 Problem sind";
```

Die folgende Prozedur setzt das obige Bearbeitungsschema zur Berechnung von p(n, k) um:

```
PROCEDURE p(n, k : INTEGER) : INTEGER;

VAR x, arg : Problem;
    z        : INTEGER; (* Zwischensumme *)
    s        : stack;

BEGIN
    kInit(s);
    z := 0;
    arg.n := n;
    arg.k := k;
    (* zunächst Ausgangsproblem auf stack legen: *)
    push(arg, s);

    WHILE NOT kEmpty(s) DO
        (* entnehme dem stack das oberste Problem *)
        x := top(s);
        pop(s);
        IF (x.k = 0) OR ((x.n = 1) AND ((x.k = 1)) THEN
            z := z + 1;
        ELSIF ((x.n > 1) AND (x.k = 1)) THEN
            z := z + 2
        ELSIF ((x.n > 1) AND (x.k > 1)) THEN
            arg.n := x.n - 1;
            arg.k := x.k - 1;
            push(arg, s);    (* zurückstellen von
                                 p(n-1, k-1)          *)
            arg.k := x.k - 2;
            push (arg, s);   (* zurückstellen von
                                 p(n-1, k-2)          *)
        END; (* IF *)
    END; (* WHILE *)
    RETURN(z);
END p;
```

(c)

(0)	push(3, 4)	3 4		
(1)	pop(3, 4) push(2, 3) push(2, 2)	2 3	2 2	
(2)	pop(2, 2) push(1, 1) push(1, 0)	2 3	1 1	1 0
(3)	pop(1, 0)	2 3	1 1	
(4)	pop(1, 1)	2 3		
(5)	pop(2, 3) push(1, 2) push(1, 1)	1 2	1 1	
(6)	pop(1, 1)	1 2		
(7)	pop(1, 2)			

6.   Vorgehen allgemein:
   - Erzeugen des zugehörigen Operatorbaumes
   - Traversierung in der Reihenfolge
        Linker Teilbaum
        Rechter Teilbaum
        Wurzel
     liefert Postfixnotation.
     Traversierung in der Reihenfolge
        Wurzel
        Linker Teilbaum
        Rechter Teilbaum
     liefert Prefixnotation.

zu (i): $(a + b) * (c - d)$

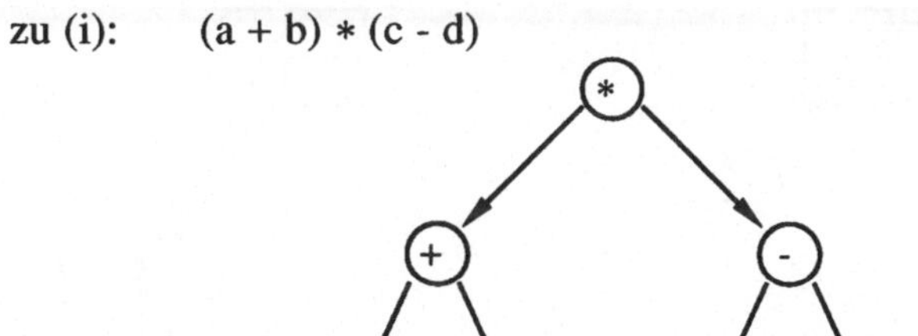

Prefixnotation: * + a b - c d
Postfixnotation: a b + c d - *

zu (ii) und (iii) analog.

7. (a) Preorder: A B D E C F G
         Postorder: D E B F G C A
         Inorder: D B E A F C G

    (b) Reihenfolge: A C G F B E D
         d. h. Reihenfolge W-R-L (alternative Postorder-Reihenfolge)

    (c) Preorder- und Inorder-Reihenfolge:
         • Das erste Element der Preorder-Reihenfolge gibt die Baum-
           wurzel an.
         • Dadurch kennt man alle Elemente im linken (rechten) Teilbaum.
           Das sind jene, die in der Inorder-Reihenfolge links (rechts) vom
           Wurzelelement stehen.
         • Durch abwechselnde Anwendung dieser beiden Regeln kann der
           Baum – bei der Wurzel beginnend – rekonstruiert werden.

         Preorder- und Postorder-Reihenfolge:
         Dadurch kann ein Baum in der Regel nicht eindeutig rekonstruiert
         werden. Beispielsweise sind zur Preorder-Reihenfolge A B und der
         Postorder-Reihenfolge B A die folgenden Bäume möglich:

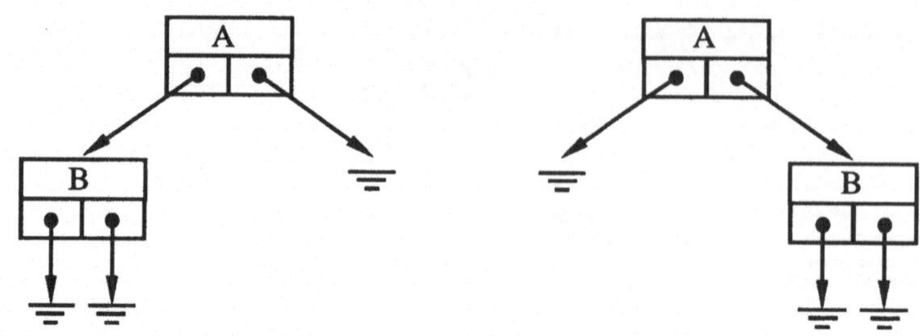

3.4 - 3.5:

1. *Name*   MengenBeispiel

    Sorten   GrundTyp, Menge, BOOLEAN

    Sigantur   init: $\rightarrow$ Menge

    einfügen: Grundtyp x Menge $\rightarrow$ Menge

    löschen: Grundtyp x Menge $\rightarrow$ Menge

    enthalten?:   Grundtyp x Menge $\rightarrow$ BOOLEAN

    Variablen: m : Menge; a, b : Grundtyp;

Erzeugende Operationen sind init und einfügen, denn jede Menge kann alleine durch sie bereitgestellt werden. Die übrigen Operationen werden nun auf die erzeugenden angewandt.

Axiome: löschen(a, init) = init

löschen(a, einfügen(b, m)) =

$$\begin{cases} m, \text{ falls } a = b \\ \text{einfügen(b, löschen(a, m)) sonst} \end{cases}$$

enthalten?(a, init) = FALSE

enthalten?(a, einfügen(b, m)) =

$$\begin{cases} \text{TRUE, falls } a = b \\ \text{enthalten?(a, m) sonst} \end{cases}$$

2.

call by	Eingabe	Ausgabe (Prozedur)	Ausgabe (Hauptprogramm)
value	1,2	2,1	1,2
reference	1,2	2,1	2,1
name	1,2	2,1	2,1

4. (a) Folgende globale Variablen seien zur Kommunikation zwischen den Koroutinen vereinbart:

```
VAR Zeichen : CHAR;
    Gelesen : BOOLEAN


PROCEDURE Lesen;

VAR Block : ARRAY[1..512] OF CHAR;
    i     : CARDINAL;

BEGIN
  LOOP
    IF "weiterer Block vorhanden" THEN
        "Block lesen";
        Gelesen := TRUE;
        FOR i := 1 TO 512 DO
            Zeichen := Block[i];
            TRANSFER(Lesen, Ausgabe)
        END; (* FOR *)
    ELSE
        Gelesen := FALSE;
    END;(* IF *)
  END; (* LOOP *)
END Lesen;
```

```modula2
PROCEDURE Ausgabe;

VAR i : CARDINAL;

BEGIN
  TRANSFER(Ausgabe, Lesen);
  LOOP
    FOR i := 1 TO 125 DO
        IF Gelesen THEN
            "Drucke(Zeichen)";
            TRANSFER(Ausgabe, Lesen);
        ELSE
            RETURN
        END; (* IF *)
    END; (* FOR *)
    "Zeilenumbruch";
    "Zeilenvorschub";
  END; (* LOOP *)
END Ausgabe;


BEGIN          (* Hauptprogramm *)
    NEWCOROUTINE(Lesen, ...);
    NEWCOROUTINE(Ausgabe, ...);
    TRANSFER(CURRENT, Ausgabe);
END.
```

4.2:

1. (a)   *block:*

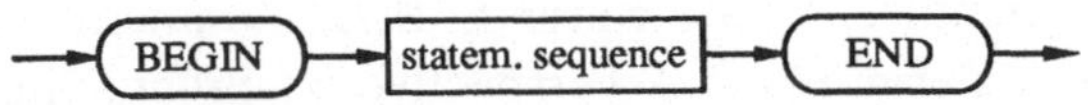

statem. sequence:

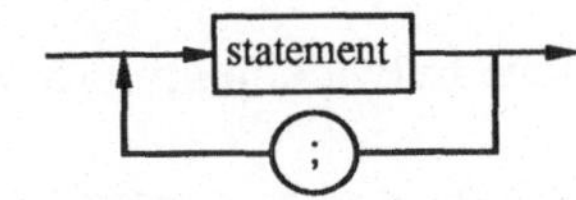

statement:

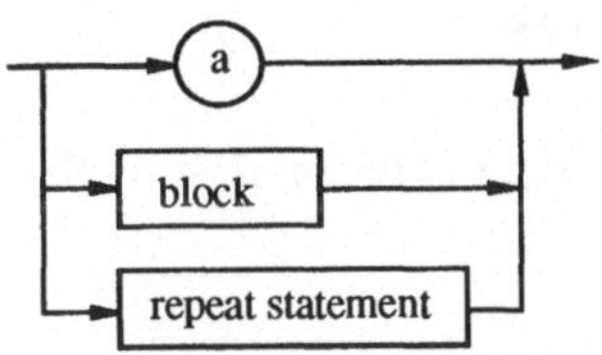

repeat statement:

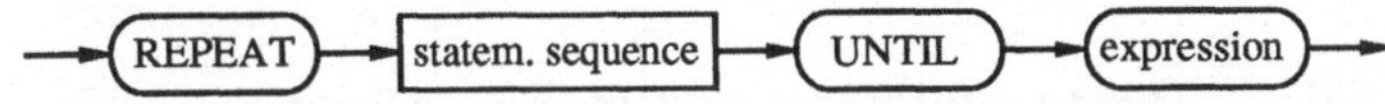

expression:

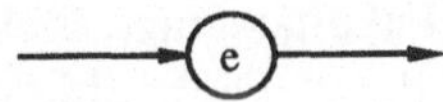

(b)   (i), (ii) und (iv) sind nicht korrekt, (iii) ist korrekt.

4. (c)   Ersetze die <statement>-Zeile durch:

<statement> ::= BEGIN <statement_seq> END |
         <simple_statement>

<simple_statement> ::= <conditional> | <iteration> | <assignment>

(d)   Programmstück (b1) kann unverändert bleiben, Programmstück (b2)
wird abgeändert zu:

```
IF x = y
THEN
    BEGIN
        z := 3;
        a := z
    END
ELSE z := 4
```

Literaturverzeichnis

[ABZ92]   A.L. Ambler, M.M. Burnett, B.A. Zimmermann: Operational Versus Definitional: A Perspective on Programming Paradigms; *IEEE Computer*, Vol. 25, No. 9 (September 1992), 28 - 43

[Bea74]   W. de Beauclair: Geschichtliche Entwicklung; in [StW74], 1 - 38

[BHM89]   W. Brauer, W. Haacke, S. Münch: *Studien- und Forschungsführer Informatik*, 2. Auflage; Gesellschaft für Informatik (Hrsg.), Springer-Verlag, Berlin, 1989

[ClM87]   W.F. Clocksin, C.S. Mellish: *Programming in Prolog*; 2. Auflage, Springer-Verlag, Berlin, 1987

[Cle86]   J.C. Cleaveland: *An Introduction to Data Types*; Addison-Wesley, Reading, Massachusetts, 1986

[Dud88]   *Duden Informatik*; Dudenverlag, Mannheim, 1988

[FEI91]   Gemeinsame Stellungnahme der Fakultätentage Elektrotechnik und Informatik zur Abstimmung ihrer Fachgebiete im Bereich Informationstechnik; *Informatik-Spektrum*, 14, 1991, 163 - 167

[Fut89]   G. Futschek: Programmentwicklung und Verifikation; Reihe *Springers Angewandte Informatik*, Springer-Verlag, Wien, 1989

[Gil81]   W. K. Giloi: *Rechnerarchitektur*; Springer-Verlag, Berlin, 1981

[Hoa62]   C. A. R. Hoare: Quicksort; *Computer Journal*, 5, 1962, 10 - 15

[Krö91]   F. Kröger: *Einführung in die Informatik - Algorithmenentwicklung*; Springer-Verlag, Berlin, 1991

[Lig92]   P. Liggesmeyer: Testen, Analysieren und Verifizieren von Software – eine klassifizierende Übersicht der Verfahren; Reihe *Informatik aktuell: Testen, Analysieren und Verifizieren von Software*, P. Liggesmeyer, H.M. Sneed, A. Spillner (Hrsg.), Springer-Verlag, Berlin, 1992

[Meh88]   K. Mehlhorn: *Datenstrukturen und effiziente Algorithmen Band 1, Sortieren und Suchen*; B.G. Teubner Stuttgart, 1988

[OtW90]   T. Ottmann, P. Widmayer: *Algorithmen und Datenstrukturen*; BI-Wissenschaftsverlag, Mannheim, 1990

[p1M93]   p1 Gesellschaft für Informatik mbH: *Benutzerhandbuch für den Modula-2 Compiler für Apple Macintosh unter MPW, Version V5.0*, 1993

[Pre89]   R.S. Pressman: *Software Engineering – Grundkurs für Praktiker*; McGraw-Hill, Hamburg, 1989

[PSW91]   J. Puchan, W. Stucky, J. Wolff von Gudenberg: *Programmieren mit Modula-2, Grundkurs Angewandte Informatik Band I;* B.G. Teubner Stuttgart, 1991

[Rec91]   P. Rechenberg: *Was ist Informatik?*; Carl Hanser Verlag, München, 1991

[Rei90]   K. R. Reischuk: *Einführung in die Komplexitätstheorie*; B.G. Teubner Stuttgart, 1990

[Rob65]   J.A. Robinson: A maschine-oriented logic based on the resolution principle; *Journal of the ACM*, 12, 1965, 23 - 41

[RSS93]   R. Richter, P. Sander, W. Stucky: *Der Rechner als System – Organisation, Daten, Programme, Grundkurs Angewandte Informatik Band III* (in Vorbereitung), B.G. Teubner Stuttgart, 1993

[Sch86]   H.J. Schneider (Hrsg.): *Lexikon der Informatik und Datenverarbeitung (2. Auflage)*; R. Oldenbourg Verlag, München, 1986

[SSH92]   P. Sander, W. Stucky, R. Herschel: *Automaten, Sprachen, Berechenbarkeit, Grundkurs Angewandte Informatik Band IV*, B.G. Teubner Stuttgart, 1992

[StW74]   K. Steinbuch, W. Weber: *Taschenbuch der Informatik Band I, Grundlagen der technischen Informatik*; Springer-Verlag, Berlin, 1974

[We87]   P. Wegner: Dimensions of Object-Based Language Design; in
           *Proceedings of the International Conference on Object-Oriented
           Programming Systems, Languages and Applications (OOPSLA)*,
           Orlando, Florida (Oktober 1987), 168 - 182

[Wir86]   N. Wirth: *Algorithmen und Datenstrukturen mit Modula-2*; B.G.
           Teubner Stuttgart, 1986

Index

TEUBNER-TASCHENBUCH
der Mathematik

Begründet von I. N. Bronstein
und K. A. Semendjajew
Weitergeführt von G. Grosche,
V. Ziegler und D. Ziegler
Herausgegeben von
Eberhard Zeidler, Leipzig
1996. XXVI, 1298 Seiten.
Geb. DM 59,–
ÖS 431,– / SFr 53,–
ISBN 3-8154-2001-6

»...Die enorme Datenmenge ist
fachgerecht gegliedert, übersichtlich dargestellt durch sorgfältige
Verwendung verschiedener
Schriftarten, durch Umrandungen
wichtiger Aussagen, durch zahlreiche Abbildungen. Der Zugriff auf
bestimmte Inhalte kann auch erfolgen über ein 18 Seiten langes Register. Der inhaltliche Bogen reicht
von elementaren Kenntnissen bis
zu schwierigen mathematischen
Begriffen und Zusammenhängen...«
»...Es ist schon beeindruckend, mit
dem Buch 'eine Fülle von Mathematik' in Händen zu halten...«
Heft 45/Februar 1997 –
junge wissenschaft, Seelze

Preisänderungen vorbehalten.

TEUBNER-TASCHENBUCH
der Mathematik
Teil II

Herausgegeben von
Günter Grosche, Leipzig,
Viktor Ziegler, Dorothea Ziegler,
Frauwalde, und Eberhard Zeidler,
Leipzig
7. Auflage 1995. XVI, 830 Seiten.
Geb. DM 58,–
ÖS 423,– / SFr 52,–
ISBN 3-8154-2100-4

Vollständig überarbeitete und
wesentlich erweiterte Neufassung
der 6. Auflage der »Ergänzenden
Kapitel zum Taschenbuch der
Mathematik von I. N. Bronstein
und K. A. Semendjajew«

Aus dem Inhalt: Mathematik und
Informatik – Operations Research
– Höhere Analysis – Lineare Funk-
tionalanalysis und ihre Anwendungen – Nichtlineare Funktional-
analysis und ihre Anwendungen –
Dynamische Systeme, Mathematik
der Zeit – Nichtlineare partielle
Differentialgleichungen in den Naturwissenschaften – Mannigfaltig-
keiten – Riemannsche Geometrie
und allgemeine Relativitätstheorie
– Liegruppen, Liealgebren und Ele-
mentarteilchen, Mathematik der
Symmetrie – Topologie – Krüm-
mung, Topologie und Analysis

B. G. Teubner Stuttgart · Leipzig